EDA精品智汇馆

Vivado/Tcl零基础入门与案例实战

高亚军　编著

電子工業出版社
Publishing House of Electronics Industry
北京·BEIJING

内 容 简 介

本书既是一本有关 Tcl 语言编程的书籍，又是一本对在 Vivado 中应用 Tcl 的实践经验总结的书籍。全书分为两部分：第一部分为基础部分，以 Tcl 基础知识为主，包括第 1～9 章，重在理论；第二部分为应用部分，以 Tcl 在 Vivado 中的应用为主，包括第 10～14 章，重在实践。同时，本书给出了 354 个 Tcl 脚本的代码示例，结合 49 个表格、171 张图片帮助读者深入理解知识点。

无论 Tcl 初学者，还是已掌握 Tcl 精髓的工程师，只要想将 Tcl 得心应手地应用于 Vivado 设计与开发，都会从本书中受益。

本书可供电子工程领域内的本科高年级学生和研究生参考，也可供 FPGA 工程师和自学者参考。

图书在版编目（CIP）数据

Vivado/Tcl 零基础入门与案例实战/高亚军编著. —北京：电子工业出版社，2021.6

（EDA 精品智汇馆）

ISBN 978-7-121-41251-6

Ⅰ. ①V… Ⅱ. ①高… Ⅲ. ①现场可编程门阵列－系统设计 Ⅳ. ①TP331.202.1

中国版本图书馆 CIP 数据核字（2021）第 097794 号

责任编辑：张 楠
印 刷：北京盛通数码印刷有限公司
装 订：北京盛通数码印刷有限公司
出版发行：电子工业出版社
北京市海淀区万寿路 173 信箱 邮编：100036
开 本：787×1092 1/16 印张：17 字数：435.2 千字
版 次：2021 年 6 月第 1 版
印 次：2025 年 3 月第 9 次印刷
定 价：79.00 元

凡所购买电子工业出版社图书有缺损问题，请向购买书店调换。若书店售缺，请与本社发行部联系，联系及邮购电话：（010）88254888，88258888。

质量投诉请发邮件至 zlts@phei.com.cn，盗版侵权举报请发邮件至 dbqq@phei.com.cn。

本书咨询联系方式：（010）88254579。

◇ 作者简介 ◇

高亚军，电路与系统专业硕士，FPGA 技术分享者，设计优化、时序收敛专家，Vivado 工具使用专家，Xilinx 资深战略应用工程师。多年来使用 Xilinx FPGA 实现数字信号处理算法，对 Xilinx FPGA 器件架构、开发工具 Vivado/Vitis HLS/System Generator 有着深厚的理论基础和实战经验。

主要著作：

2011 年出版图书《基于 FPGA 的数字信号处理》

2012 年发布网络视频课程：Vivado 入门与提高

2015 年出版图书《基于 FPGA 的数字信号处理（第 2 版）》

2016 年出版图书《Vivado 从此开始》

2016 年发布网络视频课程：跟 Xilinx SAE 学 HLS

2020 年出版图书《Vivado 从此开始（进阶篇）》

自 2018 年创建 FPGA 技术分享公众号：TeacherGaoFPGAHub 后，每周更新两篇原创文章，累计发表原创文章 280 余篇，获得大量粉丝的认可和赞誉。

◇序◇

尽管 Tcl 脚本自 20 世纪 80 年代初诞生以来已有 30 多年的历史了，但仍然经久不衰，在 IC 领域被广泛使用，很多 EDA 工具都将其集成其中。Vivado 也不例外，在 2012 年正式发布时，我们就看到了 Tcl 的身影。这使得 Vivado 如虎添翼，功能愈发强大。能在图形界面下执行的操作几乎都有相应的 Tcl 命令。反过来，很多操作只能借助 Tcl 脚本完成而无法在图形界面下操作。借助 Tcl 脚本，工程师可以对设计进行深入分析，及时发现更深层次的问题。不得不说，Tcl 俨然成为设计分析的利器。

遗憾的是，目前市面上鲜有 Tcl 方面的学习书籍，网络上的各种学习资源鱼目混珠、良莠不齐，且只注重语法或单一的常规命令，没有与 Vivado 结合起来讲解工程应用。在工作中，我遇到过很多 FPGA 工程师，他们迫切希望掌握这一利器，却因找不到合适的学习资源而深感无奈，或者已掌握 Tcl 基本语法知识，了解了一些基本命令，但却因不知在 Vivado 中如何应用而束手无策。这一现状深深地触动了我，促使我决定写一本与 Tcl、Vivado 都紧密相关的书。

早在 Xilinx 前一代开发工具 ISE 中出现 Tcl 时，我就开始关注 Tcl，而当 Vivado 正式发布时，我就决定深入学习 Tcl。随着时间的流逝，一晃 8 年过去了，可以不夸张地说，Tcl 几乎成为我每天工作中必用的语言之一。借助 Tcl 脚本，我可以实现从设计输入到生成位流文件的全流程操作，不仅可以对网表进行编辑和深入分析，还可以扫描布局布线策略并生成相关报告。但 Tcl 能做的还远不止这些。让我感受最深的是我可以并行工作，例如扫描策略时，可以同时分析设计的其他网表文件，从而大大提高了工作效率。

同时，我开发了基于 Tcl 脚本的 Vivado 自动化策略扫描，并开发了基于 Tcl 脚本的自动化设计分析。这两个脚本被很多工程师使用，广受好评。工程师普遍认为这些脚本可以极大地缩短设计迭代和分析时间，有效提高工作效率，减轻压力和负担。我相信通过本书的学习，读者也可以开发出自己想要的带有特定功能的 Tcl 脚本。

2020 年初，我开始着手撰写本书，在内容安排上，要求既包含 Tcl 相关知识，又包含如何在 Vivado 中使用 Tcl。首先，本书是一本与编程语言相关的书籍，少不了大量的代码，为此，在代码排版上花费了一些工夫，保证读者能够体会到代码的美感；其次，本书又不是一本单纯讲解编程的书籍，重点是工程应用，我结合自己的工程实践总结出了大量的常规应用，并分门别类地加以讲解。读者要掌握 Tcl 脚本并将其应用在 Vivado 工程中，仍需大量的实践。希望本书能起到抛砖引玉的功效。

与很多 EDA 工具一样，Vivado 将 Tcl 集成其中后，极大地丰富并增强了 Vivado 的功能。因此，若想把 Vivado 用好，掌握 Tcl 势在必行。着眼于此，本书分为两部分：第一部分为基础部分，以 Tcl 基础知识为主；第二部分为应用部分，以 Tcl 在 Vivado 中的应用为主。

就第一部分而言，涵盖了 Tcl 的三类置换（包括变量置换、命令置换和反斜杠置换）、表达式和数学运算、经典数据类型（包括字符串、列表和数组）、流程控制命令、过程、命名空间及文件操作等，分布在第 1～9 章，尽可能地涵盖常见命令，并给出具体代码示例，讲解使用方法。

就第二部分而言，涵盖了 Tcl 在 Vivado 中的典型应用，包括设计流程管理、设计资源管理、设计分析，并给出了具体的应用案例，例如，如何通过 Tcl 脚本实现从设计输入到生成位流文件的自动化操作；如何借助 Tcl 脚本实现策略扫描；如何应用 Tcl 脚本发现设计的潜在问题。这些内容分布在第 10～13 章。同时，我结合工作实践，给出了 Tcl 在 Vivado 中的其他应用，并在第 14 章中进行了详细阐述。

如何阅读本书

对于只想学习 Tcl 脚本的初学者而言，可以只阅读第一部分内容，也就是第 1～9 章。对于已掌握 Tcl 基础知识，并想进一步了解如何在 Vivado 中应用 Tcl 的读者而言，可越过第一部分，直接阅读第二部分内容，也就是第 10～14 章。本书给出了丰富的代码示例。每个示例都有行号标记，便于快速找到书中提到的位置。第 1 行为文件名，读者可根据需要找到相应的文件直接使用或二次编辑相应脚本。以“=>”开头的行表示该行为上一行命令的返回值，并且该行以斜体字表示。若在“=>”后紧跟“@”，则表示上一行命令的使用不合法，该行为相应的错误信息。由于本书是一本偏向应用的书籍，故文中的变量与实际代码一致，不再区分正斜体。

```
1. # basic_ex4.tcl
2. incr v
3. => 3
4. incr v 2
5. => 5
6. incr v -1
7. => 4
8. set x 1.5
9. => 1.5
10.incr x
11.=>@ expected integer but got "1.5"
```

本书所有代码均在 Vivado 2020.1 版本中验证。读者不需下载安装其他 Tcl 编译器，可直接使用 Vivado Tcl Shell 或在 Vivado Tcl Console 中使用 Tcl。

获取代码示例

如果需要获取代码示例，关注我的微信公众号 TeacherGaoFPGAHub，回复关键字“Tcl”（没有引号）即可。

Tcl/Vivado 已经成为一个整体，Vivado 因 Tcl 而熠熠生辉，Tcl 因 Vivado 而历久弥新。愿此书能帮助广大 FPGA 工程师顺利踏上征服 Tcl 的旅程！

高亚军

2020 年 12 月 27 日

◇目　录◇

第1部分　基础部分

第1部分

基础部分

第 1 章

Tcl 基础知识

1.1 什么是 Tcl

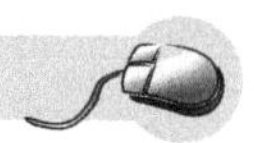

安装 Vivado（以 Vivado 2020.1 版本为例）之后，在 GUI（Graphical User Interface）界面中会看到 Tcl Console。在这里可以输入 Tcl 命令，同时，还会发现 Vivado 2020.1 Tcl Shell，表示可以在 Tcl 模式下使用 Vivado。通常情况下，借助 GUI 的操作都有对应的 Tcl 命令，但不是每个 Tcl 命令都可以通过 GUI 完成。从这个角度而言，用户可以编写自己的 Tcl 命令来扩展 Vivado 的功能，从而让 Vivado 更强大。熟练使用 Tcl，将会显著提升 Vivado 的使用效率。事实上，很多 EDA 厂商都把 Tcl 作为标准的 API（Application Programming Interface），控制和扩展工具的应用。

那么，什么是 Tcl 呢？Tcl（Tool Command Language）是一种脚本语言，一种基于字符串的命令语言，一种解释性语言。所谓解释性语言，是指其不像其他高级语言一样需要通过编译和联结，而是与其他 Shell 语言一样，可直接对每条语句进行顺序解释、执行。

Tcl 具有两大特征：

- 所有结构都是一条命令，包括语法结构（如 for、if 等）。
- 所有数据类型都可被视为字符串（基于字符串的命令语言）。

总结：在 Tcl 中，一切都是字符串。

基于以上两大特征再次理解什么是解释性语言。

代码 1-1

```
1. # basic_ex1.tcl
2. set a 2
3. if {$a > 1} {
4.     puts "This is Tcl"
5. }
```

以代码 1-1 为例，在处理 if 命令时，Tcl 解释器只知道这个命令包括三个单词，第一个单词是命令名 if。此时，Tcl 解释器并不知道 if 命令的第一个参数是表达式，也不知道第二个参数是 Tcl 脚本。在完成对这个命令的解析之后，Tcl 解释器才会把 if 命令中的两个单词都传给 if。此时 if 命令会把第一个参数作为表达式，把第二个参数作为 Tcl 脚本进行处理。如果表达式的值非 0，那么 if 命令就会把第二个参数传回 Tcl 解释器进行处理。此时，解释器会把第二个参数作为脚本对待。事实上，命令名后面的两组大括号并无不同，其目的都是让 Tcl 解释器把括号内的字符原封不动地传给 if 命令，不进行任何置换操作。

学习 Tcl 的工具如下：

- 如果安装了 Vivado，则 Vivado 自带的 Vivado Tcl Shell 就足够了。
- 用于学习 Tcl 的其他工具可在 https://www.tcl.tk/software/tcltk/中浏览。

1.2　Tcl 脚本的构成

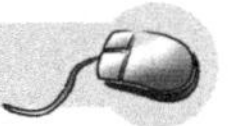

一条 Tcl 脚本是由一个或多个单词构成的。单词之间以空格或 Tab 键隔开。第一个单词为命令名，其余单词为该命令的参数，如图 1-1 所示。该命令由 3 个单词构成。命令名为 set，包含两个参数：第 1 个参数为变量名；第 2 个参数为变量值。

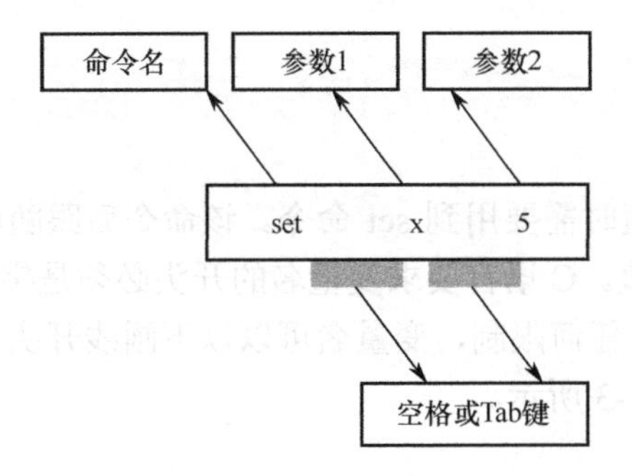

图 1-1

Tcl 脚本可以只包含一条命令，也可以包含多条命令。命令之间可以由分号隔开，也可以直接采用换行方式，如图 1-2 所示。

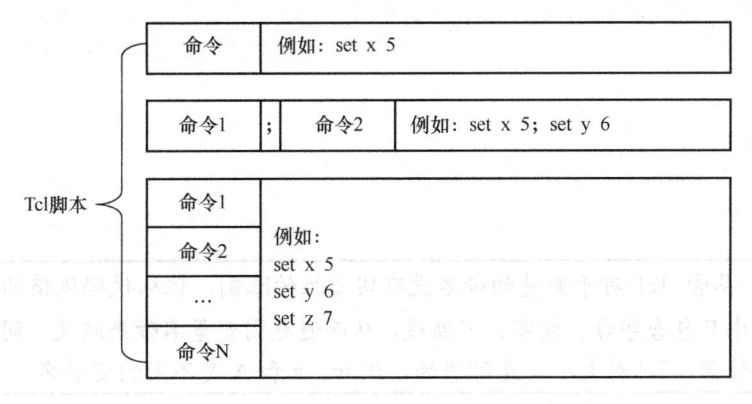

图 1-2

在采用分号或换行方式作为命令之间的分隔符时，两者的区别在于分号促使其左侧命令不会显示输出结果，如代码 1-2 所示。由此可见，尽管以分号作为命令之间的分隔符可使代码更为紧凑，但也降低了调试过程中命令结果的可视性。从代码风格的角度而言，换行方式可提升代码的可读性。

代码 1-2

```
1. # basic_ex2.tcl
2. set x 5
3. => 5
4. set y 6
5. => 6
6. set x 5; set y 6
7. => 6
```

总结：从代码风格的角度而言，在书写 Tcl 脚本时，对于独立的命令，最好使用换行方式隔开不同的命令，有助于调试后续代码。

1.3 变量赋值

在 Tcl 中，对变量赋值时需要用到 set 命令。该命令后跟随两个参数：第一个参数是变量名；第二个参数是变量值。C 语言要求变量名的开头必须是字母或下画线，不能是数字，而 Tcl 对于变量的命名没有任何限制，变量名可以以下画线开头，也可以以数字开头，还可以以空格符开头，如代码 1-3 所示。

代码 1-3

```
1. # basic_ex3.tcl
2. set x 5
3. => 5
4. set _a 6
5. => 6
6. set 7 34
7. => 34
8. set " " dear
9. => dear
```

总结：尽管 Tcl 对于变量的命名没有实质性的限制，但从代码风格的角度而言，仍然建议变量名中只包含字母、数字、下画线，从而避免因变量名带来歧义。同时，如果使用字母，则需要注意，Tcl 对大小写是敏感的，例如，a 和 A 是不同的变量名。

也可以通过命令 incr 对变量进行赋值。在该命令后可跟随一个或两个参数，其中的第一个参数始终是变量名。如果没有第二个参数，则执行第一个参数加 1 的操作，如果有第二个参数，则执行第一个参数与第二个参数相加的操作，如代码 1-4 所示：第 2 行代码不仅定义了变量 v，还将其初始值设置为 0；第 10 行和第 11 行代码表明，incr 后的第一个参数必须是整型数据，实际上，incr 的第二个参数也必须是整型数据。

代码 1-4

```
1. # basic_ex4.tcl
2. incr v
3. => 1
4. incr v 2
5. => 3
6. incr v -1
7. => 2
8. set x 1.5
9. => 1.5
10.incr x
11.=>@ expected integer but got "1.5"
```

总结：incr 命令后的两个参数都必须是整型数据。

Tcl 对命令的求值过程分为两步：解析和执行。

- 在解析阶段，Tcl 解释器运用规则把命令分解为一个个独立的单词，同时进行必要的置换（Substitution，关于置换的内容将在下一节介绍）。
- 在执行阶段，Tcl 解释器会把第一个单词作为命令名，并查看该命令是否有定义，同时查找完成该命令功能的命令过程。如果有定义，则 Tcl 解释器调用该命令过程，并把命令中的全部单词传递给该过程。命令过程会根据自己的需求来分辨这些单词的具体含义。每个命令对所需参数都有一些自身的要求，如果不满足要求，则会报错。Tcl 会把错误信息保存在全局变量 errorInfo 中，如代码 1-5 所示。在执行代码 1-5 时，先执行代码的第 2 行和第 4 行，待第 5 行输出错误信息后，再执行代码的第 6 行。其中，命令 puts 用于向控制台或文件输出信息；"$"是变量置换符，将在下一节中介绍。

代码 1-5

```
1. # basic_ex5.tcl
2. incr y
3. => 1
4. incr y 1.5
5. =>@ expected integer but got "1.5"
6. puts $errorInfo
7. => expected integer but got "1.5"
8. =>     (reading increment)
9. =>      invoked from within
10.=> "incr y 1.5"
```

总结：Tcl 会把当前命令的错误信息保存在全局变量 errorInfo 中，对于代码调试而言非常有用，因为可以通过 puts $errorInfo 的方式输出变量值，进而查看错误信息。

unset 命令的功能与 set 命令的功能相反。该命令将取消变量定义并释放该变量所占用的内存空间。需要注意的是，取消未定义的变量是不合法的，如代码 1-6 所示。

代码 1-6

```
1. # basic_ex6.tcl
2. set x 1.5
3. => 1.5
4. unset x
5. unset m
6. => can't unset "m": no such variable
```

如果需要判断指定变量是否已经被定义，则可以使用命令“info exists 变量名”进行判断，如代码 1-7 所示。若变量存在，则返回 1，否则返回 0。

代码 1-7

```
1. # basic_ex7.tcl
2. set x 5
3. => 5
4. info exists x
5. => 1
6. unset x
7. info exists x
8. => 0
```

info 命令的主要功能是查看 Tcl 解释器的相关信息，如代码 1-8 所示：选项 tclversion 用于返回 Tcl 解释器的版本信息；选项 hostname 用于返回主机名。

代码 1-8

```
1. # basic_ex8.tcl
2. info tclversion
3. => 8.5
4. info hostname
5. => pcname
```

1.4 变量置换

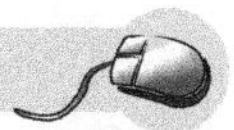

除了可以直接给变量赋值，还可以把某个变量的值赋给另一个变量。例如，变量 x 的值为 1，期望变量 y 的值为 x，则期望变量 y 的值也为 1。若采用代码 1-9 所示的方式，则最终发现 y 的值为 x（Tcl 解释器把字符 x 赋值给 y），并不是期望值 1。这里就涉及变量置换的内容。在 Tcl 中，变量置换通过$（美元符号）完成，如代码 1-9 中的第 6 行所示。通过这样的方式可成功地将变量 x 的值赋给变量 z。

代码 1-9

```
1. # basic_ex9.tcl
2. set x 1
3. => 1
4. set y x
```

```
5. => x
6. set z $x
7. => 1
```

那么，是不是所有的变量，只要通过符号“$”都可以完成变量置换呢？下面看一个简单的例子，如代码 1-10 所示。变量名为 a-b-c，变量值为字符串“Hello”，这里需要把变量 str 的值设置为变量 a-b-c 的值。但在通过“$”进行变量置换时，显示变量 a 不存在。由此可见，Tcl 将“-”当作字符串分割符了。此时，可通过“{}”把变量名 a-b-c 括起来，使 Tcl 解释器把它当作一个整体对待，从而正确实现变量置换，如代码 1-10 中的第 6 行所示。

代码 1-10

```
1. # basic_ex10.tcl
2. set a-b-c Hello
3. => Hello
4. set str $a-b-c
5. =>@ can't read "a": no such variable
6. set str ${a-b-c}
7. => Hello
```

类似地， Tcl 解释器也会将“.”当作字符串分割符，但对于下画线或以数字开头的变量名则不会出现这样的问题，如代码 1-11 所示。如果并不清楚 Tcl 解释器是否会把变量名作为整体对待，则谨慎起见，可用“{}”把变量名括起来。

代码 1-11

```
1. # basic_ex11.tcl
2. set a.b Apple
3. => Apple
4. set c $a.b
5. =>@ can't read "a": no such variable
6. set a_b Apple
7. => Apple
8. set c $a_b
9. => Apple
10.set 3a Apple
11.=> Apple
12.set c $3a
13.=> Apple
```

总结： Tcl 解释器会将“-”“.”视为字符串分隔符，因此，应尽可能避免在变量名中出现这两个字符。若不可避免需要使用这两个字符，则在变量置换时，必须将变量名放在“{}”中。

借助变量置换，可以很容易地完成字符串拼接。例如，变量 a 为 5，变量 b 为 6，给变量 c 赋值 56，则可通过ab 完成，如代码 1-12 所示。此功能也可通过命令 append 完成。在该命令后跟随两个参数：第一个参数是变量名；第二个参数是新添加的字符串。此命令较ab

的方式更为高效。因为下画线不是字符串分隔符，所以，Tcl 解释器不会认为存在名为 x_的变量，如代码 1-12 中的第 16 行和第 17 行所示。在这种情况下，可依然采用将变量名放入花括号“{}”中的方式，如代码 1-12 中的第 14 行所示（第 14 行中的第二个“{}”可以省略不要）。

代码 1-12

```
1. # basic_ex12.tcl
2. set a 5
3. => 5
4. set b 6
5. => 6
6. set c $a$b
7. => 56
8. append a $b
9. => 56
10.set x Hello
11.=> Hello
12.set y Tcl
13.=> Tcl
14.set z ${x}_${y}
15.=> Hello_Tcl
16.set z $x_$y
17.=>@ can't read "x_": no such variable
```

例如，变量 x 为 LUT，需要把变量 y 设置为 LUT6，也就是把字符串 LUT 和字符 6 拼接在一起。如果直接使用$x6 的方式，则会报错，Tcl 解释器会将 x6 视为一个变量，但该变量并未事先定义，所以会显示该变量不存在。此时，需要通过“{}”把变量 x 括起来，并通过“$”符号完成变量置换，如代码 1-13 所示。

代码 1-13

```
1. # basic_ex13.tcl
2. set x LUT
3. => LUT
4. set y ${x}6
5. => LUT6
6. set y $x6
7. =>@ can't read "x6": no such variable
```

在满足上述变量置换规则的前提下，Tcl 是否能够完成两次变量置换呢？如代码 1-14 所示，变量 a 的值为 5，变量 var 的值为 a，期望$$var 为 5，也就是进行两次变量置换，但从代码 1-14 中第 6 行的输出结果来看，最终输出的是$a。这是因为 Tcl 解释器在同一层级下遇到变量置换符“$”时，只会发生一次置换。在执行变量置换时，Tcl 解释器会先找到“$”，然后从“$”之后的第一个字符开始算起，直到遇到非法字符（字母、数字、下画线之外的其他字符）为止，这其中的所有字符被视为变量名。在代码 1-14 的第 6 行，对于$$var，第一个“$”符号之后的字符仍是“$”，为非法字符，故 Tcl 解释器没有找到合法的变量名，也就没有发生变量置换。紧接着，Tcl 解释器开始从第二个“$”符号后的第一个字符开始扫描，很快找到了合法的变量名 var，并进行了变量置换，故最终输出$a，而不是 5。

代码 1-14

```
1. # basic_ex14.tcl
2. set a 5
3. => 5
4. set var a
5. => a
6. puts $$var
7. => $a
```

如果期望执行两次变量置换，则可采用代码 1-15 的方式（第 6 行中的“[]”用于命令置换，将在下一节中介绍）。“[]”中的 set 命令只跟随一个参数$var，$var 用于进行变量置换，故 set $var 等效于 set a，而 set a 将返回变量 a 的值。因此，从本质上讲，$var 是[set var]的缩写版本。通过代码 1-15 中的第 10 行和第 12 行可以看出，如果 set 后只有一个参数，而这个参数又是一个已经定义的变量名，那么该命令就直接返回该变量的变量值，与$var 等价。

代码 1-15

```
1. # basic_ex15.tcl
2. set a 5
3. => 5
4. set var a
5. => a
6. puts [set $var]
7. => 5
8. puts [set [set var]]
9. => 5
10.puts $var
11.=> a
12.set var
13.=> a
```

除了可使用代码 1-15 所示的方式执行两次变量置换，还可以采用命令 subst 实现此目的，如代码 1-16 所示。

代码 1-16

```
1. # basic_ex16.tcl
2. set a 5
3. => 5
4. set var a
5. => a
6. subst $$var
7. => 5
```

结合代码 1-17 再次理解两次变量置换。在这里用到了 foreach 命令（此命令将在第 4 章中进行详细介绍），读者可重点关注代码 1-17 中的第 9 行。

代码 1-17

```
1. # basic_ex17.tcl
2. set var1 3.14
3. => 3.14
4. set var2 hello
5. => hello
6. set var3 5
7. => 5
8. foreach num {1 2 3} {
9.     puts "var$num = [set var$num]"
10.}
11.=> var1 = 3.14
12.=> var2 = hello
13.=> var3 = 5
```

总结：在执行变量置换时，Tcl 解释器会从“$”后的第一个字符开始扫描，直至遇到除字母、数字、下画线之外的字符，并将其中所有字符构成的字符串视为变量名。同时，$var 与 set var 等效，可认为$var 是 set var 的缩写版本。此外，变量可在单词的任意位置置换。

1.5 命令置换

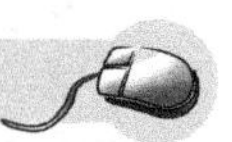

命令置换是 Tcl 的第二种置换形式，以“[]”的形式体现（“[]”中是另一个 Tcl 命令）。从这个角度而言，命令置换实际上就是命令的嵌套。命令置换会导致某一个命令的所有或部分单词被另一个命令的结果所代替，如代码 1-18 所示。代码 1-18 中第 6 行的 expr 命令会在解析 set 的单词时执行，expr 的结果，即字符串 16，将成为 set 命令的第二个参数。

代码 1-18

```
1. # basic_ex18.tcl
2. set x 4
3. => 4
4. puts "Length: ${x}m"
5. => Length: 4m
6. set area [expr {$x * $x}]
7. => 16
8. puts "Area: [expr {$x * $x}]"
9. => Area: 16
```

在命令置换时，“[]”中的脚本可以包含任意多条命令，命令之间用换行符或分号隔开，但是，最终的返回值为最后一条命令的返回值。如代码 1-19 所示，“[]”中有两个命令 expr 和 set，通过分号隔开，最终 y 的值为最后一条命令 set x 的返回值。从代码风格的角度而言，并不建议在“[]”中通过换行符或分号分隔多条命令。

代码 1-19

```
1. # basic_ex19.tcl
2. set x 5
3. => 5
4. set y [expr {$x + 5}; set x]
5. => 5
```

另外，命令置换是可以嵌套的，即在一个命令置换中还可以包含另一个命令置换，如代码 1-20 所示。在代码 1-20 的第 6 行命令 set 中嵌套了命令 expr，而 expr 中又嵌套了 string length（该命令用于返回字符串的长度）。因此，在解析 set 命令时，会先解析 expr，在解析 expr 时又会先解析并执行 string length。

代码 1-20

```
1. # basic_ex20.tcl
2. set x Hello
3. => Hello
4. set y Tcl
5. => Tcl
6. set len [expr {[string length $x] + [string length $y]}]
7. => 8
```

总结：从代码风格的角度而言，在以命令置换为目的的“[]”中，尽可能只放一条 Tcl 命令，以增强代码的可读性，同时便于后期代码调试。

1.6 反斜线置换

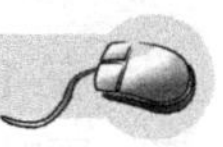

最后一种置换是反斜线置换。与 C 语言中的反斜线用法类似，Tcl 中的反斜线主要用于在单词中插入被 Tcl 解释器当成特殊符号的字符，如换行符、“[”、空格、“$”等。

以代码 1-21 为例，需要将变量 str1 赋值为 hello world（注意 hello 与 world 之间有空格），如果没有反斜线，则 Tcl 解释器会认为这里的空格是分隔符，从而认为 set 命令的参数多于两个，故报错。在添加反斜线后，空格不再被当作分隔符，hello world 被当作一个整体，即作为一个单词。在代码 1-21 中的第 4 行，需要将变量 str2 赋值为“$5”，由于“$”是变量置换符，如果直接写成“$5”，则 Tcl 解释器会认为“$”后跟的是变量名，但 5 作为变量名并不存在，故报错。在添加反斜线后，“$”不再被认为是变量置换符。在代码 1-21 中的第 8 行，需要给变量 net 赋值 reg[x]，而“[”是命令置换符，但 x 不是合法命令，故报错。在添加反斜线后，“[”不再被当作命令置换符进行处理。

代码 1-21

```
1. # basic_ex21.tcl
2. set str1 hello world
3. =>@ wrong # args: should be "set varName ?newValue?"
4. set str2 $5
```

```
5. => can't read "5": no such variable
6. set str2 \$5
7. => $5
8. set net reg[x]
9. =>@ invalid comman name "x"
10.set net reg\[x]
11.=> reg[x]
```

如果希望反斜线本身也成为变量值的一部分，那么仍需要通过反斜线置换完成。以代码 1-22 为例，若想给变量 str3 赋值“\”，则需要描述为“\\”的形式；若想给变量 str4 赋值“\b”，但“\b”实际上表示 Backspace，故需要通过反斜线置换才可得到“\b”。

代码 1-22

```
1. # basic_ex22.tcl
2. set str3 \\
3. => \
4. set str4 \b
5. =>
6. set str4 \\b
7. => \b
```

总结： 反斜线“\”本身也被 Tcl 解释器认为是特殊字符。

1.7 深入理解 Tcl 中的置换

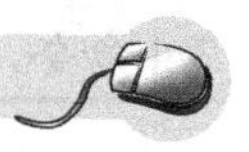

在 Tcl 语言中有三类置换：变量置换、命令置换和反斜线置换。可以说置换是 Tcl 的灵魂，同时也是一个让初学者感到困惑的难点。很多初学者常会碰到这样的情形：不希望发生置换时却发生了，或者希望发生置换时却没有发生，加之一些 Tcl 解释器的调试功能欠佳，往往让初学者觉得自己的脚本发生了“诡异”行为。实际上，Tcl 的置换机制很简单，其行为也很容易预测，只需记住如下两条规则。

- 规则 1：Tcl 在解析一条命令时，只从左向右解析一次，进行一轮置换，每一个字符只会被扫描一次。
- 规则 2：每一个字符只会发生一层置换，而不会对置换后的结果再进行一次扫描置换。

以代码 1-23 为例，变量 x 被赋值为 10，变量 a 被赋值为字符 x，变量 b 被赋值为$$a。根据上述规则，Tcl 从左向右对命令“set b $$a”进行解析，即扫描所有的字符，在发现“$$a”时，执行变量置换，得到“$x”，同时只发生一层置换，不会对置换后的结果“$x”再进行扫描置换（否则“$$a”中最左侧的“$”，也就是第一个“$”将被扫描两次，与规则 1 冲突）。因此，最左侧的“$”并不会触发变量置换，最终变量 b 的值将会是“$x”，而不是 10。

代码 1-23

```
1. # basic_ex23.tcl
2. set x 10
3. => 10
4. set a x
5. => x
6. set b $$a
7. => $x
```

从 Tcl 代码风格的角度看，应尽可能地将置换简单化，这就意味着尽可能地将多层次的嵌套置换分解为简单的层次置换，可通过命令分解实现，同时，应避免在同一条命令中出现太多的置换，尤其避免出现太多复杂的不同类型的置换，这对代码维护十分不利。值得考虑的方法是建立“过程”，将复杂的操作隔离开来，从而增强代码的可读性和可维护性。以代码 1-24 为例，在计算两个字符串总长度时，用到了三个命令：set、expr 和 string length。在计算 str_len 时，使用了变量置换和命令置换，同时出现了命令嵌套。对比另一种写法，如代码 1-25 所示，将嵌套拆分，代码的可读性便跃然纸上。尤其是当后续需要使用代码 1-25 中第 6 行或第 7 行的结果时，这种方法可有效降低代码的冗余性。

代码 1-24

```
1. # basic_ex24.tcl
2. set a hello
3. => hello
4. set b world
5. => world
6. set str_len [expr {[string length $a] + [string length $b]}]
7. => 10
```

代码 1-25

```
1. # basic_ex25.tcl
2. set a hello
3. => hello
4. set b world
5. => world
6. set alen [string length $a]
7. => 5
8. set blen [string length $b]
9. => 5
10.set str_len [expr {$alen + $blen}]
11.=> 10
```

1.8　双引号与花括号

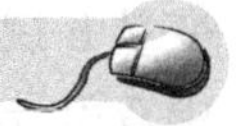

在 Tcl 中，可通过双引号“""”和花括号“{}”将多个单词，包括分隔符（例如，换行

符和空格）和置换符（例如，美元符号“$”、方括号“[]”和反斜线）等特殊字符组成一组，作为一个参数处理，这实际上是一种引用操作。双引号与花括号的区别在于双引号内的置换可正常进行，而花括号内的置换可能会被阻止，如代码 1-26 所示：变量 s 被赋值为 Hello Tcl，注意这里通过双引号避免了空格被当作分隔符处理；第 4 行的 puts 命令使用了双引号，可以看到所有的置换都随之发生；第 6 行的 puts 命令使用了花括号，相应的内部置换均被阻止。

代码 1-26

```
1. # basic_ex26.tcl
2. set s "Hello Tcl"
3. => Hello Tcl
4. puts "Length of $s: [string length $s]"
5. => Length of Hello Tcl: 9
6. puts {Length of $s: [string length $s]}
7. => Length of $s: [string length $s]
```

双引号的另一常用情形是出现在嵌套命令中，并且嵌套的命令是外层命令参数的一部分。例如，代码 1-26 中第 4 行的 puts 命令，内部嵌套了 string length 命令，而 string length 命令的返回值是 puts 命令参数的一部分。如果仅仅是命令嵌套，则不需要双引号，如代码 1-27 所示。

代码 1-27

```
1. # basic_ex27.tcl
2. set x 2
3. => 2
4. set y 3
5. => 3
6. puts [expr {$x + $y}]
7. => 5
```

在给变量赋值时，也可以通过花括号使特殊字符被当作普通字符处理，如代码 1-28 所示。在这个例子中，第 2 行的花括号阻止了“$”表征的变量置换。如果将花括号替换为双引号，则系统会报错。

代码 1-28

```
1. # basic_ex28.tcl
2. set s {Apple: $5\kg}
3. => Apple: $5\kg
4. puts "Length of $s: [string length $s]"
5. => Length of Apple: $5\kg: 12
```

如果在一个脚本中同时使用双引号和花括号会是什么结果呢？以代码 1-29 为例，在给变量 b 赋值时使用了反斜线置换（第 4 行）；在给变量 c 赋值时使用了双引号加花括号，其中双引号在最外层（第 6 行）；在给变量 d 赋值时使用了花括号加双引号，其中花括号在最外层（第 8 行）。由此可以得出这样的结论：在同时使用双引号和花括号时，最外层的起主导作用。

代码 1-29

```
1. # basic_ex29.tcl
2. set a Apple
3. => Apple
4. set b \$5
5. => $5
6. set c "The price of $a is {$b}"
7. => The price of Apple is {$5}
8. set d {The price of $a is "$b"}
9. => The price of $a is "$b"
```

对于花括号，如前文所述“花括号内的置换可能会被阻止”，这是因为花括号的功能稍微复杂一些，但总体来说遵循两个原则：第一个原则是如果花括号用于置换操作，则其内部的置换操作会被阻止；第二个原则是如果花括号作为界限符，例如，在过程定义时用作过程体的边界，if 语句、循环语句（for 和 while）、switch 语句等的边界，以及数学表达式时，其内部的置换操作不会被阻止。

如果需要双引号或花括号作为普通字符出现在字符串中，则可通过反斜线置换，或者通过双引号和花括号的嵌套使用实现特定功能，如代码 1-30 所示。

代码 1-30

```
1. # basic_ex30.tcl
2. puts "This is \"Bob\""
3. => This is "Bob"
4. puts {This is "Bob"}
5. => This is "Bob"
6. puts "This is {Bob}"
7. => This is {Bob}
```

1.9　注释与续行

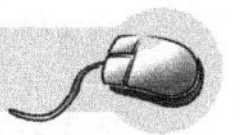

Tcl 中的注释符为“#”，但“#”的位置是有规定的，即它必须为命令的第一个字符。从这个角度而言，Tcl 的注释和命令处于同一层次，这就意味着一个注释符要占用一个命令的位置。以代码 1-31 为例，第 1 行和第 2 行的注释独自占据一行并以“#”开头，因此该注释是合法的；尽管第 3 行的注释和 set 命令位于同一行，但在 set 命令后紧跟分号，表明命令结束，故该注释也是合法的；在第 5 行的注释中，“#”出现在 set 命令中间，被当作 set 命令的一部分，从而造成 set 命令参数设置不合理的问题。

代码 1-31

```
1. # basic_ex31.tcl
2. #valid comment
3. set x Tcl; #This comment is valid
4. => Tcl
```

```
5. set x Tcl #illegal
6. =>@ wrong # args: should be "set varName ?newValue?"
```

如果在注释语句中出现了反斜线，那么即便另起一行，该行仍被认为是注释的一部分，如代码 1-32 所示。这也表明了反斜线具有续行的功能。

代码 1-32

```
1. # basic_ex32.tcl
2. set a 10
3. => 10
4. #Multi-line comment \
5. here is also valid set a 100
6. puts $a
7. => 10
```

如果需要注释大段的代码块，则可采用如下三种方法。

方法 1：if 命令

这种方法被普遍接受，如代码 1-33 所示。由于 if 条件的判断条件始终为 0，故花括号中的代码块不会被执行，从而起到了注释的作用。

代码 1-33

```
1. # basic_ex33.tcl
2. set x 100
3. => 100
4. if {0} {
5.     set x 20
6.     set y 20
7. }
8. puts $x
9. => 100
10.puts $y
11.=>@ can't read "y": no such variable
```

方法 2：花括号

由于 Tcl 中的花括号具有阻止内部置换的功能，故可利用此特性实现大段代码块的注释，如代码 1-34 所示：第 9 行和第 10 行代码是第 4 行代码的返回结果，从第 12 行代码看到，x 的值仍是 100，并没有发生变化，说明第 5 行代码没有被执行，从而达到了注释的目的。

代码 1-34

```
1. # basic_ex34.tcl
2. set x 100
3. => 100
4. set commented_out {
5.     set x 20
```

```
6.      set y 20
7. }
8.
9. =>    set x 20
10.=>    set y 20
11.puts $x
12.=> 100
13.puts $y
14.=>@ can't read "y": no such variable
```

方法 3：proc 过程

Tcl 中的 proc 过程类似于 C 语言中的函数，只有当函数被调用时，才会被执行。同样地，只有该过程 proc 被调用，才会被作为命令去执行，如代码 1-35 所示：commented_out 没有参数（过程名后的花括号为空），并且该过程在后续脚本中没被调用，从而达到了注释的目的。

代码 1-35

```
1. # basic_ex35.tcl
2. set x 100
3. => 100
4. proc commented_out {} {
5.      set x 20
6.      set y 20
7. }
8. puts $x
9. => 100
10.puts $y
11.=>@ can't read "y": no such variable
```

在 Tcl 中可采用反斜线实现续行功能。需要注意的是，反斜线后的同一行不能跟随任何字符，包括空格和制表符，否则续行功能将无效，如代码 1-36 所示：在第 2 行代码的反斜线后直接回车换行，故变量 a 的值为 hello；在第 5 行的反斜线后有空格，变量 x 被赋值为空格，此时反斜线起到置换的作用，而不是续行的功能，因此，第 6 行代码中的 hello 被认为是一个命令，故系统报错。

代码 1-36

```
1. # basic_ex36.tcl
2. set a [set x \
3.      hello]
4. => hello
5. set a [set x \
6.      hello]
7. => invalid command name "hello"
```

1.10 本章小结

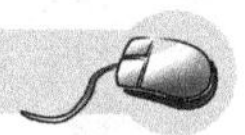

本章小结如表 1-1 所示。

表 1-1

关键内容	一句话总结	应用实例
变量赋值	可利用 set 命令给变量赋值	代码 1-3
	可利用 incr 命令给整型变量赋值	代码 1-4
变量置换	可使用符号“＄”完成变量置换	代码 1-9～代码 1-17
命令置换	可使用方括号“[ ]”完成命令置换	代码 1-18～代码 1-20
反斜线置换	可通过反斜线实现在代码中使用“＄”“[”“{”等特殊字符的目的	代码 1-21～代码 1-22
双引号引用	可将特殊字符与常规字符组成一组，构成一个参数，但不能阻止置换	代码 1-26、代码 1-28、代码 1-29
花括号引用	可将特殊字符与常规字符组成一组，构成一个参数，同时阻止置换	代码 1-28、代码 1-29
注释	注释符“#”必须为命令的第一个字符	代码 1-31、代码 1-32
续行	采用反斜线“\”可实现续行，但要求反斜线后的同一行不能跟随任何字符	代码 1-36

第 2 章

表达式

2.1 表达式的构成要素

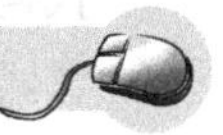

Tcl 表达式由操作数、操作符和圆括号构成，其中的圆括号不是必需的。同时，可在三者之间添加空格，以增强代码的可读性，但 Tcl 解释器在处理时会忽略这些空格。

操作数的类型与操作符相关，有的操作符支持整型、浮点型及字符串等类型的操作数，而有的操作符则要求操作数必须是整型或浮点型。就整型而言，可以采用八进制、十进制或十六进制的形式表示；就浮点型而言，Tcl 表达式支持 ANSI C 定义的大多数格式，如表 2-1 所示。

表 2-1

整　型	浮 点 型
十进制：-78，78，+78	1.0，1.（两者等效）
十六进制：0xA2，0xa2（第二个字符为英文字母x，大小写均可）	0.2，.2（两者等效）
八进制：075，0o75（第二个字符为英文字母o，大小写均可）	3.4e2，3.4E2，340.0（三者等效）

可通过命令 expr 直接获取表达式的值。在该命令后可直接跟表达式，如代码 2-1 所示。注意，虽然第 6 行和第 8 行代码的输出结果一致，但处理过程不同：对于第 6 行代码，Tcl 解释器会在执行 expr 命令前完成变量 r 和 pi 的置换，从而将传递给 expr 的参数变为“3.14*2**2”的形式；对于第 8 行代码，由于表达式放在了花括号中，从而阻止了 Tcl 解释器执行变量置换，故传递给 expr 的参数是“$pi*$r**2”。当表达式处理器遇到“$”符号时，会进行一次变量置换。此外，表达式还经常出现在流程控制，如 if、while、for 等命令中，将在第 6 章中进行详细介绍，这里不再赘述。

代码 2-1

```
1. # expression_ex1.tcl
2. set r 2
3. => 2
4. set pi 3.14
5. => 3.14
6. expr $pi * $r ** 2
7. => 12.56
8. expr {$pi * $r ** 2}
9. => 12.56
```

总结：从代码风格的角度而言，无论表达式出现在 expr 命令中，还是流程控制命令中，都要将其放在花括号之中。这是因为 Tcl 处理花括号中表达式的效率远高于处理花括号外表达式的效率。

将表达式放在花括号之中还能避免一些安全漏洞，如代码 2-2 所示：第 4 行的表达式没有放在花括号之中，发生了变量置换和命令置换（命令 puts 被执行）；第 7 行的表达式放在了花括号之中，表达式处理器会对 userinput 的值进行置换，而不会执行 puts 命令。

代码 2-2

```
1. # expression_ex2.tcl
2. set userinput {[puts DANGER!]}
3. => [puts DANGER!]
4. expr $userinput == 1
5. => DANGER!
6. => 0
7. expr {$userinput == 1}
8. => 0
```

2.2 算术操作符

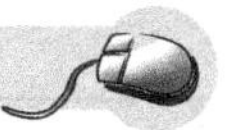

Tcl 支持的算术操作符如表 2-2 所示，其中“-”（负号）和“+”（正号）既可以看作一元操作符（只需要一个操作数），又可以看作二元操作符（需要两个操作数）。除了取余操作符“%”只支持整型操作数，其余操作符既支持整型操作数，又支持浮点型操作数。

表 2-2

语　法	功　能	操作数类型
-a	a 的负值	整型，浮点型
+a	对 a 执行一元加操作	整型，浮点型
a+b	a 加 b	整型，浮点型
a-b	a 减 b	整型，浮点型
a*b	a 乘以 b	整型，浮点型
a/b	a 除以 b	整型，浮点型
a%b	a 除以 b 取余	整型
a**b	a 的 b 次方	整型，浮点型

这里重点解释一下除法操作符，如代码 2-3 所示。其中，2.0 和 1.0 被识别为浮点型数据，其余均被识别为整型数据。同时，当两个操作数之一为浮点型数据时，另一个操作数也会被转换为浮点型数据。该规则也适用于其他支持浮点型数据的算术操作符。若两个操作数均为整型，则其结果也为整型；若均为浮点型，则其结果也为浮点型。对于 a/b，其结果需要满足“a=q*b+r”且“0≤|r|<|b|”，同时，r 和 q 同符号。在这里，q 是 a 除以 b 的商，r 是余数，因而不难理解第 2 行和第 8 行代码的输出结果分别是 0 和-1。

代码 2-3

```
1. # expression_ex3.tcl
2. expr {1 / 2}
3. => 0
4. expr {1 / 2.0}
5. => 0.5
6. expr {1.0 / 2}
7. => 0.5
8. expr {-1 / 2}
9. => -1
```

取余“%”操作符只支持整型数据，如代码 2-4 所示。同样，“a%b”需要满足“a=q*b+r”且“0≤|r|<|b|”，r 和 q 同符号。这就解释了为什么第 6 行代码的输出结果为−1。

代码 2-4

```
1. # expression_ex4.tcl
2. expr {7 % 2}
3. => 1
4. expr {8 % 2}
5. => 0
6. expr {7 % -2}
7. => -1
8. expr {7 / -2}
9. => -4
```

最后介绍一下指数操作符，如代码 2-5 所示。该代码的功能是计算并输出 2 的 1、5、9、13 次幂的结果。这里重点关注第 3 行代码。关于 for 循环，将在第 6 章中进行详细介绍。

代码 2-5

```
1. # expression_ex5.tcl
2. for {set i 1} {$i < 16} {incr i 4} {
3.     puts "2^$i:\t [expr {2 ** $i}]"
4. }
5. => 2^1:   2
6. => 2^5:   32
7. => 2^9:   512
8. => 2^13:  8192
```

2.3　关系操作符

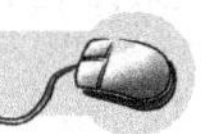

Tcl 支持的关系操作符如表 2-3 所示，其中，操作数的类型可以是数值型数据，如整型或浮点型，也可以是字符串。每个操作符在操作数满足指定关系时返回 1，否则返回 0。

表 2-3

语 法	功 能	操作数类型
a<b	如果 a 小于 b，则结果为 1，否则为 0	整型，浮点型，字符串
a<=b	如果 a 小于或等于 b，则结果为 1，否则为 0	整型，浮点型，字符串
a>b	如果 a 大于 b，则结果为 1，否则为 0	整型，浮点型，字符串
a>=b	如果 a 大于或等于 b，则结果为 1，否则为 0	整型，浮点型，字符串
a==b	如果 a 等于 b，则结果为 1，否则为 0	整型，浮点型，字符串
a!=b	如果 a 不等于 b，则结果为 1，否则为 0	整型，浮点型，字符串

关系操作符的具体使用方法如代码 2-6 所示。当操作数为字符串时，建议使用变量置换的方式进行操作，如第 8 行代码所示。字符串的比较是以字母顺序进行的，并且仅在至少有一个操作数不能解析为数值时才进行字符串比较。第 12 行代码中的 010 是十进制数 8 的八进制形式，故二者相等，返回 1。

代码 2-6

```
1. # expression_ex6.tcl
2. expr {23 > 45}
3. => 0
4. set a Java
5. => Java
6. set b Tcl
7. => Tcl
8. expr {$a < $b}
9. => 1
10.expr {$b > 23}
11.=> 1
12.expr {8 == 010}
13.=> 1
```

总结：对于字符串的比较，建议采用 string compare 命令的方式执行，相对于本节介绍的操作符，该命令更高效。

2.4 逻辑操作符

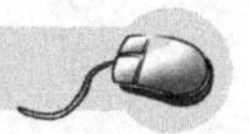

Tcl 支持的逻辑操作符及其具体功能如表 2-4 所示。可以看到，逻辑与和逻辑或是二元操作符，而逻辑非是一元操作符。

表 2-4

语 法	功 能	操作数类型
a&&b	逻辑与：如果 a 和 b 都不是 0，则结果为 1，否则为 0	整型，浮点型
a||b	逻辑或：如果 a 和 b 都是 0，则结果为 0，否则为 1	整型，浮点型
!a	逻辑非：如果 a 为 0，则结果为 1，否则为 0	整型，浮点型

在 Tcl 中，零值表示假（False），其他所有非零值表示真（True）。此外，Tcl 还可以用字符串来表示布尔变量：yes、on、true 表示真；no、off、false 表示假，如表 2-5 所示。

表 2-5

真（true）	假（false）	真（true）	假（false）
所有非 0 的数值型数据	0	on	off
yes	no	true	false

与 C 语言一样，Tcl 在处理逻辑与（&&）和逻辑或（||）时是按顺序进行的，即如果逻辑与（&&）的第一个操作数为 0、逻辑或（||）的第一个操作数为 1，那么就不再处理第二个操作数。同时，在 Tcl 产生一个真、假值时，总是用 1 表示真，用 0 表示假，如代码 2-7 所示。

代码 2-7

```
1. # expression_ex7.tcl
2. expr {23 && true}
3. => 1
4. expr {on && yes}
5. => 1
6. expr {no || off}
7. => 0
8. expr {true || 2.5}
9. => 1
```

2.5　按位操作符

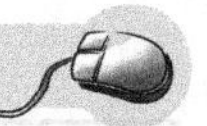

Tcl 支持的按位操作符共 6 种，如表 2-6 所示。这 6 种操作符均要求操作数的类型必须为整型。按位与“&”、按位或“|”、按位异或“^”就是将 a 和 b 两个数据逐位进行相应的操作，按位取反则是将数据逐位取反：0 换为 1，1 换为 0。左移操作“a << b”，等效于数据 a 乘以 2 的 b 次幂；右移操作“a >> b”，等效于数据除以 2 的 b 次幂。

表 2-6

语　法	功　　能	操作数类型
a&b	a 和 b 按位与	整型
a|b	a 和 b 按位或	整型
a^b	a 和 b 按位异或	整型
~a	a 按位取反	整型
a<<b	把 a 左移 b 位，低位补 0	整型
a>>b	把 a 左移 b 位，正数补 0，负数补 1	整型

按位操作符的具体使用方法如代码 2-8 所示。这里解释一下第 8 行代码，0xA 对应十进制 10 和二进制 01010。这里左起第一个 0 是符号位，将其按位取反变成 10101，对应十进制 −11（$-2^4+2^2+2^0=-11$）。

代码 2-8

```
1. # expression_ex8.tcl
2. expr {0xF & 0x9}
3. => 9
4. expr {0x0 | 0x9}
5. => 9
6. expr {0xF ^ 0x5}
7. => 10
8. expr {~0xA}
9. => -11
10.expr {2 << 4}
11.=> 32
12.expr {8 >> 2}
13.=> 2
14.expr {-8 >> 2}
15.=> -2
```

2.6 选择操作符

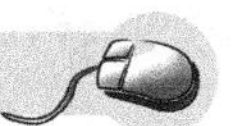

选择操作符“?:”是 Tcl 中唯一的三元操作符，具体功能说明如表 2-7 所示。在这里，x、a、b 可以是整型、浮点型或字符串，也可以是表达式或 Tcl 命令。

表 2-7

语　法	功　能	操作数类型
x?a:b	如果 x 为真，则处理参数 a，否则处理参数 b	整型，浮点型，字符串

选择操作符的具体使用实例如代码 2-9 所示。第 6 行代码的功能是获取 a 和 b 中的较大者；第 8 行代码的功能是获取 a 减 b 的绝对值，可以看到此时第 2 个参数和第 3 个参数是表达式；第 12 行代码的功能是获取 x 的绝对值；第 14 行代码的功能是获取 a 和 b 中的较大者并输出，此时第 2 个参数和第 3 个参数为嵌套的 Tcl 命令，执行时会发生命令置换。

代码 2-9

```
1. # expression_ex9.tcl
2. set a 26
3. => 26
4. set b 19
5. => 19
6. expr {($a > $b) ? $a : $b}
7. => 26
8. expr {($a > $b) ? ($a - $b) : ($b - $a)}
9. => 7
10.set x -4
```

```
11.=> -4
12.expr {($x > 0) ? $x : -$x}
13.=> 4
14.expr {($a > $b) ? [puts "Max: $a"] : [puts "Max: $b"]}
15.=> Max: 26
```

2.7 数学函数

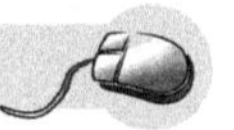

Tcl 支持许多数学函数，从基本代数函数到超越函数，从随机数生成函数到数据类型转换函数，都囊括其中。有些函数不需要参数，有些函数需要一个参数，有些函数需要多个参数。多个参数之间需要用逗号隔开，逗号和下一个参数之间可以有空格，以增强代码的可读性。

表 2-8 列出了一些基本的数学函数，包括取绝对值、取余、选取最大值和选取最小值的函数。其中，最后两个函数允许有多个数值型参数。这些函数的具体使用方法如代码 2-10 所示。

表 2-8

函　数	结　果
abs(x)	x 的绝对值
fmod(x,y)	x 除以 y 的余数
max(arg,⋯)	所有数值参数的最大值
min(arg,⋯)	所有数值参数的最小值

代码 2-10

```
1. # expression_ex10.tcl
2. expr {abs(-3.2)}
3. => 3.2
4. expr {fmod(1, 3.0)}
5. => 1.0
6. expr {max(1.2, 3, 0.1)}
7. => 3
8. expr {min(1.2, 3, 0.1)}
9. => 0.1
```

表 2-9 列出了 Tcl 支持的指数与对数函数。其中，函数 pow(x,y)与操作符“**”等效。函数 hypot(x,y)实现的功能与勾股定理等效。这些函数的具体使用方法如代码 2-11 所示。

表 2-9

函　数	结　果
pow(x,y)	x 的 y 次方
sqrt(x)	x 的平方根
hypot(x,y)	x^2+y^2 的平方根
exp(x)	e 的 x 次方
log(x)	x 的自然对数
log10(x)	x 的以 10 为底的对数

代码 2-11

```
1. # expression_ex11.tcl
2. expr {pow(4, 3)}
3. => 64.0
4. expr {sqrt(16)}
5. => 4.0
6. expr {hypot(3, 4)}
7. => 5.0
8. expr {exp(1)}
9. => 2.718281828459045
10.expr {log(exp(1))}
11.=> 1.0
12.expr {log10(10)}
13.=> 1.0
```

表 2-10 列出了 Tcl 支持的三角函数和反三角函数。需要注意的是，对于三角函数，其参数是以弧度表示的，而非以度表示的。这些函数的具体使用方法如代码 2-12 所示。第 2 行代码定义了变量 pi，用于表示圆周率 π。

表 2-10

函　数	结　果
sin(x)	x 的正弦值，x 用弧度表示
cos(x)	x 的余弦值，x 用弧度表示
tan(x)	x 的正切值，x 用弧度表示
asin(x)	x 的反正弦值，值域从-π/2～π/2
acos(x)	x 的反余弦值，值域从 0～π
atan(x)	x 的反正切值，值域从-π/2～π/2
atan2(x,y)	x/y 的反正切值，值域从-π/2～π/2

代码 2-12

```
1. # expression_ex12.tcl
2. set pi 3.1415926
3. => 3.1415926
4. expr {sin($pi/4)}
5. => 0.7071067717313121
6. expr {cos($pi/6)}
7. => 0.8660254082502546
8. expr {tan($pi/3)}
9. => 1.7320507361158222
10.expr {asin(1)}
11.=> 1.5707963267948966
```

Tcl 也支持双曲函数，具体函数名如表 2-11 所示。这些函数的使用方法比较简单，这里不再赘述。

表 2-11

函数	结果
sinh(x)	x 的双曲正弦值
cosh(x)	x 的双曲余弦值
tanh(x)	x 的双曲正切值

Tcl 支持三种取整函数，分别是 ceil(x)、floor(x)和 round(x)。这三种函数的功能如表 2-12 所示，具体使用案例如代码 2-13 所示。

表 2-12

函数	结果
ceil(x)	向上取整（不小于 x 的最小整数）
floor(x)	向下取整（不大于 x 的最大整数）
round(x)	对 x 进行四舍五入得到的整型值

代码 2-13

```
1. # expression_ex13.tcl
2. set x 5.6
3. => 5.6
4. expr {ceil($x)}
5. => 6.0
6. expr {floor($x)}
7. => 5.0
8. expr {round($x)}
9. => 6
```

Tcl 也提供了生成随机数的函数，具体名称与功能如表 2-13 所示，具体使用方法如代码 2-14 所示。这里需要注意 rand()不需要任何参数，同时每次只生成一个随机数。读者在执行此段代码时，生成的随机数可能会不同。

表 2-13

函数	结果
rand()	产生在[0,1]区间的伪随机浮点数
srand(x)	使用整数种子 x 重设随机数生成器

代码 2-14

```
1. # expression_ex14.tcl
2. for {set i 0} {$i < 4} {incr i} {
3.     puts "[expr {rand()}]"
4. }
5. => 0.5172670336986273
6. => 0.7070353728286155
7. => 0.14351113054133538
8. => 0.9915710082238405
```

表 2-14 列出了 Tcl 支持的类型转换函数。这些函数的具体使用方法如代码 2-15 所示。类型转换函数在某些场合非常有用，如第 6 行代码所示。如果没有 double(x)函数的转换，则直接计算 1/3，将无法获得期望结果。尽管可以用 1.0/3 的形式描述，但如果 1 是用变量 x 表示的，那么显然$x.0（其结果为 1.0）形式的可读性会差一些。

表 2-14

函　数	结　果
bool(x)	将可转换的表达式转换为布尔值，1 为真，0 为假
double(x)	数值等于整型值 x 的实数
int(x)	将 x 转换为整型值
wide(x)	用至少 64 位位宽表示 x 的整型值

代码 2-15

```
1. # expression_ex15.tcl
2. set x 0.1
3. => 0.1
4. expr {bool($x > 0)}
5. => 1
6. expr {double(1)/3}
7. => 0.3333333333333333
8. expr {int(3.14)}
9. => 3
10.expr {wide(7.9)}
11.=> 7
```

2.8 字符串操作

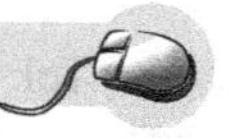

对于字符串的比较，除了使用关系操作符，Tcl 还专门提供了两个操作符 eq 和 ne（not equal 的首字母缩写），具体功能如表 2-15 所示。

表 2-15

语　法	功　能	操作数类型
eq	比较两个字符串是否相等，若相等，则返回 1，否则返回 0	字符串
ne	比较两个字符串是否不等，若不等，则返回 1，否则返回 0	字符串

eq 和 ne 的具体使用方法如代码 2-16 所示。变量 x 和 y 所代表的字符串不相等，故第 6 行代码返回 0，第 8 行代码返回 1。如果直接将字符串用于 eq 或 ne 操作符，那么需要将字符串放置在双引号或花括号中。

代码 2-16

```
1. # expression_ex16.tcl
2. set x Apple
3. => Apple
```

```
4. set y Orange
5. => Orange
6. expr {$x eq $y}
7. => 0
8. expr {$x ne $y}
9. => 1
10.expr {"New Zealand" ne "New York"}
11.=> 1
```

2.9 本章小结

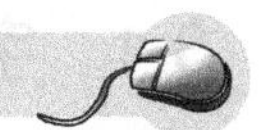

本章小结如表 2-16 所示。

表 2-16

操 作 符	操作符符号	操作数类型	示 例
算术操作符	+，-，*，/，%，**	整型，浮点型	代码 2-3，代码 2-4，代码 2-5
关系操作符	<，<=，>，>=，==，!=	整型，浮点型，字符串	代码 2-6
逻辑操作符	&&，||，!	整型，浮点型	代码 2-7
按位操作符	&，|，^，~，<<，>>	整型	代码 2-8
选择操作符	?:	整型，浮点型，字符串	代码 2-9
字符串操作	eq，ne	字符串	代码 2-16

第 3 章

字 符 串

3.1 字符串的表示

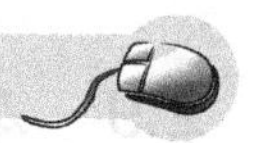

字符串在计算机语言中是一种非常重要的数据类型，由一系列的字符构成。不同于其他编程语言，Tcl 中的字符串并不一定要放在双引号中，如代码 3-1 中的第 2 行和第 4 行所示，但第 6 行代码中的字符串必须放在双引号中，或者第 8 行代码中的字符串必须放在花括号中。

代码 3-1

```
1. # string_ex1.tcl
2. puts Tcl
3. => Tcl
4. puts C++
5. => C++
6. puts "Tcl Language"
7. => Tcl Language
8. puts {Tcl Language}
9. => Tcl Language
```

如果字符串本身就包含双引号，那么可以采用反斜线置换或花括号的方式使其被正确识别，如代码 3-2 所示。

代码 3-2

```
1. # string_ex2.tcl
2. puts "There are many books"
3. => There are many books
4. puts "He said, \"Which one is your favourite?\""
5. => He said, "Which one is your favourite?"
6. puts {He said, "Which one is your favourite?"}
7. => He said, "Which one is your favourite?"
```

在 Tcl 中，很容易创建多行字符串，只需要在期望位置换行即可，如代码 3-3 所示。

代码 3-3

```
1. set lyrics "You say it best
2. when you say nothing at all"
3. => You say it best
```

```
4. => when you say nothing at all
5. puts $lyrics
6. => You say it best
7. => when you say nothing at all
```

此外，命令 string repeat 可以指定字符串的重复次数。该命令跟随两个参数：第一个参数是字符串；第二个参数是重复次数，返回值为新生成的字符串，如代码 3-4 所示。第 2 行代码将字符 a 重复 5 次，返回值为 aaaaa。

代码 3-4

```
1. # string_ex4.tcl
2. string repeat a 5
3. => aaaaa
4. string repeat xyz 3
5. => xyzxyzxyz
6. string repeat "Hello Tcl " 2
7. => Hello Tcl Hello Tcl
```

3.2 字符串的类型

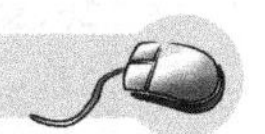

在 Tcl 中，一切都是字符串，但是在对字符串进行操作时，往往需要确定字符类型，例如，该字符是字母还是标点符号，是数字还是布尔类型等。这时就需要用到命令 string is。该命令支持多种字符类型。表 3-1 给出了常用的字符类型。

表 3-1

类　型	测试对象
alnum	全为 Unicode 字母或数字
alpha	全为 Unicode 字母
ascii	全为 7 位 ASCII 字符
boolean	可识别为布尔型的值
digit	全为 Unicode 数字
double	双精度浮点值
false	可识别为布尔型的值“非”
true	可识别为布尔型的值“是”
integer	32 位整型值
lower	全为 Unicode 小写字母
upper	全为 Unicode 大写字母
punct	全为 Unicode 标点符号
space	全为 Unicode 空格符号
wordchar	全为字母和连接符（主要指下画线）
xdigit	全为十六进制数，包括（0～9，a～f，A～F）

string is 需要两个参数，第一个参数为表 3-1 中的字符类型，第二个参数为字符串。如果字符串是指定的字符类型，则返回 1，否则返回 0，如代码 3-5 所示。

代码 3-5

```
1. # string_ex5.tcl
2. string is alpha xyz
3. => 1
4. string is ascii 32
5. => 1
6. string is boolean on
7. => 1
8. string is digit 1314
9. => 1
10.string is double 3.1415
11.=> 1
12.string is false off
13.=> 1
14.string is true yes
15.=> 1
16.string is integer 521
17.=> 1
18.string is lower abc
19.=> 1
20.string is upper ABC
21.=> 1
22.string is punct :
23.=> 1
24.string is space ""
25.=> 1
26.string is wordchar hello_tcl
27.=> 1
28.string is xdigit 5ff
29.=> 1
```

3.3 字符串的长度与索引

命令 string length 可获取字符串中字符的个数，也就是字符串的长度。以字符串“Hello Tcl”为例，共 9 个字符（包括一个空格符），长度为 9，如图 3-1 所示。同时，每个字符都有对应的索引值。索引值可以用数字表示（从 0 开始），也可以用 end 表示（最后一个字符的索引值为 end）。命令 string index 可以通过索引值获取指定位置的字符。

string length 和 string index 的具体使用方法如代码 3-6 所示。string length 后只需要跟随一个参数，即字符串。string index 后需要跟随两个参数：第一个参数为字符串；第二个参数为索引值。这里需要注意，当使用 end±i（i 为正整数）的形式表示索引值时，索引值中不能有空格符，否则会报错，如第19行代码所示。

字符串长度＝9

字符	H	e	l	l	o		T	c	l
索引值1	0	1	2	3	4	5	6	7	8
索引值2	end−8	end−7	end−6	end−5	end−4	end−3	end−2	end−1	end

图 3-1

代码 3-6

```
1. # string_ex6.tcl
2. set str "Hello Tcl"
3. => Hello Tcl
4. string length $str
5. => 9
6. string index $str 0
7. => H
8. string index $str end
9. => l
10.string index $str end-1
11.=> c
12.set i 2
13.=> 2
14.string index $str end-$i
15.=> T
16.string index $str end-7
17.=> e
18.string index $str end - 7
19.=>@ wrong # args: should be "string index string charIndex"
```

总结： 可以使用 end 作为字符串中最后一个字符的索引值，end−1 为倒数第二个字符的索引值。当使用 end±i（i 为正整数）的形式表示索引值时，end±i 中间不允许出现空格，否则 Tcl 解释器会报错。

3.4 字符的获取

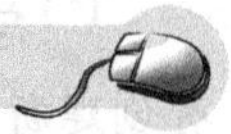

命令 string range 的功能与 string index 类似，需要两个索引值，返回的是由两个索引值确定的范围内的所有字符，也就是返回一个子字符串。string range 接收三个参数：第一个参数为字符串；第二个和第三个参数均为索引值，如代码 3-7 所示。第 4 行代码中的索引值 0 对应的字符为 H，索引值 4 对应的字符为 o，故返回值为 Hello。如果第一个索引值与第二个索引值相等，那么返回值为该索引值对应的字符；如果第一个索引值大于第二个索引值，那么返回空字符，这意味着其字符串长度为 0，如代码第 10、11 行所示。同样地，在使用 string range 时，也可以使用 end 索引，其使用规则与在 string index 中的规则一致。

代码 3-7

```
1. # string_ex7.tcl
2. set str "Hello Tcl"
3. => Hello Tcl
4. string range $str 0 4
5. => Hello
6. string range $str end-2 end
7. => Tcl
8. string range $str 0 0
9. => H
10.string length [string range $str 4 0]
11.=> 0
```

3.5 字符串的添加

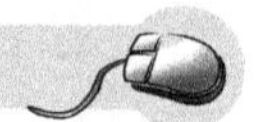

命令 append 可以在字符串末尾添加新的字符串，其后跟随两个参数：第一个参数是变量名（对应待添加字符的字符串）；第二个参数是新的字符串，其返回值是原字符串和新的字符串共同拼接的字符串，如代码 3-8 所示。尽管可以通过第 6 行代码所示的方式更新字符串，但显然使用 append 命令更高效。从第 10 行代码和第 11 行代码可以看到，append 命令直接修改了原始变量的值，并没有创建新的变量。

代码 3-8

```
1. # string_ex8.tcl
2. set str Hello
3. => Hello
4. set v " Tcl"
5. => Tcl
6. set str_new $str$v
7. => Hello Tcl
8. append str $v
9. => Hello Tcl
10.puts $str
11.=> Hello Tcl
```

总结：append 命令后的第一个参数是变量名，故该命令可直接修改变量的值，并没有创建新的变量。

3.6 字符的删除

命令 string replace 可以删除指定索引范围内的字符。该命令接收三个参数：第一个参数为字符串；第二个参数和第三个参数均为索引值。此时，其返回值为删除索引值范围内的字符后的剩余字符。string replace 的具体使用方法如代码 3-9 所示。如果第一个索引值和第二个索引值相等，那么只删除该索引值对应的字符，如第 12 行代码和第 13 行代码所示。

代码 3-9

```
1. # string_ex9.tcl
2. set str "Hello Tcl"
3. => Hello Tcl
4. string replace $str 0 4
5. => Tcl
6. puts $str
7. => Hello Tcl
8. string replace $str end-2 end
9. => Hello
10.puts $str
11.=> Hello Tcl
12.string replace $str 5 5
13.=> HelloTcl
14.puts $str
15.=> Hello Tcl
```

string replace 命令并不会修改原始字符串变量的值。

3.7 字符的替换

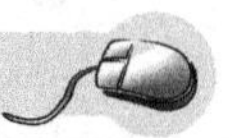

如果 string replace 命令后跟随 4 个参数，那么就可以实现字符串的替换功能。其中，第 4 个参数为新的字符串，用于替换两个索引值所确定范围内的字符串。该命令的返回值为替换后的字符串，原始字符串并没有改变。

以代码 3-10 为例，第 6 行代码用 Great 替换了 Hello，Great 和 Hello 的长度相等，故可直接完成替换。第 10 行代码用 My 替换 Hello，由于 My 的长度小于 Hello，故无法实现字符的一一替换，此时，索引值 0 和 1 对应的字符被替换为 My，而索引值 2～4 的所有字符被删除。第 14 行代码用“I Like”替换 Hello，由于前者的长度大于后者，因此同样无法实现一一替换，但多余的字符会被添加到索引值 4 之后，不会被舍弃。

代码 3-10

```
1. # string_ex10.tcl
2. set str "Hello Tcl"
3. => Hello Tcl
4. string length $str
5. => 9
6. set str1 [string replace $str 0 4 Great]
7. => Great Tcl
8. string length $str1
9. => 9
10.set str2 [string replace $str 0 4 My]
11.=> My Tcl
12.string length $str2
13.=> 6
14.set str3 [string replace $str 0 4 "I Like"]
```

```
15.=> I Like Tcl
16.string length $str3
17.=> 10
18.set str4 [string replace $str 0 4 "You Like"]
19.=> You Like Tcl
20.string length $str4
21.=> 12
```

3.8 字符串的比较

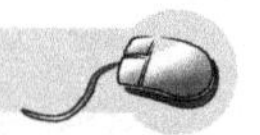

命令 string compare 接收两个字符串参数，并对其进行比较。如果第一个字符串在字典中先于第二个字符串，则返回-1；如果第一个字符串在字典中后于第二个字符串，则返回 1；如果两者相同，则返回 0，如代码 3-11 所示。string compare 在对字符串进行比较时是区分大小写的，除非添加了-nocase 选项，如第 12 行代码所示。此外，还可通过设置-length 选项（其后跟随一个正整数 i），从而限定只对前 i 个字符进行比较，如第 14 行代码所示。

代码 3-11

```
1. # string_ex11.tcl
2. set str1 grey
3. => grey
4. set str2 green
5. => green
6. string compare $str1 $str2
7. => 1
8. string compare $str2 $str1
9. => -1
10.string compare Green green
11.=> -1
12.string compare -nocase Green green
13.=> 0
14.string compare -length 3 $str1 $str2
15.=> 0
```

命令 string equal 接收两个字符串参数，用于判断两者是否严格相等。若相等，则返回 1，否则返回 0，如代码 3-12 和代码 3-13 所示。同样地，string equal 也是区分大小写的，除非添加了-nocase 选项，如第 8 行代码所示。此外，还可通过设置-length 选项（其后跟随一个正整数 i），限定只对前 i 个字符进行判断，如第 10 行代码所示。

代码 3-12

```
1. # string_ex12.tcl
2. string equal grey green
3. => 0
4. string equal grey grey
5. => 1
6. string equal Green green
```

```
7. => 0
8. string equal -nocase Green green
9. => 1
10.string equal -length 3 green grey
11.=> 1
```

代码 3-13

```
1. # string_ex13.tcl
2. string equal -length 3 green grey
3. => 1
4. string equal green grey -length 3
5. =>@ bad option "green": must be -nocase or -length
```

判断两个字符串是否严格相等，除了使用 string equal 命令，还可以使用操作符“==”或 eq。但从执行效率来看，string equal 和操作符 eq 更高效一些，如代码 3-14 所示。命令 time 后的第一个参数为待执行的 Tcl 脚本，第二个参数为执行次数，返回结果为总时间除以执行次数所得到的每次执行所耗费的时间。

代码 3-14

```
1. # string_ex14.tcl
2. set str1 grey
3. => grey
4. set str2 green
5. => green
6. time {expr {$str1 == $str2}} 1000
7. => 0.301 microseconds per iteration
8. time {expr {$str1 eq $str2}} 1000
9. => 0.21 microseconds per iteration
10.time {string equal $str1 $str2} 1000
11.=> 0.21 microseconds per iteration
```

3.9 字符串的简单搜索

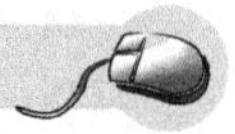

命令 string first 接收两个字符串参数，并在第 2 个字符串中从左至右（从字符串头部至字符串尾部）搜索与第 1 个字符串相同的子字符串。如果可以找到，则返回最开始找到的子字符串开头字符的索引值（这就是 first 的含义）；如果无法找到，则返回−1。以代码 3-15 为例，结合图 3-2，第 4 行代码对应图 3-2 中的标记①，故其返回值为 23。string first 还可接收第 3 个参数，用来指定开始搜索字符的索引值，如第 6 行代码对应图 3-2 中的标记②。命令 string last 同样接收两个字符串参数，与 string first 的不同之处在于，其在第 2 个字符串中从右至左（从字符串尾部到字符串头部）搜索与第 1 个字符串相同的子字符串。仍以代码 3-15 为例，结合图 3-2，第 10 行代码对应图 3-2 中的标记③，故其返回值为 50；第 12 行代码对应图 3-2 中的标记④，故其返回值为 23。

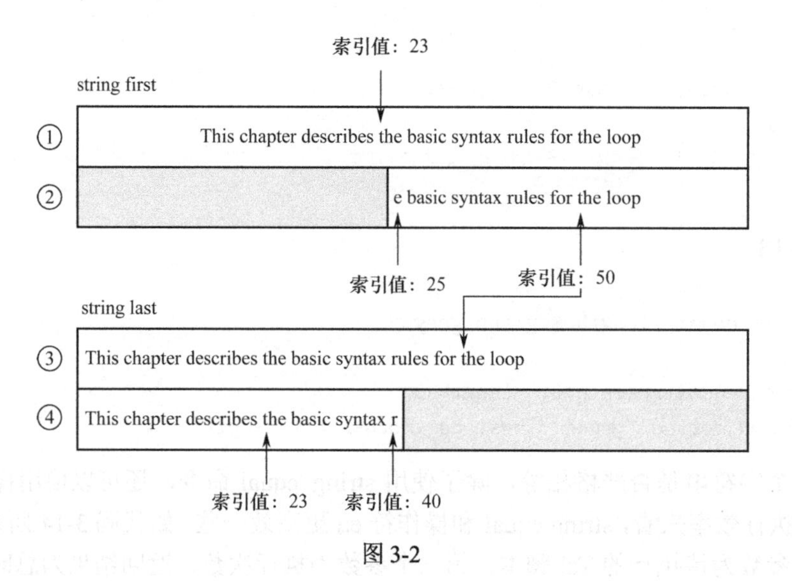

图 3-2

代码 3-15

```
1. # string_ex15.tcl
2. set str "This chapter describes the basic syntax rules for the loop"
3. => This chapter describes the basic syntax rules for the loop
4. string first th $str
5. => 23
6. string first th $str 25
7. => 50
8. string first book $str
9. => -1
10.string last th $str
11.=> 50
12.string last th $str 40
13.=> 23
14.string last book $str
15.=> -1
```

3.10 字符串的匹配

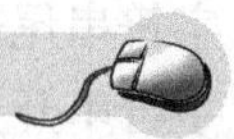

命令 string match 用于通配符样式的匹配。这是一种较为简单的匹配方式，相比于正则表达式而言更易用，可在一些简单场合下工作得很好。该命令接收两个参数：第一个参数为模式字符串；第二个参数为待匹配的字符串。如果待匹配的字符串与模式字符串匹配，则 string match 返回 1，否则返回 0。表 3-2 列出了模式字符串中可以使用的特殊字符。需要强调的是，这些特殊字符不仅具有匹配类型（如“*”可匹配任意字符串），同时还具有匹配次数（如“？”只可以与一个任意字符匹配）。

表 3-2

字 符	说 明
*	可与零个或多个任意字符组成的字符串匹配
?	可与一个任意字符匹配
[chars]	可与 chars 中的任意一个字符匹配。chars 可以是范围表达式，如 a～z、0～9、A～Z 等。由范围表达式确定的范围包括边界，如[a-c]，那么 a、b、c 中的任意一个字符都可与之匹配
\x	可与单个字符 x 匹配，用于指定会被特殊处理的字符，如“*”“？”“[]”“\”

总结：通配符“*”“?”等不仅指明了匹配类型，同时也限定了匹配次数。

以代码 3-16 为例，“*”可匹配任意字符串，故第 2 行代码中的“t*”与 tcl 是匹配的；“？”只能与一个任意字符匹配，故“gr?n”与 green 是不匹配的。

代码 3-16

```
1. # string_ex16.tcl
2. string match t* tcl
3. => 1
4. string match t?l tcl
5. => 1
6. string match gr?n green
7. => 0
```

在使用范围表达式时需要注意将模式字符串放在花括号中，否则 Tcl 解释器会把范围表达式中的中括号“[]”当作命令置换符来处理，从而导致错误。同时，范围表达式中的字符只可以与一个字符匹配。以代码 3-17 为例，“*.[ch]”可用于匹配所有“.c”和“.h”的文件名，故第 2 行代码、第 4 行代码的返回值（第 3 行和第 5 行）为 1，而第 6 行代码的返回值（第 7 行）为 0。范围表达式可以串联使用，如第 10 行代码、第 12 行代码所示。

代码 3-17

```
1. # string_ex17.tcl
2. string match {*.[ch]} fir.c
3. => 1
4. string match {*.[ch]} fir.h
5. => 1
6. string match {*.[ch]} fir.ch
7. => 0
8. string match {*[1-9]} bus1
9. => 1
10.string match {*[1-9][2-7]} bus26
11.=> 1
12.string match {*[1-9][2-7]} bus28
13.=> 0
14.set pat {m[a-zA-Z0-9_]?}
15.=> m[a-zA-Z0-9_]?
```

```
16.string match $pat mc*
17.=> 1
18.string match $pat mc
19.=> 0
20.string match $pat m9k
21.=> 1
22.string match $pat m_k
23.=> 1
24.string match $pat mc9k
25.=> 0
```

总结： 包含范围表达式的模式字符串一定要放在花括号中，同时，范围表达式可以串联使用，从而构成较为复杂的模式字符串。

“\x”主要用于匹配被特殊处理的字符。以代码 3-18 为例，“*\?”用于匹配以“？”为结尾的字符串，故第 4 行代码的返回值为 1。第 6 行代码中的模式字符串用于匹配总线中的特定位，故第 10 行代码的返回值为 1。

代码 3-18

```
1. # string_ex18.tcl
2. set p1 {*\?}
3. => *\?
4. string match $p1 why?
5. => 1
6. set p2 {*bus\[[0-4]\]}
7. => *bus\[[0-4]\]
8. set str {bus[3]}
9. => bus[3]
10.string match $p2 $str
11.=> 1
```

3.11 格式化输出

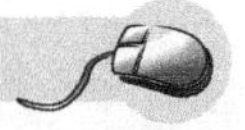

命令 format 的功能类似于 C 语言中的 printf，但就重要性而言，并不像 printf 那么显著。简言之，在 Tcl 中，使用 format 主要为了达到如下两个目的之一。

- 第一：改变一个值的表现形式，例如，由十进制显示改为十六进制或 ASCII 码显示。
- 第二：改变一个值的输出格式，以改善显示效果。

就改变值的表现形式而言，通常要用到转换符。表 3-3 给出了常用转换符及其功能，具体使用方法如代码 3-19 所示。此时，format 后跟随两个参数：第一个参数为格式字符串；第二个参数为待转换的值。例如，第 2 行代码将十六进制数 f（也可以是大写 F）转换为十进制数 15。

表 3-3

转 换 符	功 能 说 明
d	转换为有符号整数
u	转换为无符号整数
o	转换为无符号八进制数
x 或 X	转换为无符号十六进制数
c	转换为 ASCII 码
s	无转换（Tcl 中的一切都是字符串）
f	转换为浮点数
e 或 E	转换为科学计数形式

代码 3-19

```
1. # string_ex19.tcl
2. format %d 0xf
3. => 15
4. format %u -1
5. => 4294967295
6. format %o 9
7. => 11
8. format %x 19
9. => 13
10.format %X 19
11.=> 13
12.format %c 97
13.=> a
14.format %f 3.141592
15.=> 3.141592
16.format %s 3.141592
17.=> 3.141592
18.format %e 9796.58
19.=> 9.796580e+03
20.format %E 9796.58
21.=> 9.796580E+03
```

此外，还可以使用位置符号“i$”（这里 i 是整数，表示对第 i 个参数进行转换，参数位置的起始索引为 1），如代码 3-20 所示。第 2 行代码中的 format 后跟随 4 个参数，其中的第一个参数是格式字符串，“1$”表示对第 1 个参数进行转换，其余 3 个参数 6、15 和 19 是待转换的字符串，这样就很容易理解第 4 行代码和第 5 行代码为什么分别输出的是 f 和 13。需要注意的是，“$”是特殊符号（变量置换符），因此，需要将其放入花括号中，或者用第 10 行代码中的反斜线方式实现。

代码 3-20

```
1. # string_ex20.tcl
2. format {%1$x} 6 15 19
```

```
3. => 6
4. format {%2$x} 6 15 19
5. => f
6. format {%3$x} 6 15 19
7. => 13
8. set i 2
9. => 2
10.format "%$i\$x" 6 15 9
11.=> f
```

就改变值的输出格式而言，format 在显示结果时，默认是右对齐。如果需要左对齐，则需要添加负号，同时还可以指明字段宽度，如代码 3-21 所示。第 4 行代码表明显示字段宽度为 6，右对齐；第 6 行代码则表明显示字段宽度为 6，左对齐。由于实际字符串只有 4 个字符，故多余两个字符以空格符显示。此外，也可以对多余字符用 0 填充，如第 8 行代码和第 9 行代码所示。图 3-3 进一步解释了代码 3-21 中各行命令显示结果之间的差异。图中阴影部分表示空格符。

代码 3-21

```
1. # string_ex21.tcl
2. format "%s" abcd
3. => abcd
4. format "%6s" abcd
5. =>  abcd
6. format "%-6s" abcd
7. => abcd
8. format "%0-6s" abcd
9. => abcd00
10.format "%06s" abcd
11.=> 00abcd
```

6个字符

%s	a	b	c	d		
%6s			a	b	c	d
%-6s	a	b	c	d		
%0-6s	a	b	c	d	0	0
%06s	0	0	a	b	c	d

图 3-3

对于数值类字符串，可添加正号“+”，要求在显示正数时把正号也显示出来，如代码 3-22 所示。

代码 3-22

```
1. # string_ex22.tcl
2. format "%+d" 6
3. => +6
4. format "%+4d" 6
5. =>   +6
6. format "%+6.2f" 3.14
7. => +3.14
8. format "%d %d" -34 45
9. => -34 45
10.format "%+d %+d" -34 45
11.=> -34 +45
```

对于浮点数，可指定其精度，如代码 3-23 所示。在第 2 行代码中，“%6.2f” 中的 6 表示字段宽度为 6，2 表示保留两位小数，也就是精度。因此，第 2 行的显示效果是前两个字符为空格符，之后显示 3.14。

代码 3-23

```
1. # string_ex23.tcl
2. format "%6.2f" 3.14159
3. =>   3.14
4. format "%-6.2f" 3.14159
5. => 3.14
6. format "%.2f" 3.14159
7. => 3.14
```

当要求以八进制形式显示时，第一个字符为 0（数字 0），可采用#o（小写英文字母 o，不是数字 0）的形式；当要求以十六进制形式显示时，前两个字符为 0x，可采用#x 的形式。两者的具体使用方法如代码 3-24 所示。

代码 3-24

```
1. # string_ex24.tcl
2. format "%#o" 19
3. => 023
4. format "%#x" 19
5. => 0x13
```

结合代码 3-21～代码 3-24，表 3-4 总结了这些格式标志符的功能。

表 3-4

格式标志符	功 能 说 明
-	显示结果时左对齐
+	对于正数，显示时添加正号“+”
0	在实际字符长度小于指定字段宽度时，以 0 填充
#0	以八进制显示时，第一个字符为 0（数字 0）
#x	以十六进制显示时，前两个字符为 0x

此外，字段宽度也可以通过一个变量来指定，如代码 3-25 所示。第 4 行代码中的“*”表示字段宽度为一个变量，故 format 后的第二个参数为字段宽度，第三个参数才是需要显示的字符串。

代码 3-25

```
1. # string_ex25.tcl
2. set width 6
3. => 6
4. format "%0-*s" $width abcd
5. => abcd00
```

最后，通过两个代码片段（代码 3-26 和代码 3-27）分别体会一下 format 的两个功能：改变值的表现形式和改善值的显示效果。在代码 3-26 中，第 3 行中的#6x 表示字段宽度为 6，用十六进制显示，并带上 0x；代码 3-27 用于计算 e 指数的值，通过格式字符串 10.4f 来改善值的显示效果。

代码 3-26

```
1. # string_ex26.tcl
2. for {set i 97} {$i < 101} {incr i} {
3.     puts [format "%4d %#6x %#6o %2c" $i $i $i $i]
4. }
5. =>  97   0x61   0141  a
6. =>  98   0x62   0142  b
7. =>  99   0x63   0143  c
8. => 100   0x64   0144  d
```

代码 3-27

```
1. # string_ex27.tcl
2. for {set i 5} {$i < 10} {incr i 2} {
3.     puts [format "%2d %10.4f" $i [expr exp($i)]]
4. }
5. => 5   148.4132
6. => 7  1096.6332
7. => 9  8103.0839
```

3.12 与字符串相关的其他命令

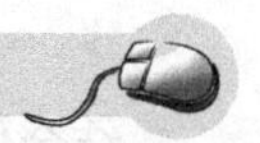

命令 string totitle 可将字符串转换为标题形式，也就是第一个字母大写；命令 string toupper 则将字符串中的小写字母全部转换为大写字母显示；命令 string tolower 正好相反，可将字符串中的大写字母全部转换为小写字母显示。这三个命令都只跟随一个参数，就是待转换的字符串，具体使用方法如代码 3-28 所示。

代码 3-28

```
1. # string_ex28.tcl
2. set str1 "hello tcl"
```

```
3. => hello tcl
4. string totitle $str1
5. => Hello tcl
6. string toupper $str1
7. => HELLO TCL
8. set str2 "Great Job"
9. => Great Job
10.string tolower $str2
11.=> great job
```

命令 string trim 可去除字符串开头和结尾处的裁剪字符；命令 string trimleft 只用于去除开头处的裁剪字符；命令 string trimright 只用于去除结尾处的裁剪字符。这三个命令都跟随两个参数：第一个参数是字符串；第二个参数是裁剪字符。具体使用方法如代码 3-29 所示。在第 4 行代码中，裁剪字符为 abc，只要字符串开头或结尾处包含裁剪字符中的任意字符，这些字符就会被裁剪。

代码 3-29

```
1. # string_ex29.tcl
2. set str aabbcc1122ccbbaa
3. => aabbcc1122ccbbaa
4. string trim $str abc
5. => 1122
6. string trimleft $str abc
7. => 1122ccbbaa
8. string trimright $str abc
9. => aabbcc1122
10.set str axbxxc
11.=> axbxxc
12.string trim $str abc
13.=> xbxx
14.string trimleft $str abc
15.=> xbxxc
16.string trimright $str abc
17.=> axbxx
```

3.13　本章小结

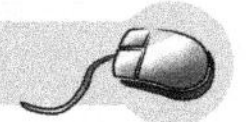

本章小结如表 3-5 所示。

表 3-5

命　令	功　能	示　例
string repeat	把指定字符串重复指定次数	代码 3-4
string is	判定字符串是否为指定类型	代码 3-5
string length	可获取字符串中字符的个数	代码 3-6

（续表）

命令	功能	示例
string index	根据索引值获取字符	代码 3-6
string range	根据索引区间获取字符	代码 3-7
append	在字符串末尾添加新的字符串	代码 3-8
string replace	根据索引区间删除或替换字符	代码 3-9、代码 3-10
string compare	对两个字符串进行比较	代码 3-11
string equal	判断两个字符串是否相等	代码 3-12、代码 3-13
string first	从字符串头部至字符串尾部搜索与指定字符串相同的子字符串	代码 3-15
string last	从字符串尾部到字符串头部搜索与指定字符串相同的子字符串	代码 3-15
string match	用于通配符样式的匹配	代码 3-16～代码 18
format	将字符串按照指定格式显示	代码 3-19～代码 3-27
string totitle	将字符串转换为标题形式	代码 3-28
string toupper	将字符串中的小写字母转换为大写字母	代码 3-28
string tolower	将字符串中的大写字母转换为小写字母	代码 3-28
string trim	去除字符串开头和结尾处的裁剪字符	代码 3-29
string trimleft	只去除字符串开头处的裁剪字符	代码 3-29
string trimright	只去除字符串结尾处的裁剪字符	代码 3-29

第 4 章

列　　表

4.1　创建列表

列表是 Tcl 语言中最重要的一种数据结构。什么是列表？列表是元素的有序集合，各个元素可以包含任何字符串，如空格、反斜线、换行符等。列表表现为特定结构的字符串，这就意味着可以把它们赋值给一个变量，也可以把它们作为参数传给命令，还可以把它们嵌套到其他列表中。

Tcl 提供了多种方法创建列表，如代码 4-1 直接通过 set 命令创建列表。set 命令之后的第一个参数为列表名，第二个参数为列表包含的元素。这些元素位于一个花括号之中。由第 2 行代码可以看出，元素之间以空格为界。如果某个元素包含空格，则可将该元素放在花括号或双引号之中，如第 4 行代码和第 6 行代码所示。

代码 4-1

```
1. # list_ex1.tcl
2. set color {red blue green}
3. => red blue green
4. set word1 {{hello world} {ice water} table}
5. => {hello world} {ice water} table
6. set word2 {"hello world" "ice water" table}
7. => "hello world" "ice water" table
```

Tcl 也提供了专门创建列表的命令 list，其使用方法如代码 4-2 所示。list 之后直接跟随列表元素。

代码 4-2

```
1. # list_ex2.tcl
2. set color [list red blue green]
3. => red blue green
4. set word1 [list {hello world} {ice water} table]
5. => {hello world} {ice water} table
6. set word1 [list "hello world" "ice water" table]
7. => {hello world} {ice water} table
```

列表是可以嵌套的，如代码 4-3 所示。第 2 行代码和第 4 行代码分别创建了两个列表 color 和 num，第 6 行代码则将这两个列表嵌套至一个新的列表中。第 6 行代码、第 8 行代码、第

10 行代码等效。

代码 4-3

```
1. # list_ex3.tcl
2. set color [list red blue green]
3. => red blue green
4. set num [list 11 22 33]
5. => 11 22 33
6. set mylist1 [list $color $num]
7. => {red blue green} {11 22 33}
8. set mylist2 [list [list red blue green] [list 11 22 33]]
9. => {red blue green} {11 22 33}
10.set mylist3 {{red blue green} {11 22 33}}
11.=> {red blue green} {11 22 33}
```

命令 concat 可以将多个列表拼接在一起（拼接是指将不同列表中的元素合并在一起），从而构成一个新的列表。concat 后可以跟随一个或多个列表，如代码 4-4 所示。第 8 行代码将列表 color 和 num 合并为一个新列表 mylist1，第 10 行代码则将列表 color、num 和 letter 合并为一个新列表 mylist2。如果 concat 之后只有一个列表，则返回该列表，如第 12 行代码所示。

代码 4-4

```
1. # list_ex4.tcl
2. set color [list red blue green]
3. => red blue green
4. set num [list 11 22 33]
5. => 11 22 33
6. set letter [list a b c]
7. => a b c
8. set mylist1 [concat $color $num]
9. => red blue green 11 22 33
10.set mylist2 [concat $color $num $letter]
11.=> red blue green 11 22 33 a b c
12.concat $color
13.=> red blue green
```

lrepeat 命令通过重复元素集合的方式创建列表。其后跟随至少两个参数，第一个参数为重复次数，后续参数为重复元素，如代码 4-5 所示。注意：第 4 行代码和第 6 行代码的区别在于，在第 4 行代码中，重复的元素由列表 num 确定，故 lrepeat 将其视为一个整体，也就是只有一个元素被重复；在第 6 行代码中，重复的元素是 11、22 和 33 共三个元素。第 6 行代码与第 14 行代码等效。

代码 4-5

```
1. # list_ex5.tcl
2. set num [list 11 22 33]
```

```
3. => 11 22 33
4. set mylist1 [lrepeat 2 $num]
5. => {11 22 33} {11 22 33}
6. set mylist2 [lrepeat 2 11 22 33]
7. => 11 22 33 11 22 33
8. set a 11
9. => 11
10.set b 22
11.=> 22
12.set c 33
13.=> 33
14.set mylist3 [lrepeat 2 $a $b $c]
15.=> 11 22 33 11 22 33
```

在创建列表时，列表元素中可以包含特殊字符，如“$”“[]”等，此时需要用到花括号或反斜线置换，如代码 4-6 所示。第 4 行代码通过反斜线置换或花括号的方式使得元素包含特殊字符“$”；第 6 行代码通过反斜线置换，使得元素包含空格；第 8 行代码和第 11 行代码等效，可见双引号并不是必需的。

代码 4-6

```
1. # list_ex6.tcl
2. set x 1
3. 1
4. set t1 [list \$x {$x} $x]
5. {$x} {$x} 1
6. set t2 [list a b\ c d]
7. a {b c} d
8. set t3 [list a "b }" "c\}" "d\ne" "f\]"]
9. a b\ \} c\} {d
10.e} f\]
11.set t4 [list a "b }" c\} d\ne f\]]
12.a b\ \} c\} {d
13.e} f\]
```

总结： 列表元素中可以包含特殊字符，如“$”“[]”等，可通过花括号或反斜线置换实现。这也说明列表命令对列表元素中的花括号和反斜线的处理与 Tcl 命令解析器对命令中单词的处理机制是相同的。

4.2　列表长度与列表索引

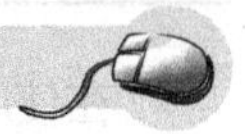

列表长度是指列表所包含的元素个数，可通过命令 llength（不难发现很多跟列表相关的命令都是以英文字母 l 开头的）获取，llength 后直接跟随列表。列表的索引值从 0 开始。索引值 0 对应第一个元素，索引值 1 对应第二个元素，依次类推。同时，Tcl 还提供了索引值

end，可快速获取最后一个元素，end-1（注意，这里没有空格）对应倒数第二个元素。以包含三个元素 11、22、33 的列表为例，其列表长度和索引值如图 4-1 所示。已知列表和索引值就可通过命令 lindex 获得相应的列表元素。lindex 后跟随两个参数：列表参数和索引参数。

列表长度 = 3

元素	11	22	33
索引值1	0	1	2
索引值2	end−2	end−1	end

图 4-1

llength 和 lindex 的具体使用方法如代码 4-7 所示。需要注意的是，当使用 end±i（i 为正整数）的形式作为索引参数时，索引参数中不能有空格符，否则会报错，如第 19 行代码所示。

代码 4-7

```
1. # list_ex7.tcl
2. set x [list 11 22 33]
3. => 11 22 33
4. llength $x
5. => 3
6. lindex $x 0
7. => 11
8. lindex $x 1
9. => 22
10.lindex $x 2
11.=> 33
12.lindex $x end
13.=> 33
14.lindex $x end-1
15.=> 22
16.lindex $x end-2
17.=> 11
18.lindex $x end - 1
19.=>@ bad index "-": must be integer?[+-]integer? or end?[+-]integer?
```

总结： 在使用 end ± i（i 为正整数）作为索引参数时，end ± i 中间不允许出现空格，否则 Tcl 解释器会报错。

在使用 lindex 时，若索引参数超出列表的索引范围，则 lindex 返回空字符串，如代码 4-8 中的第 4 行和第 6 行所示。第 8 行代码采用花括号的方式创建了一个空列表（左、右花括号紧挨着，中间没有任何字符），第 9 行代码通过 list 命令创建了一个空列表。由第 10 行代码可以看到，列表 epty1 中没有任何元素。由第 11 行代码或第 12 行代码可以看到，空列表的长度为 0。

代码 4-8

```
1. # list_ex8.tcl
2. set x [list 11 22 33]
3. => 11 22 33
4. puts [lindex $x 3]
5. =>
6. puts [lindex $x -1]
7. =>
8. set epty1 {}
9. set epty2 [list]
10.lindex $epty1 0
11.llength $epty1
12.=> 0
13.llength $epty2
14.=> 0
```

总结：可根据列表长度是否为 0 来判断列表是否为空列表。

对于嵌套的列表，lindex 的索引参数可以由一个或多个索引值构成，也可以是分别独立的参数，还可以是一个子列表，通过多个索引值可以从子列表中获得元素，具体使用方法如代码 4-9 所示。第 2 行代码创建了一个嵌套的列表，由第 4 行代码和第 5 行代码可知，该列表的长度为 3（因为前两个元素均为子列表）。第 8 行代码中的参数 0 表示列表 t 的 0 号索引值，参数 1 为子列表的 1 号索引值。第 10 行代码、第 12 行代码和第 14 行代码等效。显然，第 10 行代码的描述方式更精简，体现了列表元素的层次关系。

代码 4-9

```
1. # list_ex9.tcl
2. set t {{a b} {c {d e f}} g}
3. => {a b} {c {d e f}} g
4. llength $t
5. => 3
6. lindex $t 0
7. => a b
8. lindex $t 0 1
9. => b
10.lindex $t 1 1 2
11.=> f
12.lindex $t {1 1 2}
13.=> f
14.lindex [lindex [lindex $t 1] 1] 2
15.=> f
```

结合 lindex 命令，可进一步理解包含特殊字符的列表元素的具体内容，如代码 4-10 所示。列表 t 中的元素“d\ne”，表示字符 d 和 e 之间有换行符，如第 9 行代码的返回值占据了两行。

代码 4-10

```
1. # list_ex10.tcl
2. set t [list a "b }" c\} d\ne f\]]
3. => a b\ \} c\} {d
4. => e} f\]
5. lindex $t 1
6. => b }
7. lindex $t 2
8. => c}
9. lindex $t 3
10.=> d
11.=> e
12.lindex $t end
13.=> f]
```

4.3 获取列表元素

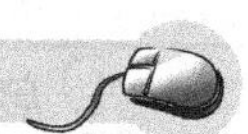

命令 lindex 可以通过指定的索引参数获取相应的列表元素。除此之外，Tcl 还提供了命令 lrange 来获取列表元素。lrange 用于获取指定范围内的列表元素，从而形成子列表。该命令需要三个参数：列表、第一个索引值和第二个索引值。索引值可以包含 end，并且第二个索引值大于第一个索引值，如代码 4-11 所示。第 4 行代码用于获取列表 color 中索引值从 1～3（包含 1 和 3）的元素。如果两个索引值相等，如第 10 行代码所示，则 lrange 返回该索引值对应的元素，与 lrange 的功能一致。如果第二个索引值小于第一个索引值，则返回空列表，如第 12 行代码和第 13 行代码所示。若索引值使用了 end±i（i 为正整数）的形式，则此时 end±i 是一个整体，中间不允许有空格，即使将其放在花括号之中，也不允许。例如，对于第 14 行代码的形式，Tcl 解释器会给出错误信息，如第 15 行代码所示。

代码 4-11

```
1. # list_ex11.tcl
2. set color [list red green blue black orange]
3. => red green blue black orange
4. lrange $color 1 3
5. => green blue black
6. lrange $color 2 end
7. => blue black orange
8. lrange $color end-2 end
9. => blue black orange
10.lrange $color 3 3
11.=> black
12.llength [lrange $color 3 1]
13.=> 0
14.lrange $color {end - 2} end
15.=>@ bad index "end - 2": must be integer?[+-]integer? or end?[+-]integer?
```

总结：和 lindex 一样，lrange 也支持 end ± i（i 为正整数）的索引形式，但 end ± i 中间不能有空格。

命令 lassign 也可以获取列表中的元素，在获取列表元素的同时将其分配给指定的变量，如代码 4-12 所示。从第 4 行代码可以看到，lassign 后的第一个参数是列表，之后的参数均为变量名，可以是一个变量，也可以是多个变量。当之后的参数为多个变量时，lassign 依次将列表中的元素分配给对应的变量。第 4 行代码与第 11、13 和 15 行代码等效，但显然第 4 行代码的描述方式更简洁。

代码 4-12

```
1. # list_ex12.tcl
2. set num [list 11 22 33]
3. => 11 22 33
4. lassign $num x y z
5. puts $x
6. => 11
7. puts $y
8. => 22
9. puts $z
10.=> 33
11.set x [lindex $num 0]
12.=> 11
13.set y [lindex $num 1]
14.=> 22
15.set z [lindex $num 2]
16.=> 33
```

在代码 4-12 中，列表长度与变量个数一致，从而形成了列表元素与变量之间的一一对应关系。如果列表长度与变量个数不等，则会出现两种情形：若列表长度大于变量个数，如代码 4-13 中的第 4 行，则 lassign 在将列表元素分配给对应变量的同时，会返回未被分配的列表元素，如第 5 行代码所示，33 即为未被分配的列表元素；若列表长度小于变量个数，如第 10 行代码所示，则对于多余的变量，lassign 会给其分配一个空字符，如第 17 行、18 行代码所示，长度为 0。

代码 4-13

```
1. # list_ex13.tcl
2. set num [list 11 22 33]
3. => 11 22 33
4. lassign $num x y
5. => 33
6. puts $x
7. => 11
8. puts $y
9. => 22
10.lassign $num x y z p
11.puts $x
```

```
12.=> 11
13.puts $y
14.=> 22
15.puts $z
16.=> 33
17.puts [llength $p]
18.=> 0
```

借助 lassign，还可实现列表元素移位（Shift）。这里利用了 lassign 的一个功能：当列表长度大于变量个数时，lassign 将返回未被分配的列表元素，从而形成一个子列表，如代码 4-14 所示。列表元素不断左移，变量 x 始终获取新列表的索引值 0 所对应的元素。

代码 4-14

```
1. # list_ex14.tcl
2. set num [list 11 22 33]
3. => 11 22 33
4. set num [lassign $num x]
5. => 22 33
6. puts $num
7. => 22 33
8. puts $x
9. => 11
10.set num [lassign $num x]
11.=> 33
12.puts $num
13.=> 33
14.puts $x
15.=> 22
16.set num [lassign $num x]
17.puts $num
18.=>
19.puts $x
20.=> 33
```

4.4 添加列表元素

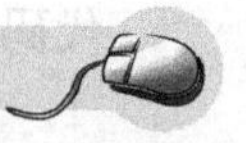

命令 lappend 可以向列表添加新元素，只是新元素始终被放置在列表的最后一个位置上，因此，该命令可被认为是对列表的一种“续尾”操作。lappend 接收的第一个参数是存放列表的变量名而非列表本身，因此该命令还可以被认为是一种“原地”操作。从第二个参数开始为新添加的元素，新添加的元素可以是一个，也可以是多个。也就是说，lappend 可以接收任意多个参数，并且只把第一个参数作为列表变量名，如代码 4-15 所示。在第 4 行代码中，lappend 后的第一个参数是 num 而非$num，最终 lappend 返回的是更新后的列表 num。在第 8 行代码中，实际上是给列表添加了一个子列表，因此，最终列表的长度是 5 而不是 6，如第 13 行代码所示。

如果运行空间没有列表 color，则第 14 行代码就会创建列表 color，同时为其添加元素。

代码 4-15

```
1. # list_ex15.tcl
2. set num [list 11 22 33]
3. => 11 22 33
4. lappend num 44
5. => 11 22 33 44
6. puts $num
7. => 11 22 33 44
8. lappend num {55 66}
9. => 11 22 33 44 {55 66}
10.puts $num
11.=> 11 22 33 44 {55 66}
12.llength $num
13.=> 5
14.lappend color red green
15.=> red green
16.puts $color
17.=> red green
```

如果需要向列表的指定位置添加新元素，则要用到命令 linsert。在该命令后至少跟随三个参数：第一个参数是一个列表；第二个参数是新元素的起始索引；第三个及之后的参数是新元素。该命令的返回值是一个由原列表和新元素共同构成的新列表，原列表并没有被改动，这是和命令 lappend 的不同之处。以代码 4-16 为例，第 4 行代码向列表 num 的 0 号索引添加元素 44，第 5 行代码显示了生成的新列表，可以看到元素 44 在 0 号索引上，同时，第 6 行和第 7 行代码表明，列表 num 并没有发生任何变化。如果 linsert 的第二个参数为 1，则新元素从原列表的 1 号索引进入，如第 8 行代码所示；如果 linsert 的第二个参数为 end，则新元素从原列表的最后一个位置进入，如第 10 行代码所示。此外，可以同时添加多个元素，其中的第一个元素的位置由 linsert 的第二个参数决定，而后续元素跟随第一个元素进入列表。这也就是为什么把 linsert 的第二个参数称之为新元素的起始索引，如第 12 行代码所示。如果 linsert 的第二个参数大于或等于原列表长度，那么新元素将从原列表的末尾进入，如第 14 行代码所示；如果 linsert 的第二个参数小于 0，那么新元素将从原列表的起始位置进入，如第 16、18 行代码所示。

代码 4-16

```
1. # list_ex16.tcl
2. set num [list 11 22 33]
3. => 11 22 33
4. linsert $num 0 44
5. => 44 11 22 33
6. puts $num
7. => 11 22 33
8. linsert $num 1 55
9. => 11 55 22 33
```

```
10.linsert $num end 66
11.=> 11 22 33 66
12.linsert $num 1 77 88
13.=> 11 77 88 22 33
14.linsert $num 9 99 aa
15.=> 11 22 33 99 aa
16.linsert $num end-3 99
17.=> 99 11 22 33
18.linsert $num -1 99
19.=> 99 11 22 33
```

lappend 后的第一个参数是列表名，而非列表本身，因此，该命令会修改原始列表。linsert 后的第一个参数是一个列表，返回的是由原始列表和新元素共同构成的新列表，原始列表并没有被改动。

4.5 删除列表元素

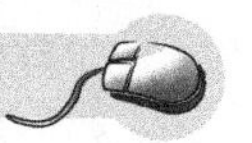

命令 lreplace 可用于删除列表元素。该命令后的第一个参数是一个列表，第二个参数和第三个元素分别是待删除部分元素的起始元素索引和终止元素索引。此时，lreplace 返回的是一个删除元素之后的新列表，原始列表并没有被改动，如代码 4-17 所示。第 4 行代码用于将列表 num 的 0～2 号索引对应的元素删除，并返回新列表。第 6 行和第 7 行代码表明，列表 num 本身并没有改变。如果 lreplace 的第二个和第三个参数相等，那么就删除该索引位置的元素。同时，lreplace 也支持 end±i（i 为正整数）形式的索引。

代码 4-17

```
1. # list_ex17.tcl
2. set num [list 11 22 33 44 55 66]
3. => 11 22 33 44 55 66
4. lreplace $num 0 2
5. => 44 55 66
6. puts $num
7. => 11 22 33 44 55 66
8. lreplace $num 1 1
9. => 11 33 44 55 66
10.puts $num
11.=> 11 22 33 44 55 66
12.lreplace $num end-2 end
13.=> 11 22 33
14.puts $num
15.=> 11 22 33 44 55 66
```

4.6 替换列表元素

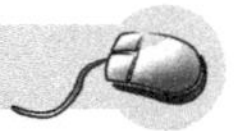

lreplace 还可用于替换列表中的元素。此时，lreplace 之后需要至少跟随 4 个参数，从第 4 个参数开始为新元素，也就是替换值，如代码 4-18 所示。由于利用第 4 行代码中的两个索引参数确定的索引范围与替换值个数一致，因此相应索引位置的值被一一替换，生成新的列表，如第 5 行代码所示，但原始列表并未发生任何改变，如第 6 行和第 7 行代码所示。如果由两个索引参数确定的索引范围大于替换值个数，则在发生替换的同时，也会删除多余索引位置的元素，如第 10 行和第 11 行代码所示。此时，1 号、2 号索引位置对应的元素被分别替换为 77 和 88，同时将 3 号索引位置上的元素删除。如果两个索引参数确定的索引范围小于替换值个数，则在发生替换的同时，也会将多余的元素就地插入列表，如第 12 行和第 13 行代码所示。此时，1 号、2 号索引位置对应的元素被分别替换为 77 和 88，同时将新元素 99 插入到 3 号索引位置，而原始 3 号索引位置上的元素被后移。

代码 4-18

```
1. # list_ex18.tcl
2. set num [list 11 22 33 44]
3. => 11 22 33 44
4. lreplace $num 1 2 77 88
5. => 11 77 88 44
6. puts $num
7. => 11 22 33 44
8. lreplace $num 1 1 99
9. => 11 99 33 44
10.lreplace $num 1 3 77 88
11.=> 11 77 88
12.lreplace $num 1 2 77 88 99
13.=> 11 77 88 99 44
```

总结： 在使用 lreplace 时，要确保两个索引参数在合法范围内，同时满足第一个索引参数小于等于第二个索引参数。

对于较大的列表，lreplace 在执行替换操作时效率会比较低。这是因为 lreplace 会返回一个由原列表和替换值共同构成的新列表，在这个过程中需要复制原列表。好在 Tcl 提供了另一个命令 lset。在该命令后跟随三个参数，分别是列表变量名、替换索引和替换值，如代码 4-19 所示。第 4 行代码将列表 num 的 0 号索引对应的值替换为 44，第 6 行和第 7 行代码表明 lset 是对 num 进行原地修改，并没有创建新的列表。如果 lset 的索引参数超过了给定列表的索引范围，则会报错，如第 16 行和第 17 行代码所示。

代码 4-19

```
1. # list_ex19.tcl
2. set num [list 11 22 33]
```

```
3. => 11 22 33
4. lset num 0 44
5. => 44 22 33
6. puts $num
7. => 44 22 33
8. lset num end 99
9. => 44 22 99
10.puts $num
11.=> 44 22 99
12.lset num 1 55
13.=> 44 55 99
14.puts $num
15.=> 44 55 99
16.lset num 3 66
17.=>@ list index out of range
```

在使用 lset 时，对于嵌套的列表，索引也是可以嵌套的，如代码 4-20 所示。person 是一个嵌套列表，其 0 号索引对应的元素是一个子列表，该子列表的 1 号索引对应的元素为 32。第 4 行代码通过嵌套索引{0 1}的形式将 32 替换为 28。

代码 4-20

```
1. # list_ex20.tcl
2. set person {{Tom 32} Male}
3. => {Tom 32} Male
4. lset person {0 1} 28
5. => {Tom 28} Male
6. puts $person
7. => {Tom 28} Male
```

总结： lset 与 lreplace 的最大不同之处在于 lset 直接接收列表变量名而非列表本身，故 lset 是对列表变量的“原地”修改，不存在对未替换元素进行赋值的操作，这也是其高效的主要原因。

4.7 搜索列表元素

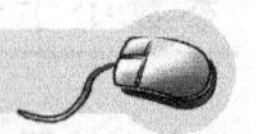

搜索列表的目的是查找特定的元素，这些元素应该与指定的模式相匹配。此时，可用命令 lsearch 搜索列表元素。该命令接收两个参数：第一个参数为列表；第二个参数为匹配模式。lsearch 有三种搜索模式，分别由选项-glob、-exact 和-regexp 指定。-glob 为默认模式，该模式按照 string match 的命令规则进行搜索。lsearch 的返回值是列表中第一个与指定模式相匹配的元素索引。若没有任何元素与给定的匹配模式相匹配，则 lsearch 返回-1，如代码 4-21 所示。LUT2 在列表 bel 中的索引值为 1，故第 4 行代码的返回值为 1；LUT4 不在列表 bel 中，故第 6 行代码的返回值为-1。-exact 是严格匹配，如第 12 行代码所示，由于列表中没有元素*FF，故 lsearch 返回-1。

代码 4-21

```
1. # list_ex21.tcl
2. set bel {LUT1 LUT2 LUT3 AFF BFF CFF}
3. => LUT1 LUT2 LUT3 AFF BFF CFF
4. lsearch $bel LUT2
5. => 1
6. lsearch $bel LUT4
7. => -1
8. lsearch -glob $bel {*FF}
9. => 3
10.lindex $bel 3
11.=> AFF
12.lsearch -exact $bel {*FF}
13.=> -1
```

-all 选项使得 lsearch 可以返回列表中所有与给定模式匹配的元素索引，如代码 4-22 所示。由于第 4 行代码没有使用-all 选项，故返回元素 AFF 的索引值 3。由于第 6 行代码使用了-all 选项，故返回 AFF、BFF 的索引值 3 和 4。

代码 4-22

```
1. # list_ex22.tcl
2. set bel {LUT1 LUT2 LUT3 AFF BFF CFF}
3. => LUT1 LUT2 LUT3 AFF BFF CFF
4. lsearch -glob $bel {[AB]FF}
5. => 3
6. lsearch -glob -all $bel {[AB]FF}
7. => 3 4
```

如果需要返回与给定模式相匹配的列表元素而非索引值，则可以同时使用-inline 选项与-all 选项，如代码 4-23 所示。

代码 4-23

```
1. # list_ex23.tcl
2. set bel {LUT1 LUT2 LUT3 AFF BFF CFF}
3. => LUT1 LUT2 LUT3 AFF BFF CFF
4. lsearch -glob $bel {[AB]FF}
5. => 3
6. lsearch -glob -inline $bel {[AB]FF}
7. => AFF
8. lsearch -glob -all $bel {[AB]FF}
9. => 3 4
10.lsearch -glob -all -inline $bel {[AB]FF}
11.=> AFF BFF
```

选项-not 可用于对匹配结果进行取反操作，如代码 4-24 所示。若匹配模式为 LUT*，则-not 会使 lsearch 的返回值为所有不与之匹配的元素或元素索引。-not 可以与-inline 或-all 联合使用。

代码 4-24

```
1. # list_ex24.tcl
2. set bel {LUT1 LUT2 LUT3 AFF BFF CFF}
3. => LUT1 LUT2 LUT3 AFF BFF CFF
4. lsearch -glob $bel {LUT*}
5. => 0
6. lsearch -glob -not $bel {LUT*}
7. => 3
8. lsearch -glob -all -not $bel {LUT*}
9. => 3 4 5
10.lsearch -glob -inline -not $bel {LUT*}
11.=> AFF
12.lsearch -glob -all -inline -not $bel {LUT*}
13.=> AFF BFF CFF
```

如果需要限定搜索的起始索引，则可以使用选项-start，并在其后跟随可搜索的起始索引值，如代码 4-25 所示。同时，-start 选项可与-inline 或-all 等选项同时使用。

代码 4-25

```
1. # list_ex25.tcl
2. set bel {LUT1 LUT2 LUT3 AFF BFF CFF}
3. => LUT1 LUT2 LUT3 AFF BFF CFF
4. lsearch -glob -start 1 $bel {LUT*}
5. => 1
6. lsearch -glob -all -start 1 $bel {LUT*}
7. => 1 2
8. lsearch -glob -inline -start 1 $bel {LUT*}
9. => LUT2
10.lsearch -glob -all -inline -start 1 $bel {LUT*}
11.=> LUT2 LUT3
```

选项-integer 要求列表中的元素均为整数，而选项-real 则要求列表中的元素均为浮点数，并且二者必须与-exact 联合使用，如代码 4-26 所示。这两个选项还可与-inline 或-all 同时使用。第 14 行和第 15 行代码表明，如果在给定列表中包含非整数的元素，那么 lsearch 在使用-integer 选项时会报错。

代码 4-26

```
1. # list_ex26.tcl
2. set x {28 30 20 26}
3. => 28 30 20 26
4. lsearch -exact -integer $x 28
5. => 0
6. set period {3.333 5 10 6.667 10}
7. => 3.333 5 10 6.667 10
8. lsearch -exact -real $period 10
9. => 2
```

```
10.lsearch -exact -real -inline -all $period 10
11.=> 10 10
12.set x {Tom 28 Jerry 30}
13.=> Tom 28 Jerry 30
14.lsearch -exact -integer $x 28
15.=>@ expected integer but got "Tom"
```

4.8 对列表元素排序

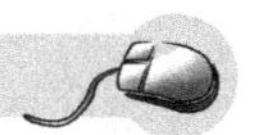

借助命令 lsort 可对列表元素进行排序。该命令可提供多个选项，从而实现不同的排序方式。lsort 接收一个列表作为参数，返回值为排序后的结果。在默认情形下，返回的新列表按照-ascii -increasing 的顺序排序，如代码 4-27 所示。

代码 4-27

```
1. # list_ex27.tcl
2. set word {horse cat bull pig}
3. => horse cat bull pig
4. lsort $word
5. => bull cat horse pig
6. lsort -ascii $word
7. => bull cat horse pig
8. lsort -ascii -increasing $word
9. => bull cat horse pig
10.lsort -ascii -decreasing $word
11.=> pig horse cat bull
12.puts $word
13.=> horse cat bull pig
```

lsort 还提供了选项-integer 和-real，前者要求列表中的元素均为整数，后者要求列表中的元素均为浮点数。在默认情形下，均按升序排序，如代码 4-28 所示。

代码 4-28

```
1. # list_ex28.tcl
2. set rate [list 100 50 350 300]
3. => 100 50 350 300
4. lsort -integer $rate
5. => 50 100 300 350
6. lsort -integer -decreasing $rate
7. => 350 300 100 50
8. set period [list 10 5 2.5 3.33]
9. => 10 5 2.5 3.33
10.lsort -real $period
11.=> 2.5 3.33 5 10
12.lsort -real -decreasing $period
13.=> 10 5 3.33 2.5
```

lsort 还提供了选项-unique，可用于“去重”，即对列表排序的同时去掉重复的元素，如代码 4-29 所示。在最终返回的新列表中，每个元素只会出现一次。

代码 4-29

```
1. # list_ex29.tcl
2. set word {pig horse cat dog cat pig}
3. => pig horse cat dog cat pig
4. lsort -unique $word
5. => cat dog horse pig
6. lsort -unique -decreasing $word
7. => pig horse dog cat
```

对于嵌套列表，选项-index 可指定子列表中的元素索引，根据指定的元素索引对子列表进行排序，如代码 4-30 所示。

代码 4-30

```
1. # list_ex30.tcl
2. set name {{Song 10} {Ting 8} {Gao 40} {Dou 41}}
3. => {Song 10} {Ting 8} {Gao 40} {Dou 41}
4. lsort -integer -index 1 -decreasing $name
5. => {Dou 41} {Gao 40} {Song 10} {Ting 8}
```

4.9 字符串和列表之间的转换

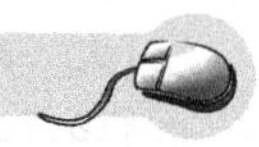

在 Tcl 中，所有的数据类型都可被视为字符串。字符串本身由一个或多个字符组成；列表可以看作由一个或多个相对独立的字符串构成，因此，两者在一定条件下是可以互相转换的。split 命令可将字符串按照指定规则进行分割，并返回分割后由各个字符串构成的列表。该命令接收两个参数：第一个参数是字符串变量；第二个参数是分割字符。split 会先找到字符串中所有的分割字符，然后创建一个列表，其元素就是分割字符之间的子字符串，如代码 4-31 所示。分割字符可以是空元素（花括号中没有任何内容），如第 4 行代码所示，也可以由一个字符构成，还可以由多个字符构成，如第 8 行代码所示。如果字符串中连续出现分割字符，或者分割字符出现在字符串的开头或结尾，则在返回结果中会产生空元素，如第 9 行代码所示。

代码 4-31

```
1. # list_ex31.tcl
2. set str color
3. => color
4. split $str {}
5. => c o l o r
6. split abracadabra b
7. => a racada ra
8. split abracadabra ab
```

```
9. => {} {} r c d {} r {}
10.set date 2019/09/10
11.=> 2019/09/10
12.split $date /
13.=> 2019 09 10
```

join 命令可以看作是 split 命令的逆操作。它把列表元素串接成一个字符串，元素之间用指定的分割字符隔开。该命令接收两个参数：第一个参数是列表；第二个参数是分割字符，如代码 4-32 所示。分割字符可以是空元素，如第 4 行代码所示，也可以是换行符，如第 12 行代码所示。

代码 4-32

```
1. # list_ex32.tcl
2. set binary [list 1 0 1 1]
3. => 1 0 1 1
4. join $binary {}
5. => 1011
6. set date [list 2019 09 10]
7. => 2019 09 10
8. join $date /
9. => 2019/09/10
10.set color [list red green yellow]
11.=> red green yellow
12.join $color \n
13.=> red
14.=> green
15.=> yellow
```

代码 4-33 巧妙地利用了 join 命令计算 5 个数据的和。因此，利用这种方式，无论有多少个数据，都可以方便地描述，避免出现长串的“数据+数据”形式。

代码 4-33

```
1. # list_ex33.tcl
2. set num {1 2 3 4 5}
3. => 1 2 3 4 5
4. set sum [expr [join $num +]]
5. => 15
```

4.10 in 和 ni 操作符

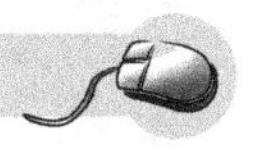

in 和大于号、小于号、加号、减号等一样均属于操作符，而非命令，故其始终出现在表达式中。in 的典型应用场景是如果指定元素在给定列表中，那么表达式的返回值为 1，否则返回 0。ni（not in）则和 in 正好相反，如果指定元素不在给定列表中，那么表达式的返回值为 1，否则返回 0。如果需要计算表达式的值，则可用 expr 命令，如代码 4-34 所示。在第 8 行代码中，由于元素 red 在列表 color 中，故其返回值为 1，而元素 black 不在列表 color 中，故其返回值为 0。第 8 行代码的功能也可通过 lsearch 命令实现，如第 16 行代码所示，只是这时该命令返回的是索引值。显然，采用 in 操作符的操作更简洁。

代码 4-34

```
1. # list_ex34.tcl
2. set color [list red green yellow]
3. => red green yellow
4. set c1 red
5. => red
6. set c2 black
7. => black
8. expr {$c1 in $color}
9. => 1
10.expr {$c2 in $color}
11.=> 0
12.expr {$c1 ni $color}
13.=> 0
14.expr {$c2 ni $color}
15.=> 1
16.lsearch -exact $color $c1
17.=> 0
```

表达式常用于流程控制命令中，将在第 6 章中重点介绍，这里仅给出一个简单示例，如代码 4-35 所示。第 6 行代码中包含 in 操作符的表达式出现在 if 命令的条件判断中，当表达式的值为 1 时，输出 Right，否则输出 Wrong。

代码 4-35

```
1. # list_ex35.tcl
2. set color [list red green yellow]
3. => red green yellow
4. set c1 red
5. => red
6. if {$c1 in $color} {
7.     puts "Right"
8. } else {
9.     puts "Wrong"
10.}
11.=> Right
```

总结：in 和 ni 是操作符，常用于流程控制命令中，如 if 的表达式。

4.11 foreach 命令

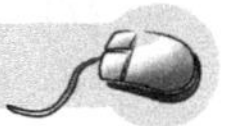

foreach 命令可遍历列表中的所有元素。最简单的 foreach 应用需要三个参数：第一个参数是变量名；第二个参数是列表；第三个参数是构成循环体的 Tcl 脚本。以代码 4-36 为例，列表 num 的长度为 4，故 foreach 循环 4 次。第一次循环时，变量 i_num 的值为 1；第二次循环时，变量 i_num 的值为 2；第三次循环时，变量 i_num 的值为 3；第四次循环时，变量 i_num 的值为 4。

代码 4-36

```
1. # list_ex36.tcl
2. set num [list 1 2 3 4]
3. => 1 2 3 4
4. foreach i_num $num {
5.     lappend even [expr {2 * $i_num}]
6. }
7. puts $even
8. => 2 4 6 8
```

借助 foreach 命令，可很轻松地实现列表元素的逆序，如代码 4-37 所示。此时需要利用命令 linsert 的特性：其返回值是由原列表和新元素共同构成的新列表。

代码 4-37

```
1. # list_ex37.tcl
2. set num [list 1 2 3 4]
3. => 1 2 3 4
4. set reverse_num {}
5. foreach i_num $num {
6.     set reverse_num [linsert $reverse_num 0 $i_num]
7. }
8. puts $reverse_num
9. => 4 3 2 1
```

对于 foreach 命令之后的第一个参数，除了可以是单独的变量名，也可以是变量名列表。因此，在每次循环时，从列表中获取的元素个数与变量名的列表长度一致。以代码 4-38 为例，由于变量名列表中有两个变量名，因此，每次循环都从列表 score 中获取两个元素，分别赋给相应的变量，直到所有列表元素被遍历。

代码 4-38

```
1. # list_ex38.tcl
2. set score {Math 97 English 98 Science 100}
3. Math 97 English 98 Science 100
4. foreach {key value} $score {
5.     puts "$key: $value"
6. }
```

```
7. => Math: 97
8. => English: 98
9. => Science: 100
```

根据 foreach 的这个特性，可实现同时给多个变量赋值的功能，如代码 4-39 所示。第 4 行代码的 break 命令是一种保护机制，使得 foreach 只循环一次就退出整个循环，避免发生变量被多次赋值的情况。可见这里的 break 是用于处理列表 color 的长度多于变量个数的情形。

代码 4-39

```
1. # list_ex39.tcl
2. set color {red green yellow}
3. => red green yellow
4. foreach {x y z} $color {break}
5. puts $x
6. => red
7. puts $y
8. => green
9. puts $z
10.=> yellow
```

为了进一步说明 break 的作用，下面给出代码 4-40：列表 color 包含 4 个元素，变量为 3 个。由于 break 的存在，只循环了一次，因此最终变量的值与代码 4-39 是一致的。

代码 4-40

```
1. # list_ex40.tcl
2. set color {red green yellow black}
3. => red green yellow black
4. foreach {x y z} $color {break}
5. puts $x
6. => red
7. puts $y
8. => green
9. puts $z
10.=> yellow
```

如果没有使用 break 命令，那么在最后一次循环时，若出现循环列表中剩余元素的个数少于变量名列表中变量名个数的情况，则没有对应元素的变量就被赋值为空字符串，如代码 4-41 所示。

代码 4-41

```
1. # list_ex41.tcl
2. set num {11 22 33 44}
3. => 11 22 33 44
4. set i 0
5. => 0
```

```
6. foreach {x y z} $num {
7.     puts "$i: x=$x, y=$y, z=$z"
8.     incr i
9. }
10.=> 0: x=11, y=22, z=33
11.=> 1: x=44, y=, z=
```

代码 4-42 显示了变量名个数多于列表元素个数的情形，实际上此时只循环一次，遵循的规则仍是没有对应元素的变量被赋值为空字符串。

代码 4-42

```
1. # list_ex42.tcl
2. set num {11 22}
3. => 11 22
4. set i 0
5. => 0
6. foreach {x y z} $num {
7.     puts "$i: x=$x, y=$y, z=$z"
8.     incr i
9. }
10.=> 0: x=11, y=22, z=
```

foreach 命令还支持多个列表的情形，以两个列表为例，说明如图 4-2 所示。此时 foreach 后的参数按照“变量集 列表”的方式成对出现，并且变量集和列表一一对应。

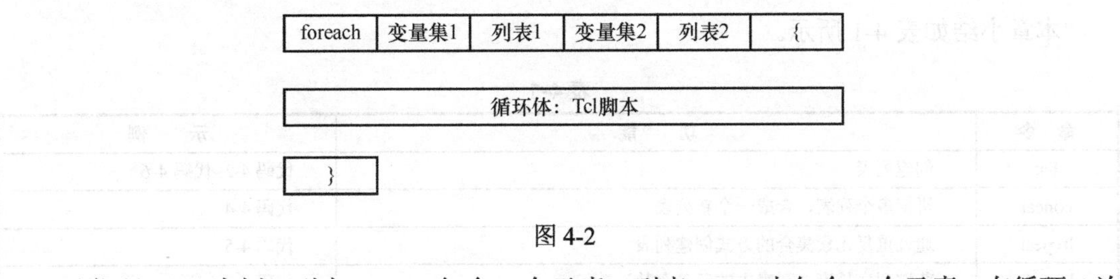

图 4-2

以代码 4-43 为例，列表 course 包含 4 个元素，列表 score 也包含 4 个元素。在循环 4 次后，变量 i_course、i_score 分别从列表 course 和列表 score 中获取列表元素。

代码 4-43

```
1. # list_ex43.tcl
2. set course {Math Science English Physics}
3. => Math Science English Physics
4. set score  {98   97     86      88}
5. => 98   97     86      88
6. foreach i_course $course i_score $score {
7.     puts "$i_course: $i_score"
8. }
9. => Math: 98
10.=> Science: 97
```

```
11.=> English: 86
12.=> Physics: 88
```

如果两个列表的长度不一致，则循环次数取决于列表长度的较大者，这是因为 foreach 总要遍历列表，在已被遍历的列表再次循环时，会将其对应变量赋值为空字符串，如代码 4-44 所示。

代码 4-44

```
1. # list_ex44.tcl
2. set course {Math Science English Physics}
3. => Math Science English Physics
4. set score  {98   97      86}
5. => 98   97      86
6. foreach i_course $course i_score $score {
7.     puts "$i_course: $i_score"
8. }
9. => Math: 98
10.=> Science: 97
11.=> English: 86
12.=> Physics:
```

4.12 本章小结

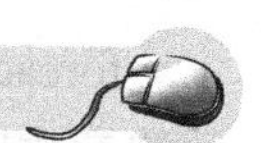

本章小结如表 4-1 所示。

表 4-1

命　令	功　　能	示　　例
list	创建列表	代码 4-2~代码 4-6
concat	拼接多个列表，合成一个新列表	代码 4-4
lrepeat	通过重复元素集合的方式创建列表	代码 4-5
llength	获取列表长度（列表中的元素个数）	代码 4-7
lindex	根据索引值获取列表元素	代码 4-7~代码 4-10
lrange	获取索引值指定范围内的列表元素	代码 4-11
lassign	获取列表元素，并将其分配给指定变量	代码 4-12~代码 4-14
lappend	向列表末尾添加新元素	代码 4-15
linsert	向列表的指定位置添加新元素	代码 4-16
lreplace	删除或替换索引值指定范围内的列表元素	代码 4-17，代码 4-18
lset	替换索引值指定位置上的列表元素	代码 4-19，代码 4-20
lsearch	根据搜索模式和匹配模式查找目标列表元素	代码 4-21~代码 4-26
lsort	对列表元素进行排序	代码 4-27~代码 4-30
split	根据分割字符分割字符串，并创建列表	代码 4-31
join	把列表元素串接成一个字符串	代码 4-32，代码 4-33
foreach	遍历列表元素，执行循环脚本	代码 4-36~代码 4-44

第 5 章

数　　组

5.1　创建数组

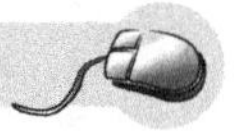

除了简单变量，Tcl 还提供了数组。Tcl 中的数组是一系列元素的集合，每个元素都是由元素名称和值两部分构成的变量，而元素名称又是由数组名和数组中的元素名构成的。创建数组的过程就是对变量进行赋值的过程。在 C 语言中，数组的索引（也就是地址）只能是整数。在 Tcl 中，任何合法的字符串都可以作为数组名或元素名，也可以作为变量值。元素名与值是成对创建的，因此，Tcl 数组有时也被称为关联数组（Associative Array）。

可通过命令 set 创建数组，如代码 5-1 所示。第 2 行代码创建了名为 height 的数组，元素名为 Tom，并赋值 168。相应地，第 4、6、8 行代码给数组增加了新的元素名并赋值。第 10 行代码中的命令 array exists 用于判定指定数组是否已被创建，如已被创建，则返回 1，否则返回 0。第 12 行代码中的命令 array size 用于获取指定数组的大小，也就是元素的个数。

总结：采用此方法时需要注意，括号中的元素名可以是任意合法的字符串，并不需要用双引号把元素名引起来，否则，双引号也会被认定为元素名的一部分，而不是元素名的定界符。

代码 5-1

```
1. # array_ex1.tcl
2. set height(Tom)   168
3. => 168
4. set height(Jerry) 186
5. => 186
6. set height(Nina)  174
7. => 174
8. set height(Mary)  160
9. => 160
10.puts [array exists height]
11.=> 1
12.puts [array size height]
13.=> 4
```

从代码 5-1 可以看到构成 Tcl 数组的三个要素：数组名、元素名和值，如图 5-1 所示。

由于元素名和值是成对出现的，因此可通过命令 array set 创建数组，如代码 5-2 所示。元素名和值的成对描述如第 3～6 行代码所示。

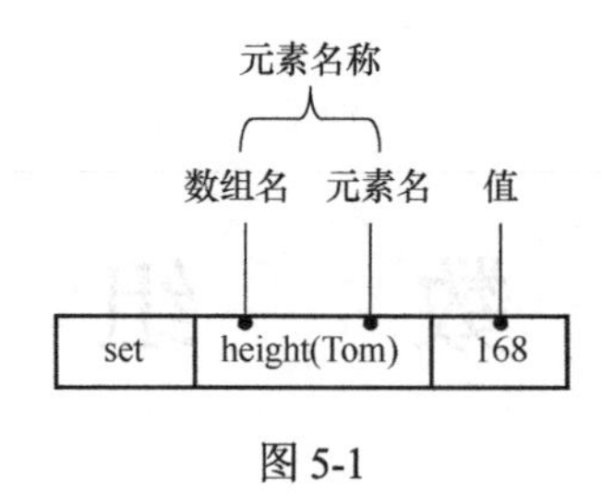

图 5-1

代码 5-2

```
1. # array_ex2.tcl
2. array set height {
3.     Tom   168
4.     Jerry 186
5.     Nina  174
6.     Mary  160
7. }
8. set n [array size height]
9. => 4
10.puts "array has $n elements"
11.=> array has 4 elements
```

命令 array set 也可以用于创建空数组，即不包含任何元素的数组，如代码 5-3 所示。此时，第 2 行代码中的花括号内没有任何字符，数组的大小为 0，如第 4 行代码所示。

代码 5-3

```
1. # array_ex3.tcl
2. array set x {}
3. puts [array size x]
4. => 0
```

5.2 获取数组中的元素

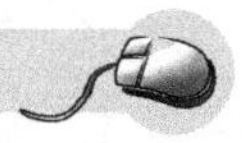

如果已知数组名和元素名，那么就能获取相应的值，如代码 5-4 所示。结合图 5-1 可知，若数组中的元素是变量，想要获取变量值，就要先获取变量名，再通过变量置换符“$”获取变量值。第 8 行代码用于获取数组 height 中元素名为 Tom 的变量值，这里的变量名为 height(Tom)。同时，元素名也可以是变量。第 10 行代码定义了变量 n0，其值为 Jerry，第 12 行代码获取了 Jerry 对应的值。此外，如果数组并不包含指定的元素名，那么在获取该元素名对应的值时系统就会报错，如第 14、15 行代码所示。

代码 5-4

```
1. # array_ex4.tcl
2. array set height {
3.     Tom   168
4.     Jerry 186
```

```
5.     Nina  174
6.     Mary  160
7. }
8. puts "Tom's height: $height(Tom)"
9. => Tom's height: 168
10.set n0 Jerry
11.=> Jerry
12.puts "${n0}'s height: $height($n0)"
13.=> Jerry's height: 186
14.puts "$height(Lili)"
15.=>@ can't read "height(Lili)": no such element in array
```

命令 array names 可返回一个包含指定数组元素名的列表，如代码 5-5 所示。第 8 行代码得到了数组 height 的元素名列表，第 10、11 行代码通过 foreach 语句依次获取相应的值。最终的输出结果如第 13～16 行代码所示。

代码 5-5

```
1. # array_ex5.tcl
2. array set height {
3.     Tom   168
4.     Jerry 186
5.     Nina  174
6.     Mary  160
7. }
8. set elmt_name [array names height]
9. => Jerry Tom Mary Nina
10.foreach i_elmt_name $elmt_name {
11.    puts "$i_elmt_name -> $height($i_elmt_name)"
12.}
13.=> Jerry -> 186
14.=> Tom -> 168
15.=> Mary -> 160
16.=> Nina -> 174
```

命令 array get 可获得指定数组的“元素名 值”列表，元素名和值是成对出现的，如代码 5-6 所示。第 9 行代码显示了 array get 的结果。array get 的另一种常用情形是复制数组，如第 17 行代码所示。复制数组意味着创建了一个新的数组，也就是这里的 heightx。第 18 行代码中的命令 parray 用于输出数组的“元素名 值”对，其输出结果如第 19～22 行代码所示。

代码 5-6

```
1. # array_ex6.tcl
2. array set height {
3.     Tom   168
4.     Jerry 186
5.     Nina  174
6.     Mary  160
```

```
7. }
8. set pair [array get height]
9. => Jerry 186 Tom 168 Mary 160 Nina 174
10.foreach {key value} $pair {
11.    puts "$key -> $value"
12.}
13.=> Jerry -> 186
14.=> Tom -> 168
15.=> Mary -> 160
16.=> Nina -> 174
17.array set heightx [array get height]
18.parray heightx
19.=> heightx(Jerry) = 186
20.=> heightx(Mary)  = 160
21.=> heightx(Nina)  = 174
22.=> heightx(Tom)   = 168
```

5.3 删除数组中的元素

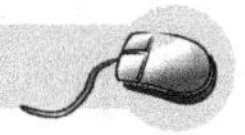

命令 unset 可用于删除变量，即该命令可删除数组中的元素，如代码 5-7 所示。unset 后可直接跟随待删除的变量名。第 10 行、第 11 行代码分别删除了元素 Tom 和 Mary，变量名分别为 height(Tom)和 height(Mary)。最终数组 height 的大小缩减为 2，如第 13 行代码所示。如果 unset 后只跟数组名，如第 14 行代码所示，那么该数组将被删除，如第 16 行代码显示 array exists 的返回值为 0。

代码 5-7

```
1. # array_ex7.tcl
2. array set height {
3.     Tom   168
4.     Jerry 186
5.     Nina  174
6.     Mary  160
7. }
8. puts "Before: [array size height]"
9. => Before: 4
10.unset height(Tom)
11.unset height(Mary)
12.puts "After: [array size height]"
13.=> After: 2
14.unset height
15.puts [array exists height]
16.=> 0
```

命令 array unset 也可用于删除数组，如代码 5-8 所示。在第 8 行代码中的 array unset 后直接跟随数组名，第 10 行代码显示 array exists 的返回值为 0，说明数组 height 已被删除。

代码 5-8

```
1. # array_ex8.tcl
2. array set height {
3.     Tom   168
4.     Jerry 186
5.     Nina  174
6.     Mary  160
7. }
8. array unset height
9. puts [array exists height]
10. => 0
```

5.4 数组与列表之间的转换

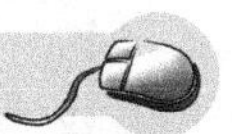

命令 array names 和 array get 的返回对象均为列表，这说明列表和数组之间是存在一定关系的。如前所述，数组的元素名和值是相互关联的。借助这种关联，可以分别创建元素名列表和值列表，并通过 foreach 语句对这两个列表进行遍历，从而创建数组，如代码 5-9 所示。第 2 行代码创建了元素名列表，第 4 行代码创建了值列表，第 6 行代码遍历这两个列表，第 7 行代码创建数组 height。此外，也可先将“元素名 值”成对写入列表中，然后遍历该列表创建数组，如第 14 行代码所示。

代码 5-9

```
1. # array_ex9.tcl
2. set keys   {Tom Jerry Nina Mary}
3. => Tom Jerry Nina Mary
4. set values {168 186   174  160}
5. => 168 186   174  160
6. foreach i_keys $keys i_values $values {
7.     set height($i_keys) $i_values
8. }
9. parray height
10. => height(Jerry) = 186
11. => height(Mary)  = 160
12. => height(Nina)  = 174
13. => height(Tom)   = 168
14. set pairs {Tom 168 Jerry 186 Nina 174 Mary 160}
15. => Tom 168 Jerry 186 Nina 174 Mary 160
16. foreach {key value} $pair {
17.     set heightx($key) $value
18. }
19. parray heightx
20. => heightx(Jerry) = 186
```

```
21.=> heightx(Mary)  = 160
22.=> heightx(Nina)  = 174
23.=> heightx(Tom)   = 168
```

对于 array get 返回的列表，可以从中提取出元素名和值，如代码 5-10 所示。第 8 行代码和第 9 行代码分别创建了空列表 keys 和 values。第 10 行代码则通过 foreach 语句提取元素名和值，第 11 行和第 12 行代码则将提取结果赋给相应的列表。

代码 5-10

```
1. # array_ex10.tcl
2. array set height {
3.     Tom   168
4.     Jerry 186
5.     Nina  174
6.     Mary  160
7. }
8. set keys {}
9. set values {}
10.foreach {i_keys i_values} [array get height] {
11.    lappend keys $i_keys
12.    lappend values $i_values
13.}
14.puts "Keys: $keys"
15.=> Keys: Jerry Tom Mary Nina
16.puts "Values: $values"
17.=> Values: 186 168 160 174
```

5.5 二维数组

实际上，Tcl 只实现了一维数组，但是可以通过将多个索引拼接为一个元素名来模拟多维数组。这里以二维数组为例进行讲解，如代码 5-11 所示。两个索引通过逗号拼接为一个新的元素名，构成 2×2 数组。第 11 行代码显示，该数组的大小为 4，并不会输出 2×2。

代码 5-11

```
1. # array_ex11.tcl
2. set matrix(1,1) Tom
3. => Tom
4. set matrix(1,2) Male
5. => Male
6. set matrix(2,1) Teacher
7. => Teacher
8. set matrix(2,2) 40
9. => 40
10.puts [array size matrix]
```

```
11.=> 4
12.set i 1
13.=> 1
14.set j 2
15.=> 2
16.set gender $matrix($i,$j)
17.=> Male
```

总结：在通过拼接多个索引来合成一个新的元素名时，应尽可能避免索引之间出现空格，例如“1,1”和“1, 1”是不一样的，前者包含3个字符，后者包含4个字符。如果确实需要用到空格，则一定要用双引号将其引起来，例如：

set matrix(“1, 1”) Jerry

5.6　本章小结

本章小结如表5-1所示。

表5-1

命　令	功　能	示　例
array exists	判定数组是否已创建，若创建，则返回1，否则返回0	代码5-1
array size	获取数组大小	代码5-1
array set	创建数组	代码5-2
array names	获取数组的元素名列表	代码5-5
array get	获取数组的“元素名　值”列表	代码5-6
parray	输出数组元素	代码5-6
array unset	删除数组	代码5-8

第 6 章

流程控制

6.1 if 命令

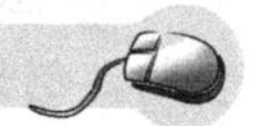

Tcl 中的 if 命令与 C 语言中 if 语句的含义一样，只是在 Tcl 中，if 是命令。在该命令后跟随两个参数：第一个参数是一个表达式，第二个参数是待执行的 Tcl 脚本。if 命令先对表达式进行判断，如果表达式的值为真，则执行第二个参数中的 Tcl 脚本，否则不再执行更多操作而直接返回。if 命令的执行示意图如图 6-1 所示。

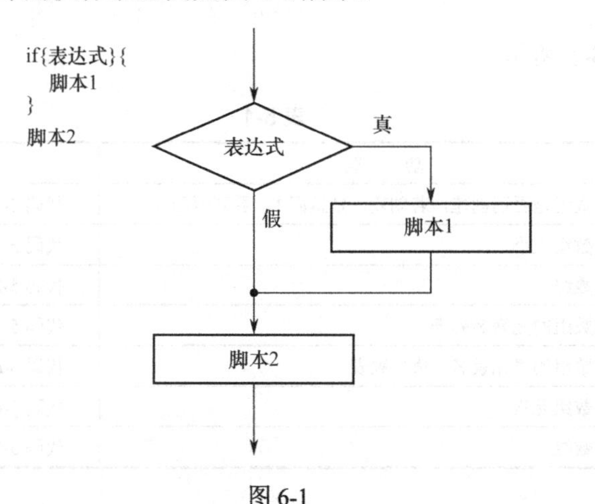

图 6-1

以代码 6-1 为例，当第 4 行代码中的表达式为 1 时，执行第 5 行的脚本，否则直接从第 8 行的脚本开始执行。此外，若表达式的值为 1、yes 或 true，则被判定为真，如第 10 行代码、第 14 行代码所示；若为 0、no 或 false，则被判定为假，如第 18 行代码所示。

代码 6-1

```
1. # flow_ctrl_ex1.tcl
2. set x 1
3. => 1
4. if {$x > 0} {
5.     set x -$x
6. }
7. => -1
8. puts $x
9. => -1
```

```
10.if yes {
11.    puts "This message is always shown"
12.}
13.=> This message is always shown
14.if true {
15.    puts "This message is always shown"
16.}
17.=> This message is always shown
18.if {no || false} {
19.    puts "This message is never shown"
20.}
```

总结：从代码风格的角度而言，在使用 if 命令时，最好将第一个参数的表达式和第二个参数的 Tcl 脚本都放在花括号中。

Tcl 解释器认为换行符是前一个命令的分隔符，除非换行符在花括号或双引号之中（代码 6-1 中的第 4～6 行）。因此，在采用代码 6-2 的方式进行语句描述时系统会报错，即报告 if 命令缺少第二个参数。

代码 6-2

```
1. # flow_ctrl_ex2.tcl
2. set x 1
3. => 1
4. if {$x > 0}
5. =>@ wrong # args: no script following "$x > 0" argument
6. {
7.     set x -$x
8. }
```

总结：if 命令规定每一个左花括号都必须与它的前一个字符同行（将换行符作为命令分隔符）。

if 命令可以包含 else 分支，执行流程如图 6-2 所示。需要注意的是，else 并不是独立的命令，它只是构成 if 命令的一部分，并且不是必需的。以代码 6-3 为例，第 13 行代码将 else 另起一行的方式会导致错误，即 Tcl 解释器会报告 else 是无效命令。

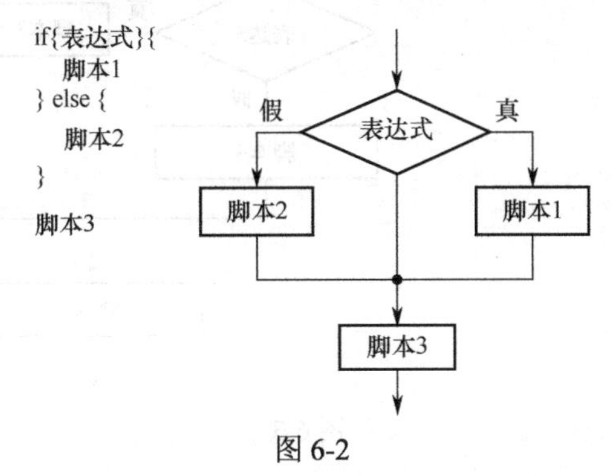

图 6-2

代码 6-3

```
1. # flow_ctrl_ex3.tcl
2. set sex female
3. => female
4. if {[string equal $sex male]} {
5.     puts "It is a boy"
6. } else {
7.     puts "It is a girl"
8. }
9. => It is a girl
10.if {[string equal $sex male]} {
11.    puts "It is a boy"
12.}
13.else {
14.    puts "It is a girl"
15.}
16.=>@ invalid command name "else"
```

else 只是 if 命令的可选子句，在使用时，要将其与 if 中第二个参数的右花括号放在同一行，而不能另起一行。

if 命令还可以包含一个或多个 elseif 子句，从而形成多个分支。以带有两个 elseif 子句的 if 命令为例，其执行流程如图 6-3 所示，具体实例如代码 6-4 所示。不难看出，只有当前的一个分支条件不满足时，才会对下一个分支条件进行判断。一旦满足，则执行该分支条件下的脚本，其他分支条件不会再被判断，因此要特别注意条件的先后顺序。对于这种多分支条件的判断，有时采用 switch 命令会更高效。

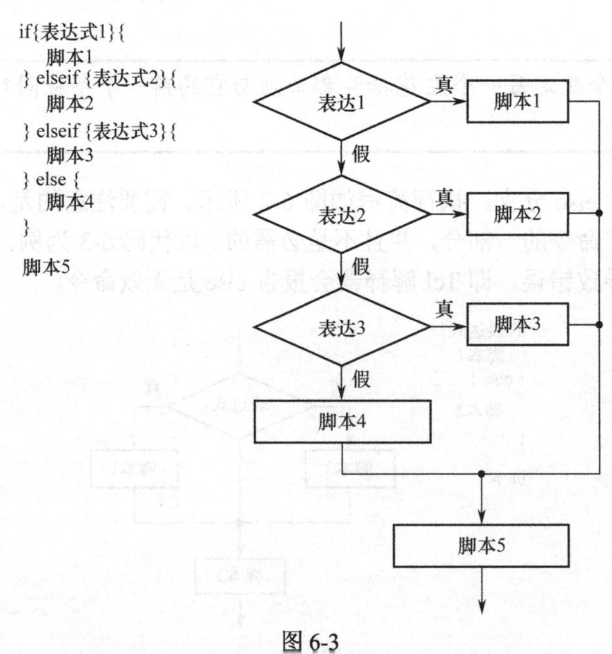

图 6-3

代码 6-4

```
1. # flow_ctrl_ex4.tcl
2. set n 0
3. => 0
4. if {$n == 0} {
5.     set str zero
6. } elseif {$n == 1} {
7.     set str one
8. } elseif {$n == 2} {
9.     set str two
10.} else {
11.     set str hello
12.}
13.=> zero
```

与 else 一样，elseif 只是 if 命令的可选部分，并不是独立的命令。因此，在使用时，要将其与 if 中第二个参数的右花括号放在同一行，而不能另起一行。

6.2 switch 命令

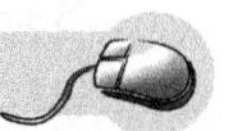

switch 命令利用一个给定值与多个模式进行匹配，一旦匹配成功，就执行与之匹配模式下的 Tcl 脚本。从这个角度而言，其与 C 语言中的 switch 语句是非常类似的，但更灵活，因为它的匹配模式可以是字符串，而不仅仅是整数。switch 命令需要两个参数：第一个参数是待检测的值，第二个参数是包含一个或多个元素对的列表。每个元素对的第一个元素是匹配模式，第二个元素是匹配成功后需要执行的脚本。其执行流程如图 6-4 所示。

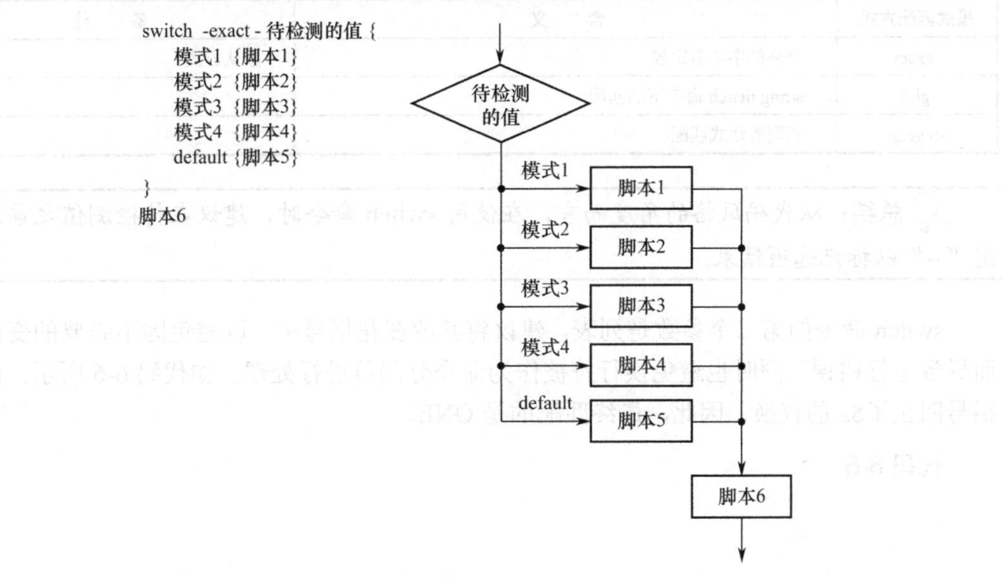

图 6-4

以代码 6-5 为例，这是将代码 6-4 采用 if 命令描述的方式改为利用 switch 命令进行描述。第 4 行代码中的选项-exact 限定了模式匹配方式为严格的字符串比较（switch 支持三种模式匹配方式，具体含义如表 6-1 所示），紧跟-exact 之后的“--”表明选项结束，因此，“--”之后即为待检测的值。如果 switch 命令的最后一个模式是 default，如第 14 行代码所示，那么它可以与任意值匹配，这就意味着当 switch 命令在其他模式都无法匹配时，就会执行 default 对应的脚本。

代码 6-5

```
1. # flow_ctrl_ex5.tcl
2. set n 0
3. => 0
4. switch -exact -- $n {
5.     0 {
6.         set str zero
7.     }
8.     1 {
9.         set str one
10.    }
11.    2 {
12.        set str two
13.    }
14.    default {
15.        set str hello
16.    }
17.}
18.=> zero
```

表 6-1

模式匹配方式	含　义	备　注
-exact	严格的字符串比较	默认方式
-glob	string match 命令下的匹配	
-regexp	正则表达式匹配	

总结： 从代码风格的角度而言，在使用 switch 命令时，建议在待检测值之前总是使用“--”以标记选项结束。

switch 命令的第二个参数是列表，建议将其放在花括号中，以避免因不必要的变量置换而导致运行错误，同时也避免换行符被作为命令分隔符进行处理。如代码 6-6 所示，由于花括号阻止了$z 的置换，因此，最终匹配的是 ONE。

代码 6-6

```
1. # flow_ctrl_ex6.tcl
2. set x ONE
3. => ONE
4. set y 1
```

```
5. => 1
6. set z ONE
7. => ONE
8. switch -exact -- $x {
9.     $z {
10.         set v [expr {$y + 1}]
11.         puts "MATCH \$z. $y+$z is $v"
12.     }
13.     ONE {
14.         set v [expr {$y + 1}]
15.         puts "MATCH ONE. $y+one is $v"
16.     }
17.     default {
18.         puts "$x is NOT A MATCH"
19.     }
20.
21.}
22.=> MATCH ONE. 1+one is 2
```

如果将代码 6-6 的描述方式改为代码 6-7 的描述方式，则需要用到反斜线才能将模式和对应脚本写成多行格式。但由于这里没用花括号，$z 发生变量置换，因此，此时匹配的是$z。

代码 6-7

```
1. # flow_ctrl_ex7.tcl
2. set x ONE
3. => ONE
4. set y 1
5. => 1
6. set z ONE
7. => ONE
8. switch -exact -- $x \
9.     $z {
10.         set v [expr {$y + 1}]
11.         puts "MATCH \$z. $y+$z is $v"
12.     } \
13.     ONE {
14.         set v [expr {$y + 1}]
15.         puts "MATCH ONE. $y+one is $v"
16.     } \
17.     default {
18.         puts "$x is NOT A MATCH"
19.     }
20.=> MATCH $z. 1+ONE is 2
```

总结：从代码风格的角度而言，在使用 switch 命令时，建议总是将匹配模式与对应脚本放在花括号中，这样不仅能够阻止不期望的变量置换，而且也能够避免换行符被当作命令分隔符来处理。

如果匹配模式对应的脚本只是一个短画线“-”，那么 switch 命令会认为该模式与其下一个模式对应的脚本相同。采用此方式可将对应脚本相同的多个不同匹配模式捆绑在一起，如代码 6-8 所示。在第 5 行代码中，cat 后的脚本为“-”，故 cat 和 dog 对应的脚本相同，最终输出为 pet。同时，通过代码 6-8 还可以看到 default 子句不是必需的。如果 switch 命令没有找到匹配的模式，那么就不会执行任何脚本，最终返回一个空字符串。

代码 6-8

```
1. # flow_ctrl_ex8.tcl
2. set x cat
3. => cat
4. switch -exact -- $x {
5.     cat -
6.     dog {
7.         set type pet
8.     }
9.     desk -
10.    chair {
11.        set type furniture
12.    }
13.}
14.=> pet
```

总结：在使用 switch 命令时，可通过短画线“-”将相同脚本的不同匹配模式捆绑在一起，使得代码更简洁。

在 switch 中添加注释时要特别小心，注释只能添加到匹配模式对应的脚本中，如果添加在匹配模式部分，则系统会报错，如代码 6-9 所示，弹出的错误信息如第 16、17 行代码所示。之所以系统会报错，是因为在第 4 行代码的花括号之后，switch 命令会认为下一行的“#”为匹配模式，匹配模式之后应为对应脚本，但没有找到任何可执行脚本。

代码 6-9

```
1. # flow_ctrl_ex9.tcl
2. set n pen
3. => pen
4. switch -exact -- $n {
5.     # This comment will cause an error
6.     cat {
7.         puts pet
8.     }
9.     table {
10.        puts furniture
11.    }
12.    default {
13.        puts unknown
```

```
14.     }
15.}
16.=>@ extra switch pattern with no body, this may be due to a comment
17.incorrectly placed outside of a switch body - see the "switch" documentation
```

将代码 6-9 改为代码 6-10 的方式描述，即可正确运行。此时，注释放在了 cat 对应的脚本中，如第 7 行代码所示。

代码 6-10

```
1. # flow_ctrl_ex10.tcl
2. set n cat
3. => cat
4. switch -exact -- $n {
5.     cat {
6.         puts pet
7.         # This comment is okay
8.     }
9.     table {
10.         puts furniture
11.     }
12.     default {
13.         puts unknown
14.     }
15.}
16.=> pet
```

总结： 在 switch 中添加注释时，应始终将注释放在 Tcl 解释器期望找到 Tcl 命令的地方，也就是匹配模式对应的脚本中。

6.3 while 命令

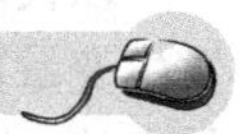

while 是一种循环命令，其后跟随两个参数：第一个参数是一个由表达式构成的循环条件，第二个参数是由 Tcl 脚本构成的循环体。在执行时，while 命令先处理表达式，然后根据表达式的结果判断是否执行循环体。如果表达式的值为真（非零数字、yes 或 true），则执行循环体。这个过程不断重复，直至表达式的结果为假（0、no 或 false）。此时，while 命令终止，返回一个空字符串，具体执行流程如图 6-5 所示。

以代码 6-11 为例，当 n 为 1 或 2 时，表达式的结果为真，故 while 执行循环体。当 n 为 3 时，表达式的结果为假，故结束循环。

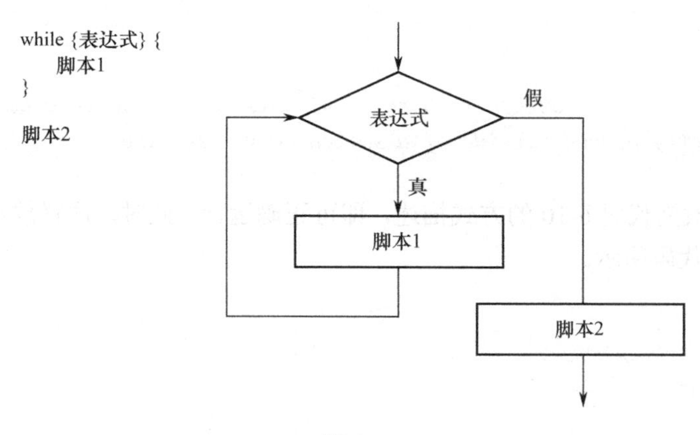

图 6-5

代码 6-11

```
1. # flow_ctrl_ex11.tcl
2. set n 1
3. => 1
4. while {$n < 3} {
5.     puts "n is $n"
6.     incr n
7. }
8. => n is 1
9. => n is 2
10.puts "Exited loop with n equal to $n"
11.=> Exited loop with n equal to 3
```

总结：从代码风格的角度而言，while 命令后的两个参数一定要放在花括号中，以避免在 while 执行前发生意外置换。

以代码 6-12 为例，第 4 行代码使用了双引号，因此，Tcl 解释器在遇到符号“$”时将发生变量置换，使得循环条件变为“1 < 3”。如果此处（如代码 6-11）使用花括号，则花括号中的内容只能在 while 命令的控制下延期置换。由于循环条件“1 < 3”恒为真，因此，循环体可被无限次重复执行。但当 n 递增到 4 时，第 7 行代码中的 if 条件成立，故执行 continue 命令，从第 7 行代码直接退出当前循环，并评估下次循环，因此第 8 行代码在本次循环中不会被执行。当 n 递增到 5 时，第 6 行代码中的 if 条件成立，故执行 break 命令，即从第 6 行代码直接退出 while 循环，执行第 12 行代码中的 puts 命令。

代码 6-12

```
1. # flow_ctrl_ex12.tcl
2. set n 1
3. => 1
4. while "$n < 3" {
5.     incr n
6.     if {$n > 4} break
```

```
7.      if "$n > 3" continue
8.      puts "n is $n"
9. }
10.=> n is 2
11.=> n is 3
12.puts "Exited loop with n equal to $n"
13.=> Exited loop with n equal to 5
```

continue 和 break 是 Tcl 提供的两个循环控制命令，用于退出部分循环或全部循环。带有 continue 和 break 的 while 循环，其具体执行流程如图 6-6 所示。

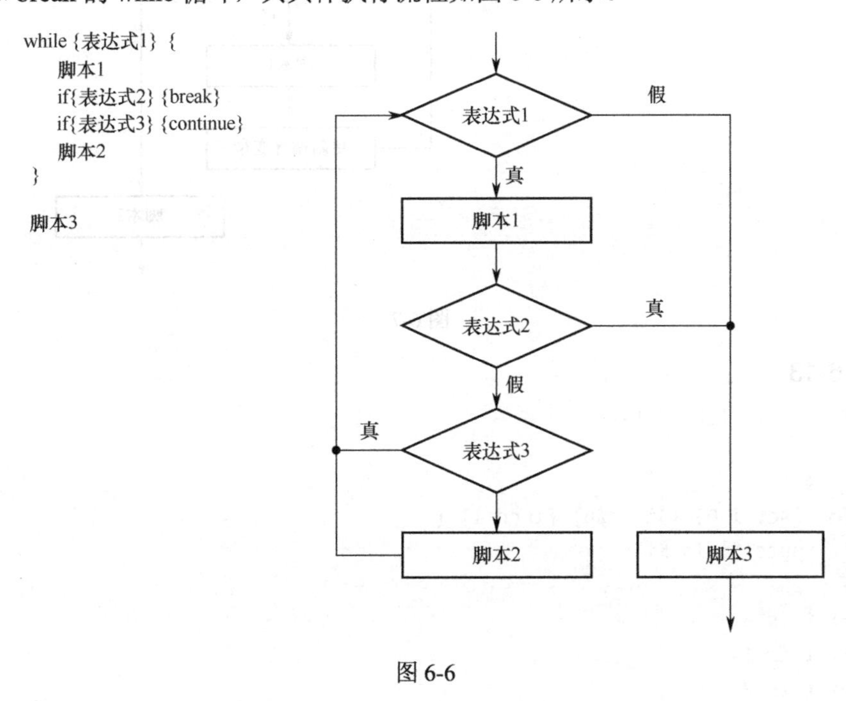

图 6-6

总结：continue 命令和 break 命令都可退出循环，并且都是从所在位置直接退出，使得位于同一循环体中其后位置的脚本不会被执行。两者的区别在于 continue 命令只结束本次循环，并不终止整个循环的执行；break 命令则结束整个循环过程，不再判断执行循环的条件是否成立。

6.4 for 命令

for 命令是 Tcl 中的另一种循环描述方式。在该命令后跟随 4 个参数：第一个参数是初始化变量；第二个参数是包含循环变量的表达式，用于判断循环是否执行；第三个参数是更新循环变量；第四个参数是由 Tcl 脚本构成的循环体。for 命令先运行第一个参数中的脚本，随后处理第二个参数中的表达式，如果表达式为真，则运行第四个参数中的 Tcl 脚本，之后执行第三个参数中的脚本，即更新循环变量，在循环变量更新完毕后，再处理第二个参数中的表达式。该过程不断重复，直至表达式的结果为假。如果在初次检测表达式时，其结果为假，那么循环体不会被执行，同时循环变量也不会被更新。其具体执行流程如图 6-7 所示，相应实例如代码 6-13 所示。

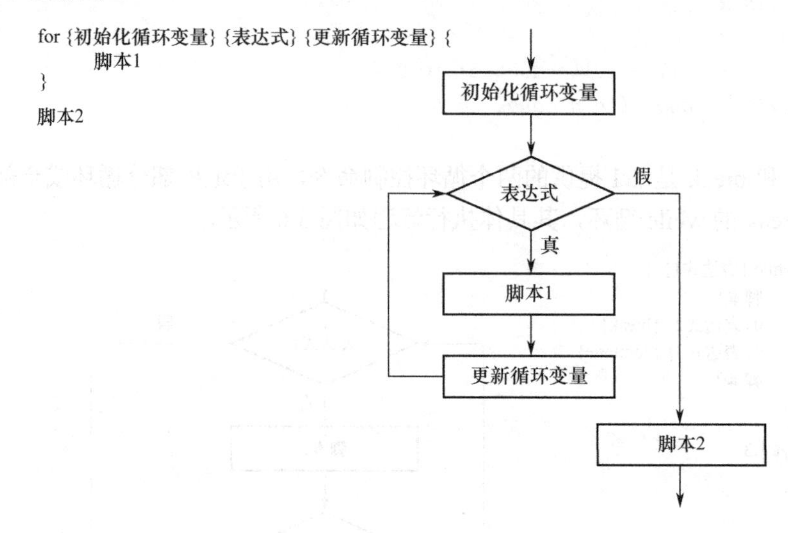

图 6-7

代码 6-13

```
1. # flow_ctrl_ex13.tcl
2. set n 4
3. => 4
4. for {set i 0} {$i < $n} {incr i} {
5.     puts "i is $i"
6. }
7. => i is 0
8. => i is 1
9. => i is 2
10.=> i is 3
```

代码 6-14 给出了一个循环变量递减的情形。该代码实现了列表的翻转，最终的列表 new 为列表 old 的逆序。

代码 6-14

```
1. # flow_ctrl_ex14.tcl
2. set old {this is a Tcl book}
3. => this is a Tcl book
4. set new {}
5. for {set i [expr {[llength $old] - 1}]} {$i >= 0} {incr i -1} {
6.     lappend new [lindex $old $i]
7. }
8. puts $new
9. => book Tcl a is this
```

for 命令是可以嵌套的，如代码 6-15 所示。该代码将特定列表重映射至一个 3 行、2 列的二维数组中。

代码 6-15

```
1. # flow_ctrl_ex15.tcl
2. set a [list red yellow green black orange white]
3. => red yellow green black orange white
4. set row 3
5. => 3
6. set col 2
7. => 2
8. for {set i 0} {$i < $row} {incr i} {
9.     for {set j 0} {$j < $col} {incr j} {
10.        set n [expr {$i * $col + $j}]
11.        set color($i.$j) [lindex $a $n]
12.    }
13.}
14.parray color
15.=> color(0.0) = red
16.=> color(0.1) = yellow
17.=> color(1.0) = green
18.=> color(1.1) = black
19.=> color(2.0) = orange
20.=> color(2.1) = white
```

6.5 source 命令

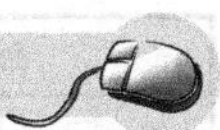

source 命令用于读取一个 Tcl 文件，并将文件内容作为 Tcl 脚本运行。source 命令可以嵌套，如图 6-8 所示。在文件 start.tcl 内只有一行脚本，即将变量 a 的值设置为 1。当运行命令 source start.tcl 时，start.tcl 中的内容将被执行，source 命令的返回值将是 start.tcl 中最后一条脚本的返回值，在这里为 1。source 后的文件名可以用绝对路径指定，也可以用相对路径指定。文件 prog.tcl 中包含两条 source 命令，因此，在执行 source prog.tcl 时将依次执行 source start.tcl 和 source end.tcl。

start.tcl	prog.tcl
set a 1	source start.tcl source end.tcl

图 6-8

从图 6-8 中不难看出，source 命令的好处是将大的脚本分解为小的模块，并将其包含在不同的 Tcl 文件中，这种分解通常是根据功能完成的。仍以图 6-8 为例，start.tcl 中的内容如代码 6-16 所示，end.tcl 中的内容如代码 6-17 所示，prog.tcl 中的内容如代码 6-18 所示。source prog.tcl 的最终结果如代码 6-18 中的第 4 行所示。

代码 6-16

```
1. # start.tcl
2. set a 1
```

代码 6-17

```
1. # end.tcl
2. if {$a < 1} {
3.     puts "a is less than 1"
4. } else {
5.     puts "a is greater than 1"
6. }
```

代码 6-18

```
1. # prog.tcl
2. source start.tcl
3. source end.tcl
4. => a is greater than 1
```

6.6 本章小结

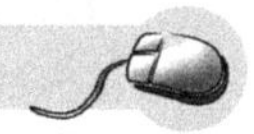

本章小结如表 6-2 所示。

表 6-2

命　令	功　能	示　例
if	根据条件执行相应脚本	代码 6-1，代码 6-2
带 else 子句的 if 命令	根据条件执行相应脚本	代码 6-3
带 elseif 子句的 if 命令	根据条件执行相应脚本	代码 6-4
switch	根据匹配模式执行相应脚本	代码 6-5，代码 6-6，代码 6-7，代码 6-8，代码 6-9，代码 6-10
while	循环命令	代码 6-11，代码 6-12
break	跳出整个循环	代码 6-12
continue	跳出当次循环	代码 6-12
for	循环命令	代码 6-13，代码 6-14，代码 6-15
source	从指定文件执行相应脚本	代码 6-16，代码 6-17，代码 6-18

第 7 章

过　　程

7.1　过程的构成

Tcl 的过程其实是由一系列命令构成的代码块，用于执行特定的任务，可分为 Tcl 自定义的内建（Built-in）过程（如 power()、exp()等）和用户定义的过程。用户定义的过程是本章讨论的重点。无论从形式上看，还是从功能上看，Tcl 的过程都非常类似于 C 语言中用户定义的函数，如图 7-1 所示。过程由命令 proc 创建，其后跟随三个参数：第一个参数是过程名，也就是图 7-1 中的 get_max；第二个参数是该过程要用到的参数名（对应图 7-1 中的 num1 和 num2）列表；第三个参数是构成过程块的 Tcl 脚本，过程块通过 return 命令返回该过程的值。

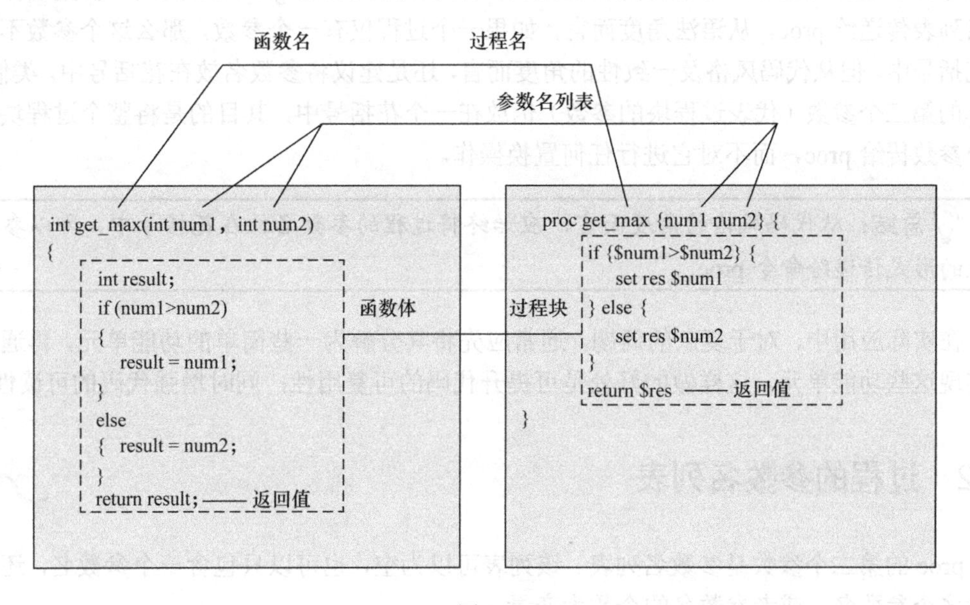

图 7-1

在 proc 命令执行完成后，新的命令 get_max 就产生了。可以像使用其他任何 Tcl 命令一样使用 get_max，如代码 7-1 所示。在使用 get_max 时，Tcl 会把 num1 和 num2 的值设置为给定的参数值来处理过程块。get_max 必须接收两个参数，如第 10 行和第 12 行代码所示。如果参数数目不匹配，则 Tcl 解释器会报错，如第 15 行代码所示。

代码 7-1

```
1. # proc_ex1.tcl
2. proc get_max {num1 num2} {
3.     if {$num1 > $num2} {
4.         set res $num1
5.     } else {
6.         set res $num2
7.     }
8.     return $res
9. }
10.get_max 6 4
11.=> 6
12.get_max -6 4
13.=> 4
14.get_max 4
15.=>@ wrong # args: should be "get_max num1 num2"
```

需要注意的是，proc 只是一个普通的 Tcl 命令，并非特殊的语法声明。因此，Tcl 解释器对 proc 命令参数的处理方法和其他 Tcl 命令参数的处理方法相同。例如，{num1 num2}的花括号并不是针对这个命令的特殊语法结构，它的作用只是把 get_max 的两个参数名作为参数名列表传递给 proc。从语法角度而言，如果一个过程仅有一个参数，那么这个参数不必放在花括号中。但从代码风格及一致性的角度而言，还是建议将参数名放在花括号中。类似地，proc 的第三个参数（代表过程块的参数）也放在一个花括号中，其目的是将整个过程块作为一个参数传给 proc，而不对它进行任何置换操作。

总结：从代码风格的角度而言，应始终将过程的参数名放在花括号中，即以参数名列表的形式传递给命令 proc。

在实际应用中，对于复杂的问题，通常应先将其分解为一些简单的功能单元，再通过过程实现这些功能单元。这样做的好处是可提升代码的可复用性，同时增强代码的可读性。

7.2 过程的参数名列表

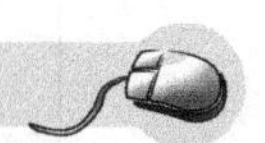

proc 的第二个参数是参数名列表。该列表可以为空，也可以只包含一个参数名，还可以包含多个参数名，或者参数名的个数为变量。

代码 7-2 创建了 Tcl 命令 tclver。第 2 行代码中的“{}”（花括号内没有任何字符）表明 tclver 不需要任何参数。从第 7 行代码可以看到，该过程的返回值是过程块中最后一条命令的返回值。

代码 7-3 创建了 Tcl 命令 c2f，用于输入摄氏温度，返回华氏温度。该命令只需要一个参数，如第 5 行、第 7 行、第 9 行代码所示。

代码 7-2

```
1. # proc_ex2.tcl
2. proc tclver {} {
3.     set v [info tclversion]
4.     puts "This is Tcl version $v"
5. }
6. tclver
7. => This is Tcl version 8.5
```

代码 7-3

```
1. # proc_ex3.tcl
2. proc c2f {c} {
3.     return [expr {$c * 9.0 / 5.0 + 32}]
4. }
5. puts [c2f 0]
6. => 32.0
7. puts [c2f 37]
8. => 98.6
9. puts [c2f 100]
10.=> 212.0
```

由代码 7-1 创建的 Tcl 命令需要两个参数，可将其进一步优化为代码 7-4 的形式，但参数个数并未改变。

代码 7-4

```
1. # proc_ex4.tcl
2. proc get_max {num1 num2} {
3.     if {$num1 > $num2} {
4.         return $num1
5.     } else {
6.         return $num2
7.     }
8. }
9. get_max 6 4
10.=> 6
11.get_max -6 4
12.=> 4
```

参数名列表还可支持可变个数的参数。此时要用到特殊参数名 args，并且将其作为最后一个参数名出现在参数名列表中。args 其实是个可变长度的列表，其元素就是过程的参数名。代码 7-5 创建了 Tcl 命令 sum_int，其功能是将给定的整数相加，并返回这些整数的和。通过应用 args，给定的整数个数变为变化的，如第 9 行、第 11 行、第 13 行和第 15 行代码所示。

代码 7-5

```
1. # proc_ex5.tcl
2. proc sum_int {args} {
3.     set s 0
4.     foreach i_args $args {
5.         incr s $i_args
6.     }
7.     return $s
8. }
9. puts [sum_int 1]
10.=> 1
11.puts [sum_int 1 2]
12.=> 3
13.puts [sum_int 1 2 3]
14.=> 6
15.puts [sum_int 1 2 3 4]
16.=> 10
```

尽管称之为参数名列表，但其实传递给 proc 的是参数值。在创建过程中，Tcl 允许给参数设置默认值，但要求带默认值的参数名与对应的参数值出现在参数名列表的最后位置，除非最后一个参数名为 args。代码 7-6 创建了 Tcl 命令 mypower，参数名列表包含两个元素，如第 2 行代码所示，其中，第二个元素{b 2}仍为列表，表明 b 的默认值为 2。由此可见，参数名列表可以是一个嵌套的列表，每个元素可以是一个长度为 2 的子列表。长度为 2 意味着子列表的第一个元素为参数名，第二个元素为参数的默认值。第 12 行代码表明，当只给 mypower 提供一个参数时，第二个参数 b 就使用了默认值，故 mypower 返回的是 4 的平方值。第 14 行代码表明，当给 mypower 提供两个参数时，b 的默认值会被覆盖，故 mypower 返回的是 4 的立方值。

代码 7-6

```
1. # proc_ex6.tcl
2. proc mypower {a {b 2}} {
3.     if {$b == 2} {
4.         return [expr $a * $a]
5.     }
6.     set value 1
7.     for {set i 0} {$i < $b} {incr i} {
8.         set value [expr $value * $a]
9.     }
10.    return $value
11.}
12.puts [mypower 4]
13.=> 16
14.puts [mypower 4 3]
15.=> 64
```

在给参数添加默认值的过程中，也可以使用 args，此时 args 应出现在参数名列表的最后位置，如代码 7-7 所示。第 3 行代码中的{a b args}构成一个列表。第 4 行代码中的 puts 命令添加了选项-nonewline，其目的为阻止换行。在没有此选项的情形下，puts 在执行输出的同时会执行换行操作。“[set $param]”执行了两次变量置换：通过执行$param 进行第一次变量置换，获得{a b args}中的一个元素，假如获得 a，那么[set $param]即为[set a]；而 set a 等效于$a，这是第二次变量置换。在第 13 行代码中，由于只提供了一个参数，故 b 使用了默认值，args 为空。第 15 行代码提供了两个参数，故 b 的默认值被覆盖，而 args 仍为空。第 19 行代码提供了 5 个参数，前两个参数值分别传递给 a 和 b，后三个参数值传递给了 args。

代码 7-7

```
1. # proc_ex7.tcl
2. proc arg_test {a {b foo} args} {
3.    foreach param {a b args} {
4.        puts -nonewline "\t$param = [set $param]"
5.    }
6. }
7. set x one
8. => one
9. set y two
10.=> two
11.set z three
12.=> three
13.puts [arg_test $x]
14.=> a = one b = foo args =
15.puts [arg_test $x $y]
16.=> a = one b = two args =
17.puts [arg_test $x $y $z]
18.=> a = one b = two args = three
19.puts [arg_test $x $y $z $y $x]
20.=> a = one b = two args = three two one
```

总结：参数名在参数名列表中的顺序是无默认值的参数名、带默认值的参数名和特殊参数名 args，也就是说，如果有 args，则 args 一定位于参数名列表末尾。

7.3　过程的返回值

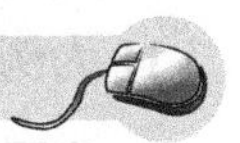

当过程块中没有使用 return 命令时，过程的返回值是过程块中最后一条命令的返回值。以代码 7-8 为例，该过程块中最后一条命令执行的是减法操作，故第 6 行代码的返回值为-1。在代码 7-9 中，过程块中最后一条命令为 puts 命令，故第 7 行代码的返回值为 puts 命令的执行结果。

代码 7-8

```
1. # proc_ex8.tcl
2. proc get_last_value {a b} {
3.     set x [expr {$a + $b}]
4.     set y [expr {$a - $b}]
5. }
6. get_last_value 1 2
7. => -1
```

代码 7-9

```
1. # proc_ex9.tcl
2. proc get_last_value {a b} {
3.     set x [expr {$a + $b}]
4.     set y [expr {$a - $b}]
5.     puts "x is $x"
6. }
7. get_last_value 1 2
8. => x is 3
```

一旦过程块中使用了 return 命令，那么返回值就会被 return 控制。以代码 7-10 为例，第 4 行代码中的 return 后没有跟随任何参数，此时 return 的功能是中断过程，即一旦过程执行到此处就立即返回，而过程的返回结果则是 return 前一条命令的返回值，如第 7 行和第 8 行代码所示。

代码 7-10

```
1. # proc_ex10.tcl
2. proc print_one_line {} {
3.     puts "This is line 1"
4.     return
5.     puts "This is line 2"
6. }
7. print_one_line
8. => This is line 1
```

如果在 return 命令后跟随了明确的变量，那么过程返回值就是该变量对应的值。以代码 7-11 为例，该过程不需任何参数，直接返回字符 X，故第 5 行代码的结果为 X。

代码 7-11

```
1. # proc_ex11.tcl
2. proc return_x {} {
3.     return X
4. }
5. puts [return_x]
6. => X
```

如果过程要返回多个值，则可将这些值放在一个列表中，以列表的形式返回。以代码 7-12 为例，给定圆的半径，同时获得圆的周长与面积，这两个值都要获取，故可将这两个值放入一个列表中，如第 6 行代码所示。

代码 7-12

```
1. # proc_ex12.tcl
2. proc circle_property {r} {
3.     set pi 3.1415
4.     set length [expr {2 * $pi * $r}]
5.     set area [expr {$pi * $r ** 2}]
6.     return [list $length $area]
7. }
8. circle_property 8
9. => 50.264 201.056
```

对于过程的结果，可以通过在 return 后添加-code 来返回额外的信息。当未使用-code 时，过程正常返回；当使用-code 时，过程产生一个异常。以代码 7-13 为例，通过 args 实现可变个数的参数名列表。第 3 行代码用于检测参数个数，如果小于 1，则过程立即返回并报告错误信息。

代码 7-13

```
1. # proc_ex13.tcl
2. proc inc_by {args} {
3.     if {[llength $args] < 1} {
4.         return -code error "Not enough args"
5.     }
6.     set inc [lindex $args 0]
7.     set res {}
8.     foreach i_args [lrange $args 1 end] {
9.         lappend res [expr {$i_args + $inc}]
10.     }
11.     return $res
12.}
13.inc_by 100 1 2 3 4
14.=> 101 102 103 104
15.inc_by
16.=>@ Not enough args
```

代码 7-13 可进一步优化，考虑到剩余可变个数的参数均可由 args 代替，故可单独将初始值提取出来，如代码 7-14 所示。

代码 7-14

```
1. # proc_ex14.tcl
2. proc opt_inc_by {inc args} {
3.     set res {}
4.     foreach i_args $args {
```

```
5.          lappend res [expr {$i_args + $inc}]
6.      }
7.      return $res
8. }
9. opt_inc_by 100 1 2 3 4
10.=> 101 102 103 104
```

7.4 局部变量与全局变量

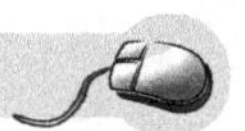

局部变量是过程块中定义的变量，其作用域仅限于过程块内，其生命周期随着过程的返回而结束，这就意味着一旦过程返回，这些变量就会被删除。全局变量则是过程之外定义的变量，它们是长期存在的，仅在明确被删除后才消失。同时，不同过程块中的局部变量可以有相同的变量名，局部变量也可以和全局变量同名，但它们是不同的变量，如图 7-2 所示。

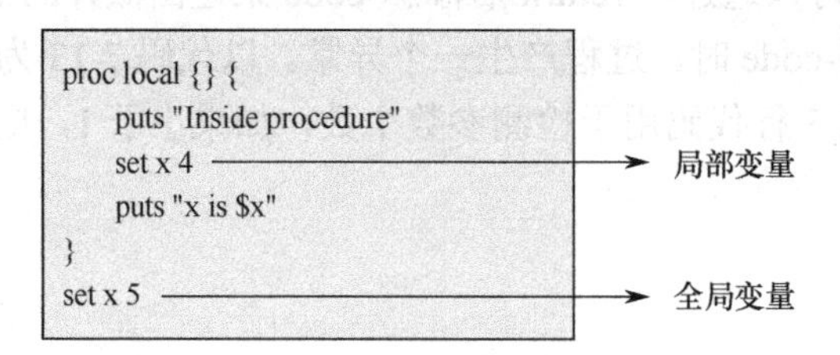

图 7-2

以代码 7-15 为例，在过程 local 中定义了变量 x，并将其赋值为 4。过程之外定义了同名变量 x，并将其赋值为 5。从第 12 行、第 15 行和第 19 行代码可以看到，尽管两者同名，但其值不受影响。

代码 7-15

```
1. # proc_ex15.tcl
2. proc local {} {
3.     puts "Inside procedure"
4.     set x 4
5.     puts "x is $x"
6. }
7. set x 5
8. => 5
9. puts "Outside procedure"
10.=> Outside procedure
11.puts "x is $x"
12.=> x is 5
13.local
14.=> Inside procedure
15.=> x is 4
16.puts "Outside procedure"
```

```
17.=> Outside procedure
18.puts "x is $x"
19.=> x is 5
```

如果需要在过程中使用全局变量，则可以使用 global 命令实现。该命令会把它的每一个参数作为全局变量的名称来对待，从而将过程中对这些变量名的引用定向到全局变量而非局部变量。可以在过程中的任何时候调用 global 命令，一旦调用，就会一直生效，直到过程返回。以代码 7-16 为例，第 3 行代码显示在过程块中使用了全局变量 x。第 6 行代码显示在嵌套的过程块中也使用了全局变量 x。从第 13 行、第 15 行和第 17 行代码可以看到，过程内部使用的都是全局变量 x。

代码 7-16

```
1. # proc_ex16.tcl
2. proc global_test {} {
3.     global x
4.     puts "Inside global_test procedure x is $x"
5.     proc nested {} {
6.         global x
7.         puts "Inside nested x is $x"
8.     }
9. }
10.set x 1
11.=> 1
12.global_test
13.=> Inside global_test procedure x is 1
14.nested
15.=> Inside nested x is 1
16.puts "Outside x is $x"
17.=> Outside x is 1
```

从代码风格的角度而言，如果需要在过程块中使用全局变量，则建议将变量名用大写字母的方式命名，如代码 7-17 所示。尽管这不是必需的，但可增强代码的可读性，同时便于代码的维护和管理。第 2 行代码表明参数 log 的默认值为 0。第 3 行代码表明需要使用全局变量 LOG_DEBUG。

代码 7-17

```
1. # proc_ex17.tcl
2. proc test {{log 0}} {
3.     global LOG_DEBUG
4.     if {$log == $LOG_DEBUG} {
5.         puts "log"
6.     } else {
7.         puts "no log"
8.     }
9. }
```

```
10.set LOG_DEBUG 1
11.=> 1
12.test
13.=> no log
14.test 1
15.=> log
```

全局变量可通过局部变量的引用来更新，这就需要用到命令 upvar，如代码 7-18 所示。在第 3 行代码中的 upvar 后跟随两个参数：第一个参数是全局变量 X，第二个参数是局部变量 y，两者均是变量名。该行代码表明局部变量 y 将引用全局变量 X。从第 13 行代码的输出结果可以看到，全局变量 X 的值为 3。从第 15 行代码的输出结果可以看出，局部变量 y 引用了 X，故其值为 3。随着第 6 行代码对变量 y 的值进行更新，y 的值变为 5。从第 21 行代码的输出结果可以看到，全局变量 X 的值也被更新为 5。

代码 7-18

```
1. # proc_ex18.tcl
2. proc change_global {} {
3.     upvar X y
4.     puts "Inside procedure"
5.     puts "y is $y"
6.     incr y 2
7.     puts "y is $y"
8. }
9. set X 3
10.=> 3
11.puts "Outside procedure"
12.=> Outside procedure
13.puts "X is $X"
14.=> X is 3
15.change_global
16.=> Inside procedure
17.=> y is 3
18.=> y is 5
19.puts "Outside procedure"
20.=> Outside procedure
21.puts "X is $X"
22.=> X is 5
```

7.5 模拟引用

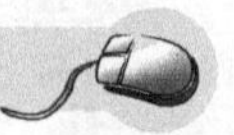

尽管 proc 的第二个参数为参数名列表，但在调用 proc 创建 Tcl 命令时，Tcl 解释器会先复制参数值，再将其传递给命令，这是因为 Tcl 解释器在执行命令前会把参数替换为它的值。以代码 7-19 为例，第 2 行代码创建了命令 sum，该命令包含两个参数，最终返回这两个参

数的和。第10行代码在使用sum时，传递给sum的是$a和$b，而不是a和b。

代码 7-19

```
1. # proc_ex19.tcl
2. proc sum {a b} {
3.     set s [expr {$a + $b}]
4.     return $s
5. }
6. set x 3
7. => 3
8. set y 4
9. => 4
10.sum $x $y
11.=> 7
```

如果希望传递给sum的是变量名，则需要用到命令upvar。需要明确的是，变量名本身也是一个字符串，可将其存入一个变量中，通过两次变量置换（$$a）即可获取真正的变量值，以便模拟引用的行为。以代码7-20为例，第3行代码表明局部变量m需要使用外部变量$a（这里是第一次变量置换），第4行代码表明局部变量n需要使用外部变量$b。第5行代码中的$m实际上是$$a（这里是第二次变量置换）。在进行两次变量置换后，第12行代码就可直接使用变量名。

代码 7-20

```
1. # proc_ex20.tcl
2. proc sum_up {a b} {
3.     upvar $a m
4.     upvar $b n
5.     set s [expr {$m + $n}]
6.     return $s
7. }
8. set x 3
9. => 3
10.set y 4
11.=> 4
12.sum_up x y
13.=> 7
```

7.6 数组用作参数或返回值

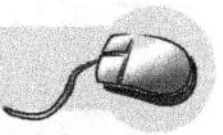

假定a是一个数组，并且作为过程的参数，那么就不能采用$a的形式将数组的值传递给该过程。因为数组反映的是元素名和值的对应关系，虽然已知元素名可获取相应的值，但无法获取整个数组的值。此时，就可通过upvar命令确保传递给过程的是数组名，使得在过程中可以访问数组。以代码7-21为例，这段代码的功能是获取数组各元素对应值的和。第3

行代码中的$array_name获取了数组名，而通过命令upvar使得过程块中的局部变量a引用了由$array_name获得的外部数组。

代码 7-21

```
1. # proc_ex21.tcl
2. proc array_sum_v1 {array_name} {
3.     upvar $array_name a
4.     set sum 0
5.     foreach {key value} [array get a] {
6.         set sum [expr {$sum + $value}]
7.     }
8.     return $sum
9. }
10.array set x {
11.    0 10
12.    1 20
13.    2 30
14.    3 40
15.}
16.array_sum_v1 x
17.=> 100
```

通过array get命令还可以方便地将数组转换为列表。因此，如果不应用upvar命令，那么就需要将传递给proc的参数改为列表。代码7-21可以改写为代码7-22的形式，此时，参数名列表是一个列表变量名。在调用命令 array_sum_v2 时，需要先将数组转换为列表，如第15行代码所示。

代码 7-22

```
1. # proc_ex22.tcl
2. proc array_sum_v2 {array_list} {
3.     set sum 0
4.     foreach {key value} $array_list {
5.         set sum [expr {$sum + $value}]
6.     }
7.     return $sum
8. }
9. array set x {
10.    0 10
11.    1 20
12.    2 30
13.    3 40
14.}
15.array_sum_v2 [array get x]
16.=> 100
```

如果过程需要返回数组，则仍需要借助upvar命令实现。以代码7-23为例，这段代码的功能是复制数组（复制数组可直接通过 array set 和 array get 命令实现，这里仅为了说明过程如何返回数组）。在第 2 行代码中，参数名列表中的 a1 和 a2 均为数组名，可将 a1 复制并命名为 a2。第 3 行和第 4 行代码通过 upvar 命令，使得过程内部变量 x1、x2 分别访问过程外部变量 a1 和 a2。在使用命令 copy_array_v1 时，需要先创建一个空数组，如第 14 行代码所示。

代码 7-23

```
1. # proc_ex23.tcl
2. proc copy_array_v1 {a1 a2} {
3.     upvar $a1 x1
4.     upvar $a2 x2
5.     foreach {key value} [array get x1] {
6.         set x2($key) $value
7.     }
8. }
9. array set a1 {
10.    name Tom
11.    age  34
12.    gender Male
13. }
14. array set a2 {}
15. copy_array_v1 a1 a2
16. parray a2
17. => a2(age)    = 34
18. => a2(gender) = Male
19. => a2(name)   = Tom
```

同样地，也可借助数组和列表的转换关系，在过程块内部创建数组，而返回值是由 array get 命令生成的列表，在过程外部通过 array set 创建数组，如代码 7-24 所示。这段代码的功能与代码 7-23 的功能是一致的，只是参数名列表只包含一个数组名，而在过程内部创建了一个新的数组 y，如第 5 行代码所示。过程的返回值是一个列表，如第 7 行代码所示。在过程的外部，array set 又把返回的列表恢复为数组。

代码 7-24

```
1. # proc_ex24.tcl
2. proc copy_array_v2 {a} {
3.     upvar $a x
4.     foreach {key value} [array get x] {
5.         set y($key) $value
6.     }
7.     return [array get y]
8. }
9. array set a {
10.    name Tom
11.    age  34
```

```
12.     gender Male
13.}
14.array set b [copy_array_v2 a]
15.parray b
16.=> b(age)    = 34
17.=> b(gender) = Male
18.=> b(name)   = Tom
```

7.7 upvar 命令

在代码 7-18、代码 7-20 和代码 7-21 中均使用了 upvar 命令，本节将对该命令做一个系统总结。从本质上讲，upvar 命令提供了一种机制，用于访问当前过程上下文范围之外的变量。它的常见使用场景是模拟引用，实例如代码 7-20 所示。upvar 命令的第一个参数是访问变量所在的层级数，默认值为 1，这也是在上述实例中没有指定层级数的原因。层级数（level）是堆栈的深度，简单地说，就是函数调用的层次，可通过 info level 命令获取，如代码 7-25 所示。从第 10 行、第 12 行和第 13 行代码可以看到，顶层过程 top 外的层级为 0，顶层过程 top 的层级为 1，在顶层下嵌套的子层 bottom 的层级为 2，如图 7-3 所示。这就意味着，如果 bottom 需要访问全局变量，则需要倒退 2 层；如果 top 需要访问全局变量，则需要倒退 1 层。

代码 7-25

```
1. # proc_ex25.tcl
2. proc bottom {b} {
3.     puts "Bottom: $b, level is [info level]"
4. }
5. proc top {a} {
6.     puts "Top: $a, level is [info level]"
7.     bottom b
8. }
9. puts "Outside procedure, level is [info level]"
10.=> Outside procedure, level is 0
11.top a
12.=> Top: a, level is 1
13.=> Bottom: b, level is 2
```

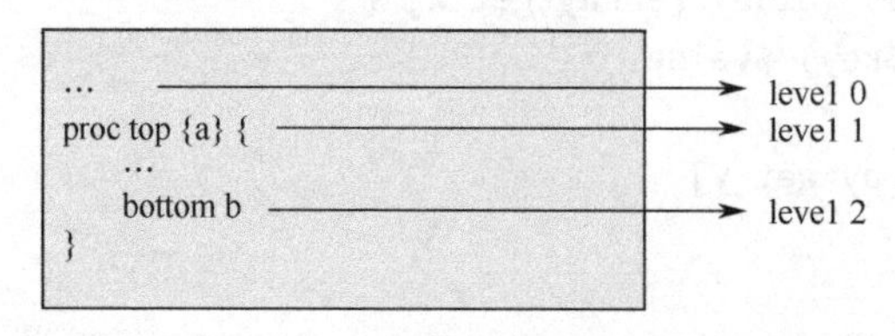

图 7-3

总结：尽管 upvar 默认的层级数为 1，但在实际使用时，最好还是明确地指出其层级数。

代码 7-26 展示了通过 upvar 命令引用全局变量的方法。若过程 bottom 需要访问全局变量 m，则需要将层级数倒退 2，故第 3 行代码中的 upvar 命令的层级数为 2。若 bottom 还要访问过程 top 内的变量 k，则需要将层级数倒退 1，故第 4 行代码中的 upvar 命令的层级数为 1。若过程 top 要访问全局变量 n，则需要将层级数倒退 1，故第 8 行代码中的 upvar 命令的层级数为 1。

代码 7-26

```
1. # proc_ex26.tcl
2. proc bottom {x} {
3.     upvar 2 m mym
4.     upvar 1 k myk
5.     puts "$mym $myk"
6. }
7. proc top {y} {
8.     upvar 1 n myn
9.     set k 11
10.    bottom x
11.}
12.set m 22
13.=> 22
14.set n 00
15.=> 00
16.top y
17.=> 22 11
```

对于嵌套的过程，如果底层的过程需要访问全局变量，则无论该底层的层级如何，都可以通过#0 的形式表明访问的变量为全局变量，如代码 7-27 中的第 3 行所示。

代码 7-27

```
1. # proc_ex27.tcl
2. proc bottom {x} {
3.     upvar #0 m mym
4.     upvar 1 k myk
5.     puts "$mym $myk"
6. }
7. proc top {y} {
8.     upvar 1 n myn
9.     set k 11
10.    bottom x
11.}
12.set m 22
13.=> 22
14.set n 00
15.=> 00
16.top y
17.=> 22 11
```

总结：就 upvar 命令而言，层级数 0 和#0 是不一样的：0 表示所访问变量和当前变量在同一层级；而#0 表示所访问变量为全局变量，未必和当前变量在同一层级。

upvar 命令的常用场景是模拟引用。在此场景下，依然建议显式地在变量名列表中列出需要访问的变量名，如代码 7-28 中的第 2～5 行所示，从而保证变量名的独立性，如第 12 行代码所示。good_example 的三个参数名分别为 a、b、k，意味着此处的变量名不必与变量名列表中的变量名（x、y、m）保持一致。但对于代码 7-29 所示的实例，要求在全局变量中已经定义 x、y，否则就会报错。例如，第 15 行代码删除了变量 x，在之后执行命令 bad_example 时就会显示第 17 行代码所示的错误信息。在变量名列表中显式地列出需要访问的变量名还有一个好处就是避免全局变量被毫无征兆地修改。

代码 7-28

```
1. # proc_ex28.tcl
2. proc good_example {x y m} {
3.     upvar 1 $x myx
4.     upvar 1 $y myy
5.     upvar 1 $m mym
6.     if {$myx > $myy} { set mym 1 } else {set mym 0}
7. }
8. set a 2
9. => 2
10.set b 1
11.=> 1
12.good_example a b k
13.=> 1
14.puts $k
15.=> 1
```

代码 7-29

```
1. # proc_ex29.tcl
2. proc bad_example {m} {
3.     upvar 1 x myx
4.     upvar 1 y myy
5.     if {$myx > $myy} { return 1 } else {return 0}
6. }
7. set x 2
8. => 2
9. set y 1
10.=> 1
11.bad_example k
12.=> 1
13.puts $k
14.=> 1
15.unset x
```

```
16.bad_example k
17.=>@ can't read "myx": no such variable
```

upvar 命令的另一个应用场景是变量名列表中包含数组，也就是过程块需要访问外部数组。因为数组名并不能对应整个数组的值，故需要用 upvar 命令提供引用机制，如代码 7-30 所示。第 3 行代码表明内部变量 a 需要访问外部数组。

代码 7-30

```
1. # proc_ex30.tcl
2. proc array_values {array_name} {
3.     upvar 1 $array_name a
4.     set values {}
5.     foreach {key value} [array get a] {
6.         lappend values $value
7.     }
8.     return $values
9. }
10.array set myarray {
11.    0 Tcl
12.    1 C++
13.    2 Java
14.    3 Python
15.}
16.set v [array_values myarray]
17.=> Tcl C++ Java Python
```

upvar 命令的第三个应用场景是给变量起别名。以代码 7-31 为例，第 2 行代码定义了变量 a 并赋值为 11。第 4 行代码定义了变量 x 并赋值为 a。如果需要通过 x 获取 11，则要执行两次变量置换，如第 6 行代码所示。第 8 行代码为给变量起别名。upvar 的第一个参数为 0，表明变量 y 与$x（也就是 a）在同一层级，故$x 对应 a，$y 对应$a，也就是 11，最终的输出如第 10 行代码所示。

代码 7-31

```
1. # proc_ex31.tcl
2. set a 11
3. => 11
4. set x a
5. => a
6. puts "$x = [set $x]"
7. => a = 11
8. upvar 0 $x y
9. puts "$x = $y"
10.=> a = 11
```

利用 upvar 能为变量起别名的特性，可将代码 7-7 重写为代码 7-32 的形式。

代码 7-32

```
1. # proc_ex32.tcl
2. proc arg_test {a {b foo} args} {
3.    foreach param {a b args} {
4.        upvar 0 $param x
5.        puts -nonewline "\t$param = $x"
6.    }
7. }
8. set x one
9. => one
10.set y two
11.=> two
12.set z three
13.=> three
14.puts [arg_test $x]
15.=> a = one b = foo args =
16.puts [arg_test $x $y]
17.=> a = one b = two args =
18.puts [arg_test $x $y $z]
19.=> a = one b = two args = three
20.puts [arg_test $x $y $z $y $x]
21.=> a = one b = two args = three two one
```

7.8 本章小结

本章小结如表 7-1 所示。

表 7-1

关键内容	一句话总结	应用实例
proc 命令	跟随三个参数，即过程名、参数名列表和过程块	代码 7-1
过程的参数名列表	参数名列表可以为空，参数可以带默认值，也可以带特殊参数 args	代码 7-2，代码 7-5，代码 7-6
过程的返回值	可以由 return 返回，若返回多个值，则可将其放入列表中一次返回	代码 7-11，代码 7-12
局部变量与全局变量	过程块内为局部变量，过程块外为全局变量	代码 7-15
global 命令	在过程块内用 global 命令指明该变量为全局变量	代码 7-16，代码 7-17
upvar 命令	三个应用场景：模拟引用；过程块访问数组；给变量起别名	代码 7-28，代码 7-30，代码 7-32
info level 命令	返回当前层级信息	代码 7-25

第 8 章

命名空间

8.1　创建命名空间

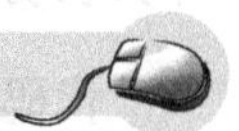

命名空间实际上是一系列变量和过程的集合，使得 Tcl 解释器可以对这些变量和过程进行分组管理。这就意味着，即使是同名变量或过程，只要在不同的命名空间中就是相互独立的，从而避免了命名冲突，也就是说使用命名空间的一个好处是将相关的过程放在同一命名空间，以达到创建命令包的目的。

以代码 8-1 为例，在第 2 行代码中，命令 namespace eval 用于创建命名空间，其后跟随两个参数：第一个参数是命名空间的名字，第二个参数则是命名空间的内容（命名空间变量和过程）。这里的命名空间名为 ns1，内部定义了两个过程 print 和 add。在第 10 行代码中，命令 namespace eval 创建了名为 ns2 的命名空间，同样地，在该空间中定义了两个过程 print 和 add。只是定义过程 add 是在命名空间之外完成的，如第 15 行代码所示，需要在过程名前使用命名空间分隔符（两个冒号），以表明该过程隶属于 ns2。无论在命名空间内部定义过程还是在外部定义过程，其最终结果都是相同的，这只是代码风格的问题。本书将在命名空间内部定义过程。

代码 8-1

```
1. # namespace_ex1.tcl
2. namespace eval ns1 {
3.     proc print {} {
4.         puts "This is Tcl"
5.     }
6.     proc add {a b} {
7.         return [expr {$a + $b}]
8.     }
9. }
10.namespace eval ns2 {
11.    proc print {} {
12.        puts "This is C++"
13.    }
14.}
15.proc ns2::add {a b c} {
16.    return [expr {$a + $b + $c}]
17.}
```

```
18.proc print {} {
19.    puts "This is Python"
20.}
```

一旦创建了命名空间，就可以借助命名空间分隔符访问其中的变量和过程（在这里的命名空间中只包含过程，命名空间变量将在下一节介绍），如代码 8-2 所示。第 8 行和第 10 行代码通过“ns1::”的方式访问 ns1 中的过程。第 12 行和第 14 行代码通过“ns2::”的方式访问 ns2 中的过程。第 16 行和第 18 行代码访问的是全局命名空间的过程 print（直接以“::”开头表明访问的是全局命名空间），故其返回值相同。

代码 8-2

```
1. # namespace_ex2.tcl
2. set a 1
3. => 1
4. set b 2
5. => 2
6. set c 3
7. => 3
8. ns1::print
9. => This is Tcl
10.ns1::add $a $b
11.=> 3
12.ns2::print
13.=> This is C++
14.ns2::add $a $b $c
15.=> 6
16.print
17.=> This is Python
18.::print
19.=> This is Python
```

命名空间是可以嵌套的，也就是说，在已有的命名空间下可以再次创建命名空间，如代码 8-3 所示。第 2 行代码创建了命名空间 ns3，第 3 行、第 8 行代码分别创建了命名空间 ns31 和 ns32。这两个命名空间是 ns3 的子空间。因此，在访问 ns31 或 ns32 内的过程时，需要两次使用命名空间分隔符，如第 17 行和第 19 行代码所示。

代码 8-3

```
1. # namespace_ex3.tcl
2. namespace eval ns3 {
3.     namespace eval ns31 {
4.         proc print {} {
5.             puts "This is Tcl"
6.         }
7.     }
8.     namespace eval ns32 {
```

```
9.          proc print {} {
10.             puts "This is C++"
11.         }
12.     }
13.     proc print {} {
14.         puts "This is Python"
15.     }
16.}
17.ns3::ns31::print
18.=> This is Tcl
19.ns3::ns32::print
20.=> This is C++
21.ns3::print
22.=> This is Python
```

从代码 8-3 可以看出，命名空间呈树状结构，其根就是全局命名空间，如图 8-1 所示。这就决定了访问命名空间中的过程类似于访问某个目录下的文件，过程位置等效于文件位置。

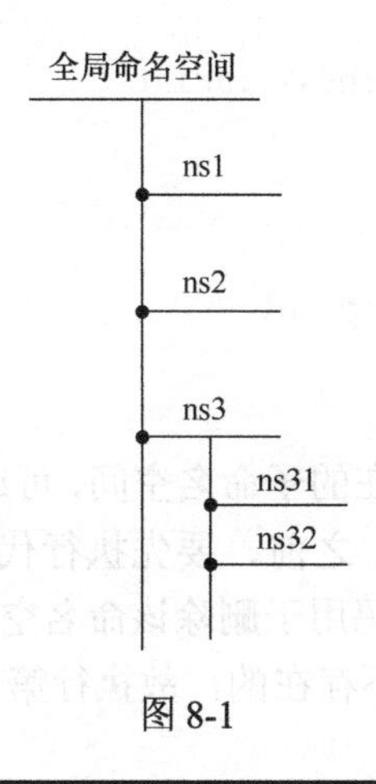

图 8-1

总结：命名空间呈树状结构，并且可以嵌套。

跟命名空间相关的一些 Tcl 命令如代码 8-4 所示。命令 namespace children 可返回指定命名空间的子空间，而命令 namespace parent 可返回指定命名空间的父空间。子空间和父空间是相对的，以图 8-1 为例，全局命名空间是 ns1、ns2 和 ns3 的父空间，ns3 是 ns31 和 ns32 的父空间，ns31 和 ns32 则是 ns3 的子空间，这可由代码 8-4 中的第 2 行、第 4 行和第 6 行的输出进行验证。命令 namespace exists 用于确定指定命名空间是否存在，若存在，则返回 1，否则返回 0。在第 12 行代码中，由于 ns3 下只有 ns31 和 ns32，故其返回值为 0。在命令 namespace qualifiers 后跟随一个参数，可返回该参数中最后一个命名空间分隔符之前的所有字符，如第 14 行、第 16 行和第 18 行代码所示。注意，该命令并不会检查参数中的命名空间是否存在。在命令 namespace tail 后跟随一个参数，可返回该参数中最后一个命名空间分隔符之后的所有字符，如第 20 行和第 22 行代码所示。同样地，该命令也不会检查参数中的命名空间是否存在。

代码 8-4

```
1. # namespace_ex4.tcl
2. namespace children ns3
3. => ::ns3::ns31 ::ns3::ns32
4. namespace parent ns3::ns31
5. => ::ns3
6. namespace parent ns3
7. => ::
8. namespace exists ns3
9. => 1
10.namespace exists ns3::ns31
11.=> 1
12.namespace exists ns3::ns33
13.=> 0
14.namespace qualifiers ns3::ns31
15.=> ns3
16.namespace qualifiers ns3::ns31::print
17.=> ns3::ns31
18.namespace qualifiers ns4::ns41::print
19.=> ns4::ns41
20.namespace tail ns3::ns31
21.=> ns31
22.namespace tail ns3::ns31::print
23.=> print
```

对于在全局命名空间中已经存在的子命名空间，可通过命令 namespace delete 进行删除，如代码 8-5 所示。在执行代码 8-5 之前，要先执行代码 8-3。第 7 行代码表明命名空间“ns3::ns32”是存在的。第 10 行代码用于删除该命名空间，故执行第 11 行代码时系统会报错。由于命名空间“ns3::ns33”是不存在的，故执行第 13 行代码时系统会报错。

代码 8-5

```
1. # namespace_ex5.tcl
2. namespace exists ns3
3. => 1
4. namespace exists ns3::ns31
5. => 1
6. namespace exists ns3::ns32
7. => 1
8. ns3::ns32::print
9. => This is C++
10.namespace delete ns3::ns32
11.ns3::ns32::print
12.=>@ invalid command name "ns3::ns32::print"
13.namespace delete ns3::ns33
14.=>@ unknown namespace "ns3::ns33" in namespace delete command
```

8.2 创建命名空间变量

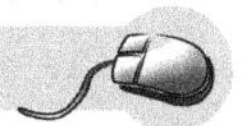

可通过命令 variable 创建命名空间变量，并对其进行初始化，同时可使命名空间中的过程访问该变量。以代码 8-6 为例，第 3 行代码创建了命名空间变量 cnt，并将其初始值设置为 0。第 5 行代码通过 variable 命令使得 cnt 在过程 up 中可见。同样地，第 9 行和第 13 行代码与第 5 行代码的功能相同。

代码 8-6

```
1. # namespace_ex6.tcl
2. namespace eval counter {
3.     variable cnt 0
4.     proc up {} {
5.         variable cnt
6.         return [incr cnt]
7.     }
8.     proc down {} {
9.         variable cnt
10.        return [incr cnt -1]
11.    }
12.    proc reset {} {
13.        variable cnt
14.        set cnt 0
15.    }
16.}
17.counter::up
18.=> 1
19.counter::up
20.=> 2
21.counter::down
22.=> 1
23.counter::reset
24.=> 0
25.counter::up
26.=> 1
```

命令 variable 可以将数组设置为命名空间变量，但不能对其进行初始化，需要用单独的命令进行数组的初始化。除此之外，其使用方法均与常规的命名空间变量相同，即在命名空间的过程中使用 variable 命令，可使数组对该过程可见。以代码 8-7 为例，第 3 行代码创建了命名空间变量 store，第 4 行代码对其进行初始化（将其设置为空数组），第 6 行代码通过 variable 命令使得 store 可在过程 add_item 中使用。第 10 行、第 14 行和第 18 行代码的功能与第 6 行代码的功能相同。

代码 8-7

```
1. # namespace_ex7.tcl
2. namespace eval mystore {
3.     variable store
4.     array set store {}
5.     proc add_item {item} {
6.         variable store
7.         incr store($item)
8.     }
9.     proc show_item {} {
10.        variable store
11.        return [lsort [array name store]]
12.    }
13.    proc get_item {item} {
14.        variable store
15.        return $store($item)
16.    }
17.    proc show_store {} {
18.        variable store
19.        parray store
20.    }
21.}
22.mystore::add_item book
23.=> 1
24.mystore::add_item toy
25.=> 1
26.mystore::add_item book
27.=> 2
28.mystore::show_item
29.=> book toy
30.mystore::get_item book
31.=> 2
32.mystore::show_store
33.=> store(book) = 2
34.=> store(toy)  = 1
```

总结： 命令 variable 可用于创建命名空间变量，使得命名空间中的过程可访问该变量。一定要初始化命名空间变量。如果命名空间变量是数组，则需要借助 array set 命令完成初始化；如果命名空间变量不是数组，则可直接通过 variable 命令完成初始化。

8.3 命名空间变量的作用域

实际上，命名空间变量的作用域仅限于对其定义的命名空间。以代码 8-8 为例，第 2 行代码定义了全局变量 num，第 5 行代码定义了命名空间变量 num，第 17 行代码定义了局部

变量 num。由此可见，全局变量、命名空间变量和局部变量这三者的名称可以相同。第 7 行代码通过 variable 命令使得 num 在过程 print_ns 中可见；第 12 行代码通过 global 命令使得过程 print_global 可访问全局变量 num。最终的输出结果也体现了各种变量的作用域，如图 8-2 所示。

代码 8-8

```
1. # namespace_ex8.tcl
2. set num 0
3. 0
4. namespace eval scope {
5.     variable num 2
6.     proc print_ns {} {
7.         variable num
8.         puts "Inside namespace: $num"
9.     }
10.
11.    proc print_global {} {
12.        global num
13.        puts "Outside namespace: $num"
14.    }
15.
16.    proc print_local {} {
17.        set num 3
18.        puts "Inside procedure: $num"
19.    }
20.
21.}
22.scope::print_ns
23.=> Inside namespace: 2
24.scope::print_global
25.=> Outside namespace: 0
26.scope::print_local
27.=> Inside procedure: 3
```

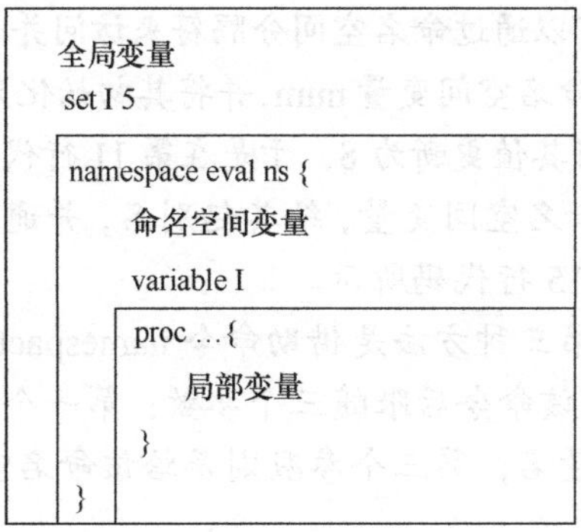

全局变量
set I 5
namespace eval ns {
命名空间变量
variable I
proc …{
局部变量
}
}

图 8-2

总结：局部变量、命名空间变量和全局变量这三者可以同名，但它们是不同的变量。这就意味着在改变某个变量时，不会影响其他变量。

此外，还需要注意，对于嵌套的命名空间，命名空间变量是不可以向下传递的。以代码 8-9 为例，在命名空间 scope 下定义了变量 num 和子命名空间 sub_scope。第 10 行代码试图通过命令 variable 访问命名空间变量 num。从第 17 行代码的返回结果可以看到，sub_scope 下的过程 print_ns 是无法访问 num 的。

代码 8-9

```
1. # namespace_ex9.tcl
2. namespace eval scope {
3.     variable num 2
4.     proc print_ns {} {
5.         variable num
6.         puts "Inside namespace: $num"
7.     }
8.     namespace eval sub_scope {
9.         proc print_ns {} {
10.            variable num
11.            puts "Inside namespace: $num"
12.        }
13.    }
14.}
15.scope::print_ns
16.=> Inside namespace: 2
17.scope::sub_scope::print_ns
18.=>@ can't read "num": no such variable
```

8.4 访问命名空间变量

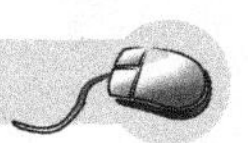

访问命名空间变量的方法有 3 种：

- 对于命名空间变量，可以通过命名空间分隔符来访问并改变其初始值。以代码 8-10 为例，第 3 行代码创建了命名空间变量 num，并将其初始化为 2。第 9 行代码使用 scope::num 的形式访问 num，并将其值更新为 8，于是在第 11 行代码的输出中 num 随之更新。
- 通过命令 upvar 引用命名空间变量，给其起别名，并通过给别名赋值的方式改变命名空间变量的值，如第 15 行代码所示。
- 访问命名空间变量的第三种方法是借助命令 namespace upvar 引用命名空间变量，如第 20 行代码所示。在该命令后跟随三个参数：第一个参数为命名空间，第二个参数为该命名空间中的变量名，第三个参数则是给该命名空间变量起的别名。

这三种方法相比，第一种方法最为简洁、高效。从这段代码还可以看到，可以将命名空间赋值给一个变量，如第 13 行代码所示，注意这里需要添加命名空间分隔符。

代码 8-10

```
1. # namespace_ex10.tcl
2. namespace eval scope {
3.     variable num 2
4.     proc print_ns {} {
5.         variable num
6.         puts "Inside namespace: $num"
7.     }
8. }
9. set scope::num 8
10.=> 8
11.scope::print_ns
12.=> Inside namespace: 8
13.set ns ::scope
14.=>::scope
15.upvar #0 ${ns}::num y
16.set y "Hello world"
17.=> Hello world
18.scope::print_ns
19.=> Inside namespace: Hello world
20.namespace upvar $ns num x
21.set x "Hello Tcl"
22.=> Hello Tcl
23.scope::print_ns
24.=> Inside namespace: Hello Tcl
```

命令 namespace upvar 还可以使得一个命名空间引用另一个命名空间中的变量，如代码 8-11 所示。第 3 行代码创建了命名空间变量 num，并将其初始化为 2。第 5 行代码给当前命名空间（scope1）中的变量 num 起别名为 x，故在第 17 行代码中，x 的值即为 num 的值 2。尽管第 12 行代码处于命名空间 scope2 中，但仍能通过 namespace upvar 引用命名空间 scope1 中的变量 num，故在第 19 行代码中 y 的值为 2。

代码 8-11

```
1. # namespace_ex11.tcl
2. namespace eval scope1 {
3.     variable num 2
4.     proc print_ns {} {
5.         namespace upvar [namespace current] num x
6.         puts "Inside namespace: $x"
7.     }
8. }
9. namespace eval scope2 {
10.    variable num Tcl
11.    proc print_ns {} {
12.        namespace upvar ::scope1 num y
```

```
13.         puts "Inside namespace: $y"
14.     }
15.}
16.scope1::print_ns
17.=> Inside namespace: 2
18.scope2::print_ns
19.=> Inside namespace: 2
```

总结： 借助命令 namespace upvar，不仅可以在全局命名空间中引用命名空间变量，而且可以在一个命名空间中引用另一个命名空间中的变量。

在过程中可以使用 upvar 命令引用全局变量，即使该过程位于命名空间中。以代码 8-12 为例，第 5 行代码和第 10 行代码均通过 upvar 引用全局变量 num（这里出现了嵌套的命名空间），第 17 行代码和第 19 行代码的输出结果也验证了这一点。

代码 8-12

```
1. # namespace_ex12.tcl
2. namespace eval scope {
3.     variable num 2
4.     proc print_ns {} {
5.         upvar 1 num x
6.         puts "Inside namespace [info level]: $x"
7.     }
8.     namespace eval sub_scope {
9.         proc print_ns {} {
10.            upvar 1 num x
11.            puts "Inside namespace [info level]: $x"
12.        }
13.    }
14.}
15.set num Tcl
16.=> Tcl
17.scope::print_ns
18.=> Inside namespace 1: Tcl
19.scope::sub_scope::print_ns
20.=> Inside namespace 1: Tcl
```

8.5 从命名空间导入和导出命令

命令 namespace export 可将命名空间中的命令导出，而命令 namespace import 可将命名空间中的命令导入，两者通常成对使用。以代码 8-13 为例，第 3 行、第 8 行代码通过 namespace export 分别将命令 add 和 mul 导出。第 17 行、第 18 行代码则通过 namespace import 分别将

add 和 mul 导入全局命名空间，使得在全局命名空间中可以直接使用命令 add 和 mul，不需添加命名空间名和命名空间分隔符，如第 23 行和第 25 行代码所示。对于未导出的命令，依然可以采用命名空间分隔符的方式使用，如第 27 行代码所示，但不能直接使用，否则会报告无效命令，如第 29 行和第 30 行代码所示。

代码 8-13

```
1. # namespace_ex13.tcl
2. namespace eval mymath {
3.     namespace export add
4.     proc add {a b} {
5.         return [expr {$a + $b}]
6.     }
7.
8.     namespace export mul
9.     proc mul {a b} {
10.        return [expr {$a * $b}]
11.    }
12.
13.    proc cmpr {a b} {
14.        if {$a > $b} {return 1} else {return 0}
15.    }
16.}
17.namespace import mymath::add
18.namespace import mymath::mul
19.set a 3
20.=> 3
21.set b 4
22.=> 4
23.add $a $b
24.=> 7
25.mul $a $b
26.=> 12
27.mymath::cmpr $a $b
28.=> 0
29.cmpr $a $b
30.=>@ invalid command name "cmpr"
```

总结：由于 namespace import 导入的命令是之前用 namespace export 导出的命令，所以通常两者成对使用。

命令 namespace export 和 namespace import 都可以使用通配符，以代码 8-14 为例，第 2 行代码实际上导入了所有通过 namespace export 导出的命令。此外，还可通过命令 namespace forget 遗忘已经导出的命令，如第 5 行代码所示，用于遗忘命令 mul，故在第 9 行代码中报告 mul 是无效命令。

代码 8-14

```
1. # namespace_ex14.tcl
2. namespace import mymath::*
3. mul 1 2
4. => 2
5. namespace forget mymath::mul
6. add 1 2
7. => 3
8. mul 1 2
9. =>@ invalid command name "mul"
```

命令 info command 可用于查询指定命名空间包含的所有命令，命令 namespace origin 可用于查询导入命令的原始来源，具体使用实例如代码 8-15 所示（需要先执行代码 8-13 中的第 18 行）。

代码 8-15

```
1. # namespace_ex15.tcl
2. info command mymath::*
3. => ::mymath::add ::mymath::cmpr ::mymath::mul
4. namespace origin add
5. => ::mymath::add
```

8.6 创建集合命令

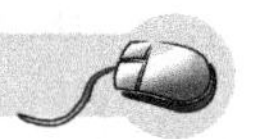

在第 3 章中介绍字符串时，我们已经接触到了集合命令，如 string length、string first 等。对于命名空间中的命令，可以通过命令 namespace ensemble create 创建集合命令，如代码 8-16 所示。该命令不需跟随任何参数，如第 10 行代码所示。一旦创建集合命令，在使用时就可以不用再添加命名空间分隔符，如第 13 行和第 15 行代码所示。同时，还可以使用缩写的形式表示，只要缩写后的命令对应的完整命令是唯一的即可。例如，在第 17 行代码中，m 只能匹配 mul，故第 17 行代码与第 15 行代码等效。

代码 8-16

```
1. # namespace_ex16.tcl
2. namespace eval mymath {
3.     proc add {a b} {
4.         return [expr {$a + $b}]
5.     }
6. 
7.     proc mul {a b} {
8.         return [expr {$a * $b}]
9.     }
10.    namespace ensemble create
11.}
```

```
12.=> ::mymath
13.mymath add 1 3
14.=> 4
15.mymath mul 1 3
16.=> 3
17.mymath m 1 3
18.=> 3
```

8.7　本章小结

本章小结如表 8-1 所示。

表 8-1

命　令	功　能	示　例
namespace eval	创建命名空间	代码 8-1
namespace children	返回指定命名空间的子空间	代码 8-4
namespace parent	返回指定命名空间的父空间	代码 8-4
namespace exists	确定指定命名空间是否存在，若存在，则返回 1，否则返回 0	代码 8-4
namespace qualifiers	返回参数中最后一个命名空间分隔符之前的所有字符	代码 8-4
namespace tail	返回参数中最后一个命名空间分隔符之后的所有字符	代码 8-4
namespace delete	删除指定的命名空间	代码 8-5
variable	创建命名空间变量，并对其进行初始化，也可在过程中使用该命令引用命名空间变量	代码 8-6
namespace current	返回当前命名空间名称	代码 8-11
namespace upvar	引用指定命名空间中的命名空间变量	代码 8-11
namespace export	导出命名空间中的命令	代码 8-13
namespace import	导入命名空间中的命令	代码 8-13
namespace forget	遗忘指定的命名空间	代码 8-14
info command	返回指定命名空间包含的所有命令	代码 8-15
namespace origin	返回导入命令的原始来源	代码 8-15
namespace ensemble create	创建集合命令	代码 8-16

第 9 章

访问文件

9.1 操纵文件名和目录名

Tcl 中的文件名遵循 Unix 的语法规则，例如，“/Vivado/2020.1/bin/bootgen”是指当前工作目录下存在 Vivado 子目录，而 Vivado 子目录下又包含 2020.1 子目录，子目录 2020.1 下又有子目录 bin，文件 bootgen 位于 bin 这个子目录下。Windows 系统与 Unix 中的规则有所不同：Windows 系统用反斜线而非正斜线分隔文件目录，但反斜线在 Tcl 中可能会引发问题（反斜线置换）。因此，在 Windows 系统中使用 Tcl 时，遇到文件操作，统一用正斜线作为文件目录分隔符。

Tcl 中的 file 是一个包含很多选项的通用命令，本节介绍的命令是对文件的名称进行操作，不会检查该文件是否存在，也不会进行系统调用。以代码 9-1 为例，第 2 行代码给出文件名，这里之所以将文件名放在花括号中是因为 Program 和 Files 中间有空格。第 4 行代码中的 file dirname 返回的是文件的路径名。第 6 行代码中的 file extension 返回的是文件的扩展名。第 8 行代码中的 file nativename 返回的是原生格式的文件名。第 10 行代码中的 file rootname 返回的是除扩展名之外的部分。第 12 行代码中的 file tail 返回的是文件的最后一个部分，即最后一个子目录下的文件名称。

代码 9-1

```
1. # file_ex1.tcl
2. set f {C:/Program Files/Tcl/tclsh.exe}
3. => C:/Program Files/Tcl/tclsh.exe
4. file dirname $f
5. => C:/Program Files/Tcl
6. file extension $f
7. =>.exe
8. file nativename $f
9. => C:\Program Files\Tcl\tclsh.exe
10.file rootname $f
11.=> C:/Program Files/Tcl/tclsh
12.file tail $f
13.=> tclsh.exe
```

file dirname、file extension、file rootname 和 file tail 的返回值区别如图 9-1 所示。

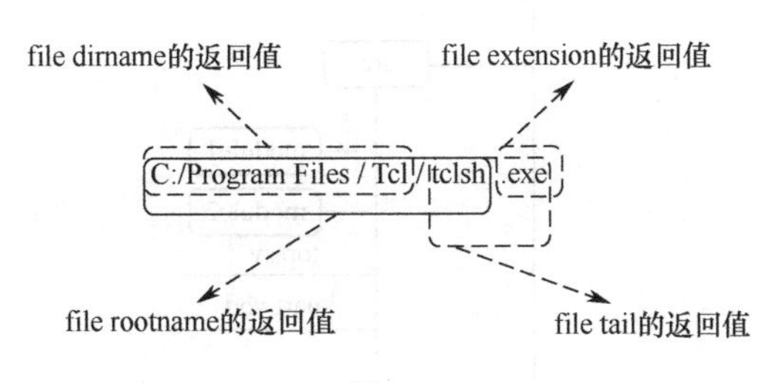

图 9-1

命令 file split 可将文件名按正斜线“/”所在位置进行分隔，并返回各部分字符串。命令 file join 则是 file split 的逆过程，具体使用如代码 9-2 所示。从第 3 行代码的返回值也可以看到，由于 Tcl 中反斜线的置换作用，set 命令的返回值已不是期望的目录名。

代码 9-2

```
1. # file_ex2.tcl
2. set dir1 C:\data\tcl
3. => C:data cl
4. set dir2 C:/data/tcl
5. => C:/data/tcl
6. set f C:/data/tcl/mem.tcl
7. => C:/data/tcl/mem.tcl
8. file split $dir2
9. => C:/ data tcl
10.file split $f
11.=> C:/ data tcl mem.tcl
12.file join C:/data tcl mem.tcl
13.=> C:/data/tcl/mem.tcl
```

9.2 当前工作目录和目录内容

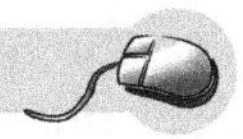

对于文件名称，Tcl 支持绝对路径，也支持相当于当前工作目录的相对路径。因此，获取当前工作目录就变得十分重要。Tcl 提供了两个命令来管理当前工作目录：pwd（print working directory）和 cd（change directory）。其中，pwd 不需任何参数，直接返回当前工作目录的绝对路径，而 cd 则需要跟随一个参数，从而将当前工作目录切换到该参数指定的目录。此参数可以是绝对路径，也可以是相对路径。

如果需要获取当前工作目录下的内容，则要用到命令 glob。在该命令后跟随一个或多个模式参数，通过 string match 命令的匹配规则返回与这些模式匹配的文件夹或文件名列表。为便于说明，这里我们假定有如图 9-2 所示的文件结构。其中，带方框的表示文件夹，其余为文件。

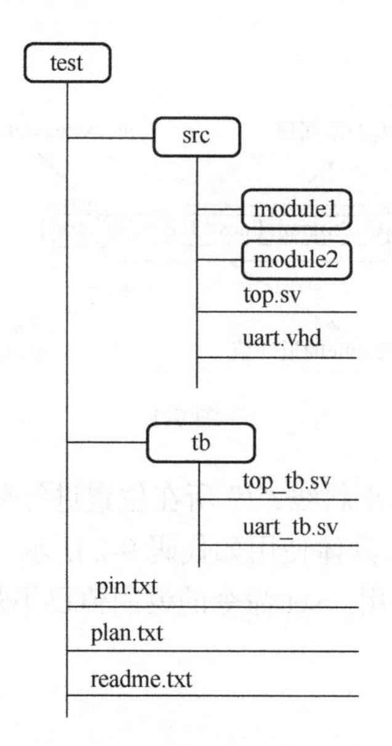

图 9-2

pwd、cd 和 glob 的具体使用方法如代码 9-3 所示。第 2 行代码将当前工作目录切换到 test 目录下，第 3 行代码中的 pwd 用于打印出当前工作目录，以验证目录切换成功。第 5 行代码用于返回 test 目录下的所有文件和文件夹。第 7 行代码则用于返回文件夹。需要注意的是，第 5 行代码和第 7 行代码的含义不同。第 11 行代码中的 glob 后跟随两个模式匹配参数。第 13 行代码则用于返回 src 和 tb 下所有的“.sv”文件。第 15 行代码用于返回 src 和 tb 下文件扩展名中包含字符 s 或 v 的文件，故返回值包括两个目录下的所有“.sv”文件和“.vhd”文件。

代码 9-3

```
1. # file_ex3.tcl
2. cd ./test
3. pwd
4. => C:/test
5. glob *
6. => pin.txt plan.txt readme.txt src tb
7. glob */
8. => src/ tb/
9. glob ./src/*.sv
10.=>./src/top.sv
11.glob ./src/*.vhd ./tb/*.sv
12.=>./src/uart.vhd ./tb/top_tb.sv ./tb/uart_tb.sv
13.glob ./*/*.sv
14.=>./src/top.sv ./tb/top_tb.sv ./tb/uart_tb.sv
15.glob {{src,tb}/*.[sv]*}
16.=> src/top.sv src/uart.vhd tb/top_tb.sv tb/uart_tb.sv
```

glob 还可以跟随选项-types。-types 的可选值有多种，这里只介绍两种：d 和 f。其中，d 表示目标（文件夹），f 表示文件。同时，对于文件还可以提供访问授权标志：r 表示读取授权，w 表示写入授权，x 表示执行授权，hidden 表示隐藏一级文件，readonly 表示只读授权。具体使用方法如代码 9-4 所示。第 2 行代码表示要获取 src 下所有同时具备读取授权和写入授权的文件（不包括目录）。第 4 行代码则要获取 src 下所有既具备读授权又具备写授权的目录（不包括文件）。第 6 行代码则只返回 src 下的所有文件。第 8 行代码返回 test 目录下文件名中包含 pin 或 me 的文件。注意：pin、逗号分隔符和 me 三者之间不能有空格。glob 后还可以跟随选项-directory，其值为一个目录，用于指定 glob 从该目录开始搜索。第 10 行代码用于返回 src 下的文件夹。第 12 行代码则返回当前目录 test 下的文件夹。

代码 9-4

```
1. # file_ex4.tcl
2. glob -types {f r w} ./src/*
3. => ./src/top.sv ./src/uart.vhd
4. glob -types {d r w} ./src/*
5. => ./src/module1 ./src/module2
6. glob -types f ./src/*
7. => ./src/top.sv ./src/uart.vhd
8. glob -types f *{pin,me}*
9. => pin.txt readme.txt
10.glob -directory ./src -types d *
11.=> ./src/module1 ./src/module2
12.glob -directory ./ -types d *
13.=> ./src ./tb
```

9.3 处理磁盘上的文件

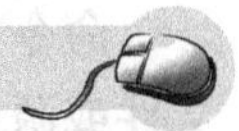

命令 file mkdir（make directory）可在当前工作目录下创建一个新的目录，该目录的名字由 file mkdir 之后的参数决定，如代码 9-5 中的第 3 行所示。如果指定的目录名称已经存在，那么 file mkdir 不会进行任何操作，也不会返回任何错误信息。因此，不要试图通过重新创建目录的方式覆盖非空目录。命令 file delete 可用于删除指定的文件或目录。第 4 行代码用于删除名为 pin.txt 的文件。由于 file delete 不执行通配符匹配，因此第 5 行代码只会删除名为*.txt 的文件。如果要删除所有的“.txt”文件，则需要采用第 6 行代码的方式，即先使用 glob 命令返回与指定模式匹配的文件列表，再使用 Tcl 参数把列表元素作为独立参数提供给 file delete。如果要删除目录，则只要把目录名作为参数提供给 file delete 即可，如第 7 行代码所示。但是，如果目录非空，则 file delete 就会产生错误信息，如第 9 行代码所示。此时，可添加-force 选项删除非空目录，如第 10 行代码所示。

代码 9-5

```
1. # file_ex5.tcl
2. cd ./test
3. file mkdir xdc
4. file delete pin.txt
```

```
5. file delete *.txt
6. file delete {*}[glob *.txt]
7. file delete xdc
8. file delete tb
9. =>@ error deleting "tb": directory not empty
10.file delete -force tb
```

总结： 在删除非空目录时，file delete 需要添加-force 选项。-force 选项使得 file delete 以递归方式删除指定目录下的所有目录和文件，因此，使用-force 选项时要格外谨慎。

命令 file copy 可将源文件复制到目标文件，其后跟随两个参数：第一个参数是源文件名称，第二个参数是目标文件名称，如代码 9-6 中的第 2 行所示。如果目标文件已存在，那么 file copy 就会报错，如第 4 行代码所示。此时，可使用-force 选项让 file copy 覆盖已存在的目标文件，如第 5 行代码所示。file copy 还可以将指定的多个文件复制到目标目录中，如第 6 行代码所示。

代码 9-6

```
1. # file_ex6.tcl
2. file copy ./src/top.sv ./src/top_old.sv
3. file copy ./src/top.sv ./src/top_old.sv
4. =>@ error copying "./src/top.sv" to "./src/top_old.sv": file already exists
5. file copy -force ./src/top.sv ./src/top_old.sv
6. file copy ./src/top.sv ./src/uart.vhd ./tb
7. glob ./tb/*
8. => ./tb/top.sv ./tb/uart.vhd
```

命令 file rename 可给指定的文件或目录重新命名，其后跟随两个参数：第一个参数是源文件或源目录名称，第二个参数是目标文件或目标目录名称，如代码 9-7 所示。第 2 行代码将目录 src 重命名为 source。第 3 行代码将 top.sv 重命名为 top_backup.sv。如果目标名称已存在，则会报错。此时可通过-force 选项让 file rename 覆盖已经存在的文件。如果目标名称指向了另一个目录，则 file rename 会把文件移动到新的目录下，如第 6 行代码所示。对于第 11 行代码中的命令 glob，选项-nocomplain 的作用是即便 glob 没有匹配到任何文件，也不会让 glob 报错。

代码 9-7

```
1. # file_ex7.tcl
2. file rename src source
3. file rename ./source/top.sv ./source/top_backup.sv
4. file rename ./source/uart.vhd ./tb/uart.vhd
5. =>@ error renaming "./source/uart.vhd" to "./tb/uart.vhd": file already exists
6. file rename -force ./source/uart.vhd ./tb/uart.vhd
7. glob ./source/*.vhd
8. =>@ no files matched glob pattern "./source/*.vhd"
9. glob ./tb/*.vhd
10.=> ./tb/uart.vhd
11.glob -nocomplain ./source/*.vhd
```

借助 file rename，可方便地将一批文件从原来的目录下移动到指定的目录下，如代码 9-8 所示。过程 move_to_dir 需要两个参数：第一个参数是文件列表，第二个参数是目标目录。

代码 9-8

```
1. # file_ex8.tcl
2. proc move_to_dir {fn dir} {
3.     foreach i_fn $fn {
4.         file rename $i_fn [file join $dir [file tail $i_fn]]
5.     }
6. }
7. set fn [glob ./src/*.sv]
8. => ./src/top_backup.sv ./src/top_old.sv
9. set dir ./tb
10.=>./tb
11.move_to_dir $fn $dir
```

总结：file rename 除了可对指定文件重新命名，还可将其移动到新的目录下，这种移动本质上仍然是对这些文件进行重新命名。

9.4　获取文件信息

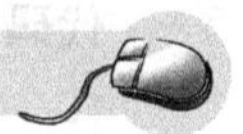

Tcl 提供了一些命令用于获取文件信息。通常，这些命令的格式是 file option name，其中，option 指明了需要的信息，name 则表示文件名称或目录名称。仍以图 9-2 所示的文件目录为例，这些命令的具体使用方法如代码 9-9 所示。在第 2 行代码中的 cd 后有两个英文句号，用于返回当前工作目录的上一级目录。第 5 行代码中的 file exists 用于查看指定的文件或目录是否存在，若存在，则返回 1，否则返回 0。第 11 行代码中的 file isfile 用于判断指定的内容是否为文件，若为文件，则返回 1，否则返回 0。第 13 行代码中的 file isdirectory 用于判断指定的内容是否为目录，若为目录，则返回 1，否则返回 0。第 15 行代码中的 file type 用于查看指定内容的类型，其返回值根据内容的不同可能是 file、directory 或 socket。对于选项 readable、writable 和 executable，当指定文件存在且当前用户有执行指定操作的权限时返回 1，否则返回 0。

代码 9-9

```
1. # file_ex9.tcl
2. cd ..
3. pwd
4. => C:/test
5. file exists readme.txt
6. => 1
7. file exists tb
8. => 1
9. file exists sim
10.=> 0
```

```
11.file isfile readme.txt
12.=> 1
13.file isdirectory tb
14.=> 1
15.file type tb
16.=> directory
17.file type readme.txt
18.=> file
19.file readable readme.txt
20.=> 1
21.file writable readme.txt
22.=> 1
23.file executable readme.txt
24.=> 0
```

选项 stat 提供了一种更简单的方法，可一次性得到文件的各种信息。同时，使用 stat 获取信息的速度比多次使用 file 命令获得各种信息的速度要快得多。file stat 的具体使用方法如代码 9-10 所示。其后跟随两个参数：第一个参数是指定的文件名或目录名，第二个参数是一个数组，用于存储文件信息，该数组的元素如表 9-1 所示。

代码 9-10

```
1. # file_ex10.tcl
2. file stat readme.txt finfo
3. parray finfo
4. => finfo(atime) = 1601031584
5. => finfo(ctime) = 1601031584
6. => finfo(dev)   = 2
7. => finfo(gid)   = 0
8. => finfo(ino)   = 55762
9. => finfo(mode)  = 33206
10.=> finfo(mtime) = 1601031609
11.=> finfo(nlink) = 1
12.=> finfo(size)  = 34
13.=> finfo(type)  = file
14.=> finfo(uid)   = 0
```

表 9-1

关键字	值
atime	最后一次被访问的时间
ctime	最后一次改变状态的时间
dev	文件的群组识别符
gid	文件在设备中的序列号
ino	文件在设备中的序列号
mode	文件模式位

（续表）

关键字	值
mtime	最后一次被修改的时间
nlink	链接到文件的链接数量
size	文件大小，单位为字节
uid	拥有文件的用户标识
type	根据给定的文件名返回文件类型

总结：通常情况下，如果要获取文件的多种信息，则应选用 file stat。如果仅用于获取某一信息，则可使用 file option 的形式单独获取。

9.5　读文件

Tcl 可通过命令 open 打开一个文件，其后跟随两个参数：第一个参数为文件名，第二个参数为访问模式。具体的访问模式及其含义如表 9-2 所示。open 命令的返回值是给定文件的文件描述符，该文件描述符可被其他命令使用。

表 9-2

访问模式	含　义
r	只读模式。指定文件必须存在。如果不指定访问模式，则此模式为默认模式
r+	可读写模式。指定文件必须存在
w	只写模式。如果文件存在，则删除文件中的全部内容；如果文件不存在，则创建一个新的空文件
w+	可读写模式。如果文件存在，则删除文件中的全部内容；如果文件不存在，则创建一个新的空文件
a	只写模式。将初始访问位置设为文件尾，故新写入的内容将添加到文件原有内容后，除非重新设置了访问位置。如果文件不存在，则创建一个新的空文件
a+	可读写模式。将初始访问位置设为文件尾，故新写入的内容将添加到文件原有内容后，除非重新设置了访问位置。如果文件不存在，则创建一个新的空文件

Tcl 通过命令 read 读取文件。在该命令后可跟随一个或两个参数，其中的第一个参数为 open 命令的返回值。代码 9-11 展示了 read 的用法，如第 4 行代码所示。命令 close 用于关闭已打开的文件，其后跟随 open 命令的返回值，如第 10 行代码所示。在获取文件内容后，可按行进行处理，如第 11～15 行代码所示。

代码 9-11

```
1. # file_ex11.tcl
2. set fid [open readme.txt r]
3. => file1a303a2c5a0
4. set fdata [read $fid]
5. => This is 1st line
6. => This is 2nd line
7. puts $fdata
8. => This is 1st line
9. => This is 2nd line
10.close $fid
```

```
11.set data [split $fdata "\n"]
12.=> {This is 1st line} {This is 2nd line}
13.foreach line $data {
14.    puts $line
15.}
16.=> This is 1st line
17.=> This is 2nd line
```

如果在 read 命令之后跟随两个参数，那么第二个参数是读取量（以字节为单位），具体使用方法如代码 9-12 所示。第 4 行代码用于获得文件大小（以字节为单位）。

代码 9-12

```
1. # file_ex12.tcl
2. set fn readme.txt
3. => readme.txt
4. set fsize [file size $fn]
5. => 34
6. set fid [open $fn r]
7. => file1a303a6fd30
8. set fdata [read $fid $fsize]
9. => This is 1st line
10.=> This is 2nd line
11.close $fid
```

从上述例子可以看到，read 是按块操作，但当文件较大时，会占用较大的存储空间。鉴于此，Tcl 还提供了按行读取文件内容的方式，此时要用到命令 gets。在该命令后可跟随两个参数：第一个参数是 open 命令获得的返回值，第二个参数是一个变量，用于存储文件行内容。gets 返回的是该行内容的大小（以字节为单位）。当读到文件末尾时，gets 返回-1。gets 的具体使用方法如代码 9-13 所示。第 6 行代码用于显示通过 while 循环按行读取的文件内容。

代码 9-13

```
1. # file_ex13.tcl
2. set fn readme.txt
3. => readme.txt
4. set fid [open $fn r]
5. => file1a303a70880
6. while {[gets $fid line] >= 0} {
7.     puts $line
8. }
9. => This is 1st line
10.=> This is 2nd line
11.close $fid
```

Tcl 还提供了命令 eof（End of File），一旦读取到文件末尾，该命令就返回 1。因此，该命令与 gets 结合同样可以实现按行读取文件的功能，如代码 9-14 所示。但相比较而言，代码 9-13 的方式更为高效。

代码 9-14

```
1. # file_ex14.tcl
2. set fn readme.txt
3. => readme.txt
4. set fid [open $fn r]
5. => file1a31d819c00
6. while {[eof $fid]!=1} {
7.     gets $fid line
8.     puts $line
9. }
10.=> This is 1st line
11.=> This is 2nd line
12.close $fid
```

在 gets 命令后也只跟随一个参数，即 open 命令返回的文件符。此时 gets 命令返回的是获取文件的行内容。因此，代码 9-14 可改写为代码 9-15 的形式。

代码 9-15

```
1. # file_ex15.tcl
2. set fn readme.txt
3. => readme.txt
4. set fid [open $fn r]
5. => file1f5f3f48af0
6. while {[eof $fid]!=1} {
7.     puts [gets $fid]
8. }
9. => This is 1st line
10.=> This is 2nd line
11.close $fid
```

9.6 写文件

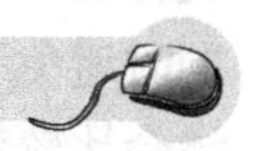

在 Tcl 中，向文件中写入数据可通过命令 puts 完成。此时，puts 后跟随两个参数：第一个参数为 open 命令返回的文件描述符，第二个命令为待写入的数据。有时，puts 会添加 -nonewline 选项以阻止换行。

代码 9-16

```
1. # file_ex16.tcl
2. set fn test.txt
3. => test.txt
4. set fid [open $fn w]
5. => file1f5f27300b0
```

```
6. set data "This is some test data"
7. => This is some test data
8. puts $fid $data
9. close $fid
```

在写文件时要特别小心，因为一旦文件已经存在，那么通过 open 命令加 w 模式就会删除文件内容。一种可行的方法是在写文件前先通过命令 file exists 判断文件是否已经存在，如果存在则终止程序运行，如代码 9-17 所示。

代码 9-17

```
1. # file_ex17.tcl
2. set fn test.txt
3. => test.txt
4. if {[file exists $fn]} {
5.     puts stderr "The file $fn has already existed"
6.     break
7. } else {
8.     set fid [open $fn w]
9.     set data "This is some test data"
10.    puts $fid $data
11.    close $fid
12.}
13.=> The file test.txt has already existed
```

9.7 处理 CSV 文件

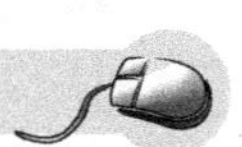

CSV（Comma-Separated Values，字符分隔值）文件是一种以纯文本形式存储表格数据（数字和文本）的文件。纯文本意味着该文件是一个字符序列。这个序列由任意多个记录组成，记录间以换行符分隔。记录由字段组成，字段之间通常以逗号作为分隔符。使用 CSV 文件的一个重要原因是它可以用 Excel 打开，从而充分发挥 Excel 的数据分析与处理功能，同时避免了常规文本文件为提高可读写能力可能要用到的对齐操作。这些操作如果用 Tcl 描述会比较繁琐。

以代码 9-18 为例，需要将列表 title 和 value 写入 CSV 文件，其中 title 和 value 中的元素是一一对应的，这就要求对应元素在同一列显示。第 10 行代码通过 join 命令向 title 元素间添加了逗号分隔符。第 11 行代码通过 join 命令向 value 元素间添加了逗号分隔符。最终生成的文件用 Excel 打开，如图 9-3 所示，此时逗号已经不再被显示出来。

代码 9-18

```
1. # file_ex18.tcl
2. set title [list {Period(ns)} {Fmax(MHz)} {Clock Group}]
3. => Period(ns) Fmax(MHz) {Clock Group}
4. set value [list 3.33 300 tx_clk]
```

```
1. # file_ex18.tcl
2. set title [list {Period(ns)} {Fmax(MHz)} {Clock Group}]
3. => Period(ns) Fmax(MHz) {Clock Group}
4. set value [list 3.33 300 tx_clk]
5. => 3.33 300 tx_clk
6. set fn mycsv.csv
7. => mycsv.csv
8. set fid [open $fn w]
9. => file289a3c314c0
10.puts $fid [join $title ,]
11.puts $fid [join $value ,]
12.close $fid
```

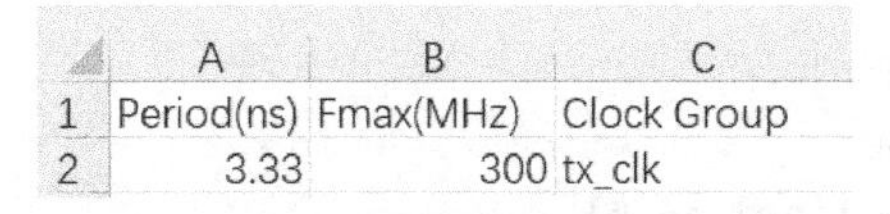

	A	B	C
1	Period(ns)	Fmax(MHz)	Clock Group
2	3.33	300	tx_clk

图 9-3

同样地，如果要从 CSV 文件中读取数据，那么要注意逗号分隔符的存在，如代码 9-19 所示。第 7 行代码直接输出从 CSV 文件中读取的内容，第 8 行代码则输出去除逗号分隔符之后的内容。最终结果如第 10～13 行代码所示。

代码 9-19

```
1. # file_ex19.tcl
2. set fn mycsv.csv
3. => mycsv.csv
4. set fid [open $fn r]
5. => file289b222bc20
6. while {[gets $fid line] >= 0} {
7.     puts $line
8.     puts [split $line ,]
9. }
10.=> Period(ns),Fmax(MHz),Clock Group
11.=> Period(ns) Fmax(MHz) {Clock Group}
12.=> 3.33,300,tx_clk
13.=> 3.33 300 tx_clk
14.close $fid
```

此外，Tcl 还专门提供了处理 CSV 文件的 package，这里仅重点介绍 5 个相关命令，如图 9-4 所示。

在命令 csv::split 后跟随一行 CSV 格式的内容，可指定分隔符，在未指定分隔符的情况下，默认的分隔符为逗号，具体使用方法如代码 9-20 所示。与代码 9-19 相比，从形式上看，代码 9-20 只是将 split 换成了 csv::split，但其功能更强大，尤其是在字符串本身就包含逗号的同时又用逗号作为分隔符，此时代码 9-19 的处理结果是错误的，但代码 9-20 则可正确处理。

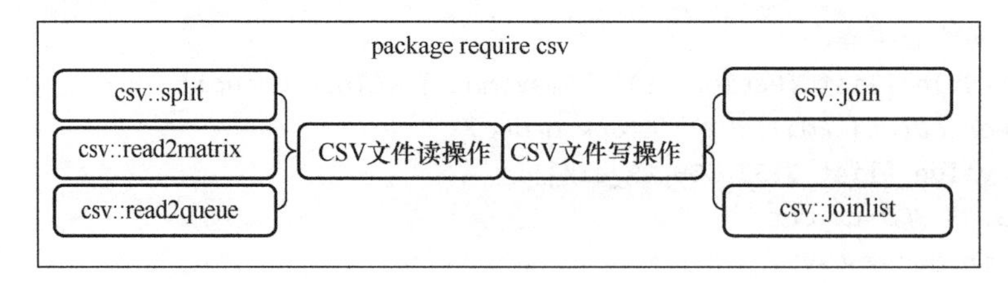

图 9-4

代码 9-20

```
1. # file_ex20.tcl
2. package require csv
3. => 0.7.1
4. set fn mycsv.csv
5. => mycsv.csv
6. set fid [open $fn r]
7. => file1645014dfa0
8. while {[gets $fid line] >= 0} {
9.     puts [csv::split $line]
10.}
11.=> Period(ns) Fmax(MHz) {Clock Group}
12.=> 3.33 300 tx_clk
13.close $fid
```

命令 csv::read2matrix 可将 CSV 文件中的内容读入指定的矩阵中，之后通过对矩阵进行行操作依次读取每行的内容，具体使用方法如代码 9-21 所示。

代码 9-21

```
1. # file_ex21.tcl
2. package require csv
3. => 0.7.1
4. package require struct::matrix
5. => 2.0.2
6. ::struct::matrix data
7. => ::data
8. set chan [open myfile.csv]
9. => file1e97ab96790
10.csv::read2matrix $chan data  , auto
11.close $chan
12.set rows [data rows]
13.=> 2
14.for {set row 0} {$row < $rows} {incr row} {
15.   puts [data get row $row]
16.}
17.=> Period(ns) Fmax(MHz) {Clock Group}
18.=> 3.33 300 tx_clk
```

命令 csv::read2queue 可将 CSV 文件中的内容读入一个队列中。其中，每一行内容构成队列中的一个元素，利用队列先入先出的特性从中取出这些元素，直到队列为空，从而实现了对 CSV 文件中每行内容进行处理的功能，如代码 9-22 所示。

代码 9-22

```
1. # file_ex22.tcl
2. package require csv
3. => 0.7.1
4. package require struct::queue
5. => 1.4.1
6. ::struct::queue fdata
7. ::fdata
8. set chan [open myfile.csv]
9. => file1e92a4fed00
10.csv::read2queue $chan fdata
11.close $chan
12.while {[fdata size] > 0} {
13.    puts [fdata get]
14.}
15.=> Period(ns) Fmax(MHz) {Clock Group}
16.=> 3.33 300 tx_clk
```

可利用命令 csv::join 实现以 CSV 格式写入数据并生成 CSV 文件的目的。在该命令后直接跟随一个列表（被认为是 CSV 的一行内容），默认的分隔符是逗号。当然，用户也可根据需要指定分隔符，具体的使用方法如代码 9-23 所示。

代码 9-23

```
1. # file_ex23.tcl
2. package require csv
3. => 0.7.1
4. # Make the lists to convert to csv-format
5. set title [list {Period(ns)} {Fmax(MHz)} {Clock Group}]
6. => Period(ns) Fmax(MHz) {Clock Group}
7. set value [list 3.33 300 tx_clk]
8. => 3.33 300 tx_clk
9. set fn mycsv.csv
10.=> mycsv.csv
11.# Write the data to a file
12.set fid [open $fn w]
13.=> file16450143a00
14.puts $fid [csv::join $title]
15.puts $fid [csv::join $value]
16.close $fid
```

还可以使用命令 csv::joinlist 完成写 CSV 文件操作。在该命令后可跟随一个列表。此列表通常是一个嵌套的列表，即其元素依然是列表。每个子列表最终构成 CSV 文件的一行内容。具体使用方法如代码 9-24 所示。

代码 9-24

```
1. # file_ex24.tcl
2. package require csv
3. => 0.7.1
4. # Make the lists to convert to csv-format
5. set title [list {Period(ns)} {Fmax(MHz)} {Clock Group}]
6. => Period(ns) Fmax(MHz) {Clock Group}
7. set value [list 3.33 300 tx_clk]
8. => 3.33 300 tx_clk
9. set fn mycsv.csv
10.=> mycsv.csv
11.# Write the data to a file
12.set fid [open $fn w]
13.=> file1e90272e980
14.set fdata [list $title $value]
15.=> {Period(ns) Fmax(MHz) {Clock Group}} {3.33 300 tx_clk}
16.puts $fid [csv::joinlist $fdata]
17.close $fid
```

9.8 本章小结

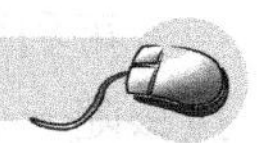

本章小结如表 9-3 所示。

表 9-3

命　令	功　能	示　例
file dirname	返回文件的扩展名	代码 9-1
file extension	返回文件的扩展名	代码 9-1
file nativename	返回原生格式的文件名	代码 9-1
file rootname	返回文件名除扩展名之外的部分	代码 9-1
file tail	返回文件的最后一个部分，即最后一个子目录下的文件名称	代码 9-1
file split	将文件名按正斜线“/”所在位置进行分隔，并返回各部分字符串	代码 9-2
file join	将给定字符串拼接为文件路径	代码 9-2
pwd	打印当前工作目录	代码 9-3
cd	切换当前工作目录到指定目录	代码 9-3
glob	根据模式获取当前工作目录下的内容	代码 9-3，代码 9-4
file mkdir	在当前工作目录下创建一个新的目录	代码 9-5
file delete	删除指定的文件或目录	代码 9-5
file copy	可将源文件复制到目标文件	代码 9-6
file rename	为指定的文件或目录重新命名	代码 9-7，代码 9-8

（续表）

命　令	功　能	示　例
file exists	查看指定的文件或目录是否存在，若存在，则返回 1，否则返回 0	代码 9-9
file isfile	判断指定的内容是否为文件，若为文件，则返回 1，否则返回 0	代码 9-9
file isdirectory	用于判断指定的内容是否为目录，若为目录，则返回 1，否则返回 0	代码 9-9
file type	查看指定内容的类型，其返回值根据内容的不同可能是 file、directory 或 socket	代码 9-9
file readable	当指定文件存在且当前用户有执行读操作的权限时返回 1，否则返回 0	代码 9-9
file writable	当指定文件存在且当前用户有执行写操作的权限时返回 1，否则返回 0	代码 9-9
file executable	当指定文件存在且当前用户有执行运行操作的权限时返回 1，否则返回 0	代码 9-9
file stat	可一次性得到文件的各种信息	代码 9-10
open	根据指定模式打开文件	代码 9-11，代码 9-12
read	读取文件内容	代码 9-11，代码 9-12
close	关闭文件	代码 9-11，代码 9-12
file size	获取文件大小（以字节为单位）	代码 9-12
gets	获取文件行内容	代码 9-13，代码 9-14
eof	读取到文件末尾，该命令返回 1	代码 9-14，代码 9-15
csv::split	根据分隔符分隔 CSV 格式的内容	代码 9-20
csv::read2matrix	将 CSV 文件内容读取到矩阵中	代码 9-21
csv::read2queue	将 CSV 文件内容读取到队列中	代码 9-22
csv::join	将列表元素按照分隔符拼接为 CSV 格式的内容	代码 9-23
csv::joinlist	将嵌套列表按照分隔符拼接为 CSV 格式的内容	代码 9-24

第2部分

应 用 部 分

第 10 章

Vivado 设计流程管理

10.1 Vivado 对 Tcl 的支持

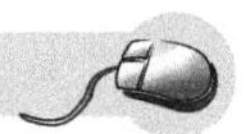

由于 Vivado 集成了 Tcl 解释器，因此其对 Tcl 有很好的支持。打开 Vivado，在未创建任何工程之前就可以看到 Tcl Console 窗口，如图 10-1 所示。在该窗口的底部可输入 Tcl 命令。例如，在输入命令 version -short 之后，按下回车键，返回值为 2020.1，即为当前 Vivado 版本号。Tcl Console 窗口在创建工程之后或打开“.dcp”文件之后依然存在，使得用户可随时从此入口输入 Tcl 命令并运行。

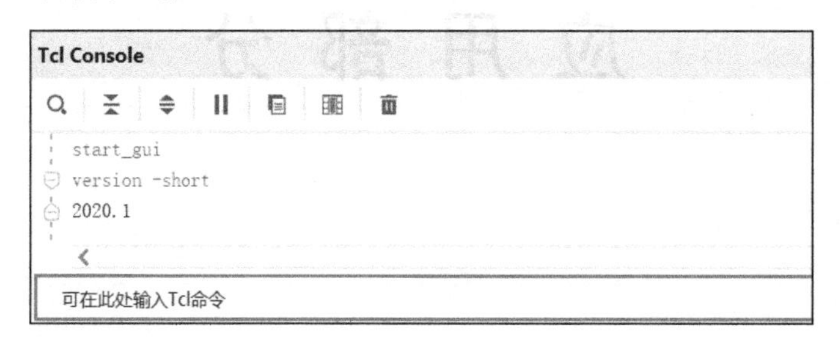

图 10-1

在 Tcl Console 窗口中可执行的命令除了 Tcl 本身支持的命令，还包括 Xilinx 开发的命令（针对 Vivado 工程、网表文件等）。同时，Vivado 还集成了第三方开发的 Tcl 命令，这些命令需要先安装，然后才可以被 Tcl Console 窗口识别。安装步骤由两步构成：第一步如图 10-2 所示，第二步如图 10-3 所示。单击图 10-3 中的 Install 按钮即可开始安装。安装结束之后，该按钮就变为 Installed 按钮。

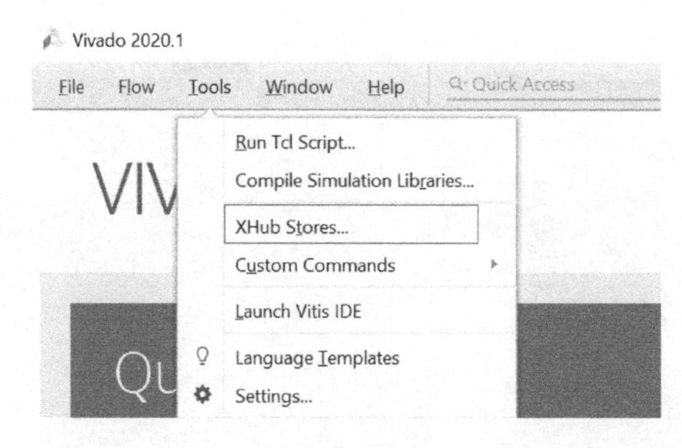

图 10-2

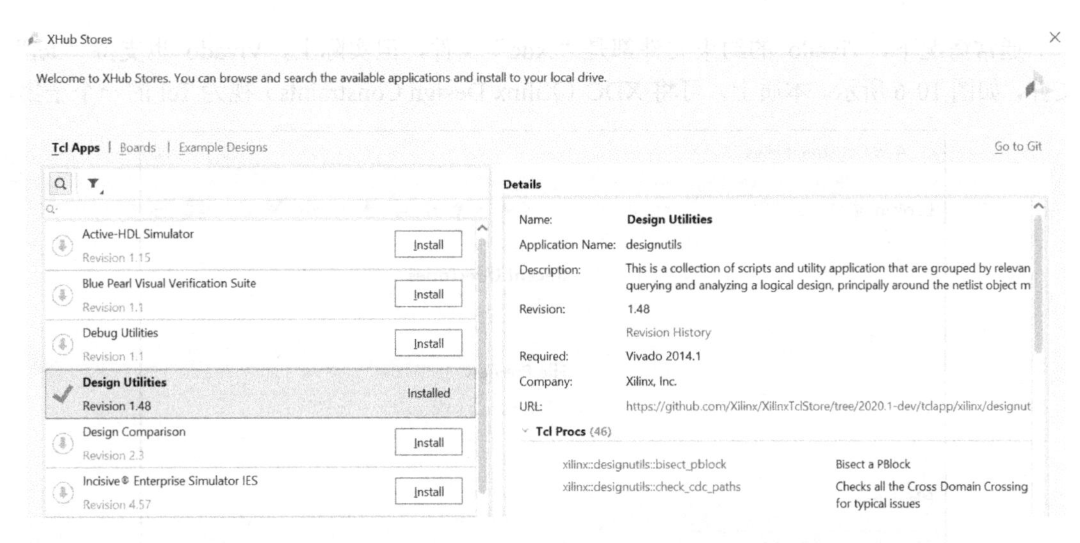

图 10-3

在 Vivado 图形界面下，综合（Synthesis）阶段和实现（Implementation）阶段的每个子步骤中都可以添加 Tcl 脚本，Xilinx 将这类脚本称为钩子脚本（Hook Script），具体位置如图 10-4 和图 10-5 所示。以图 10-4 为例，tcl.pre 表示在综合阶段之前要执行的 Tcl 脚本，tcl.post 则表示在综合阶段之后要执行的 Tcl 脚本。单击图 10-4 中右侧方框标记的按钮可浏览到钩子脚本的位置。

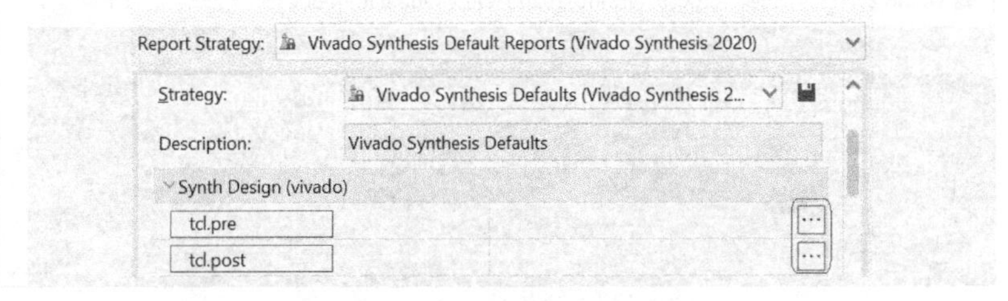

图 10-4

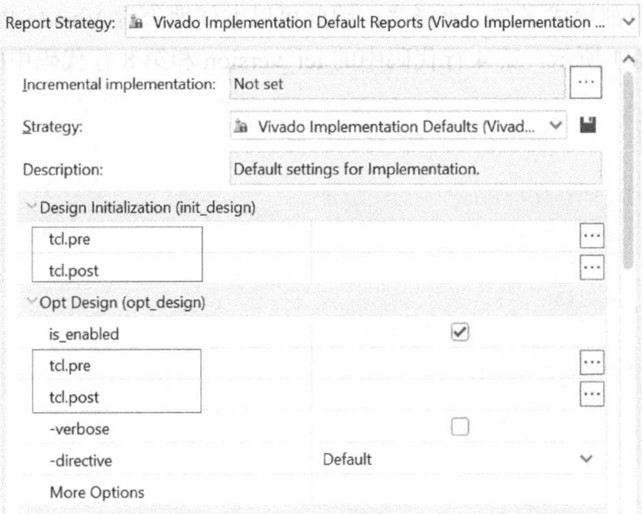

Report Strategy: Vivado Implementation Default Reports (Vivado Implementation ...
Incremental implementation: Not set
Strategy: Vivado Implementation Defaults (Vivad...
Description: Default settings for Implementation.
Design Initialization (init_design)
tcl.pre
tcl.post
Opt Design (opt_design)
is_enabled
tcl.pre
tcl.post
-verbose
-directive Default
More Options

图 10-5

通常情况下，Vivado 的约束文件都是“.xdc”文件，但实际上，Vivado 也支持“.tcl”文件，如图 10-6 所示。本质上，可将 XDC（Xilinx Design Constraints）视为 Tcl 的一个子集。

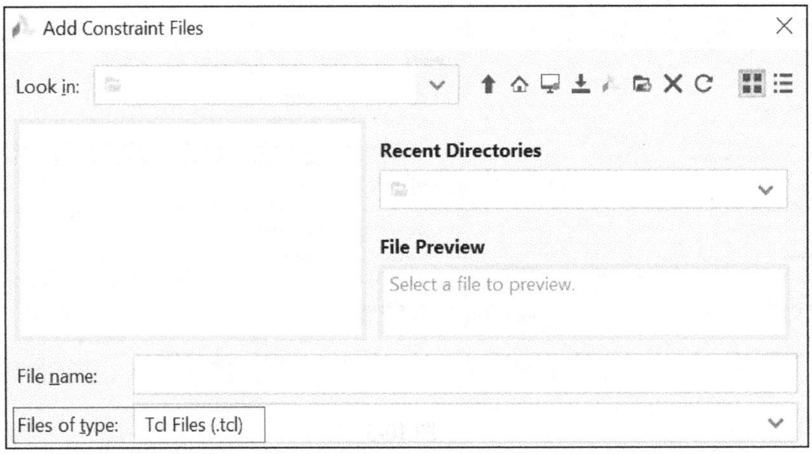

Add Constraint Files
Look in:
Recent Directories
File Preview
Select a file to preview.
File name:
Files of type: Tcl Files (.tcl)

图 10-6

Vivado 还专门提供了 Tcl Shell，如图 10-7 所示。在 Tcl Shell 下可直接运行 Tcl 脚本，同时，可执行 Vivado Project 模式或 Non-Project 模式。

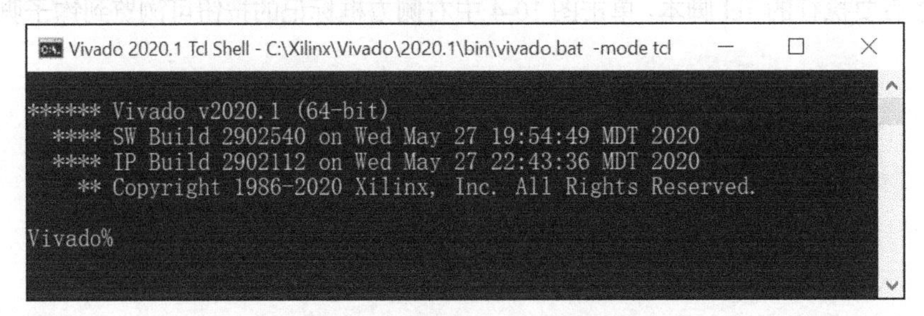

图 10-7

由于 Vivado 内部集成了 Tcl 解释器，因此可以方便地查看 Vivado 内的 Tcl 语言版本，具体命令如代码 10-1 所示。第 4 行代码中的 tcl_version 和第 8 行代码中的 tcl_patchLevel 是全局变量。

代码 10-1

```
1. # flow_mgmt_ex1.tcl
2. puts [info tclversion]
3. => 8.5
4. puts $tcl_version
5. => 8.5
6. puts [info patchlevel]
7. => 8.5.14
8. puts $tcl_patchLevel
9. => 8.5.14
```

10.2 理解 Vivado 的设计流程

Vivado 的设计流程如图 10-8 所示。其输入可以是传统的 RTL 代码（除 VHDL 和 Verilog 之外，还支持 VHDL-2008 和 SystemVerilog）、IP 或第三方综合工具提供的网表文件。对于 RTL 代码，可以通过 Vivado 自带的 IP 封装工具（IP Packager）将其封装为 IP，之后可在 IP 集成器（IP Integrator）中使用，或者直接使用生成的“.xci”文件。

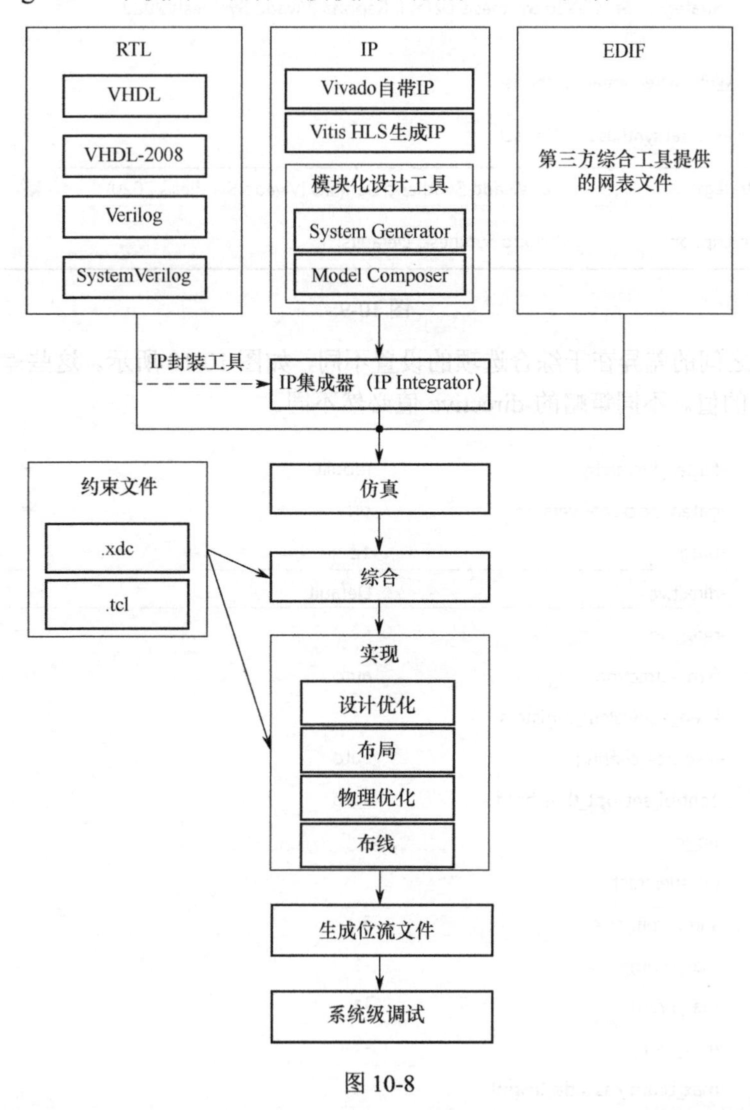

图 10-8

对于仿真阶段，Vivado 支持行为级仿真（也称为综合前的仿真或功能仿真）、综合后的功能仿真和时序仿真，以及实现后的功能仿真和时序仿真。此外，也可在 Vivado 下调用第三方仿真工具执行仿真。

对于综合阶段，Vivado 执行的是全局综合，也就是自顶向下（top-down）的综合方式。但是，对于 IP，默认情形下，Vivado 对其采用 OOC（Out-Of-Context）综合方式，也就是自底向上（bottom-up）的综合方式。尽管 Vivado 可接收第三方综合工具生成的网表文件，但对于 Vivado 自带的 IP，只能用 Vivado 进行综合。在综合阶段可选择不同的策略，如图 10-9 所示。

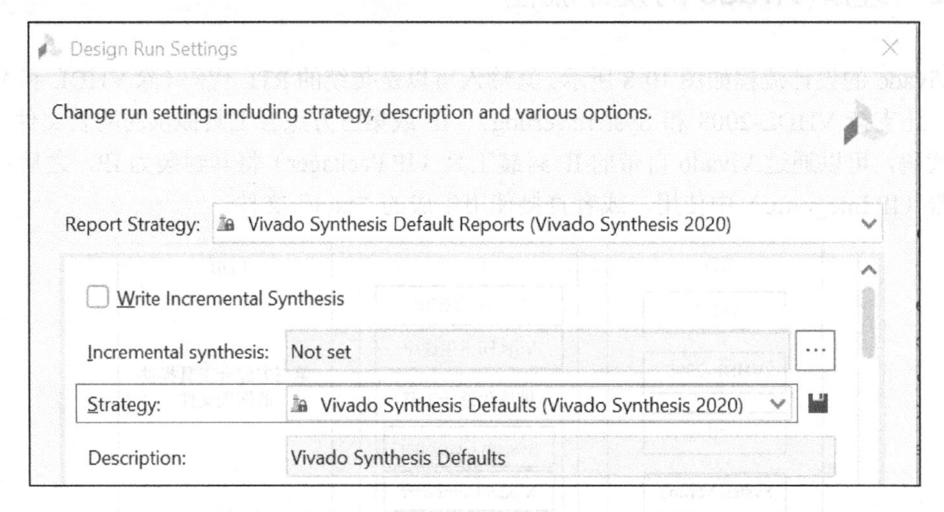

图 10-9

综合策略之间的差异在于综合选项的设置不同，如图 10-10 所示。这些差异中最为显著的是-directive 的值。不同策略的-directive 值必然不同。

-flatten_hierarchy	rebuilt
-gated_clock_conversion	off
-bufg	12
-directive	Default
-retiming	
-fsm_extraction	auto
-keep_equivalent_registers	
-resource_sharing	auto
-control_set_opt_threshold	auto
-no_lc	
-no_srlextract	
-shreg_min_size	3
-max_bram	-1
-max_uram	-1
-max_dsp	-1
-max_bram_cascade_height	-1
-max_uram_cascade_height	-1
-cascade_dsp	auto

图 10-10

在默认情形下，一旦创建好 Vivado 工程，就会同时创建如图 10-11 所示的两个 Design Runs：

synth_1 和 impl_1。前者对应综合，后者对应实现。命令 get_runs 可获得期望的 Design Runs。

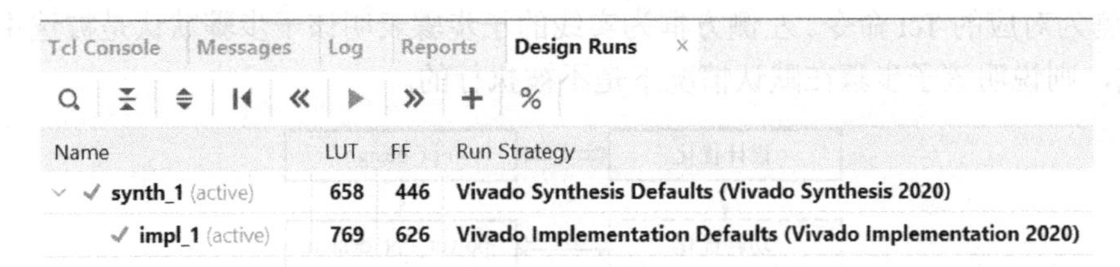

图 10-11

不同版本的 Vivado 可支持的综合策略可能会略有不同，相应的-directive 也会有所不同。可通过代码 10-2 获取当前的 Vivado 版本支持的综合的-diretive 值。这里需要先创建一个 Vivado 工程，再执行代码 10-2。第 4 行代码中命令 join 的目的是为了便于查看，使得输出在多行显示。

代码 10-2

```
1. # flow_mgmt_ex2.tcl
2. set run [get_runs synth_1]
3. => synth_1
4. join [list_property_value STEPS.SYNTH_DESIGN.ARGS.DIRECTIVE $run] \n
5. => RuntimeOptimized
6. => AreaOptimized_high
7. => AreaOptimized_medium
8. => AlternateRoutability
9. => AreaMapLargeShiftRegToBRAM
10.=> AreaMultThresholdDSP
11.=> FewerCarryChains
12.=> PerformanceOptimized
13.=> LogicCompaction
14.=> Default
```

事实上，在 Vivado 中可以选中的对象通常都会有一个 Property 窗口（如果没有，则按下 Ctrl+E 键即可打开）。由于-directive 是 synth_1 的一个属性，故可通过图 10-12 的方式查看到支持的-directive 值。

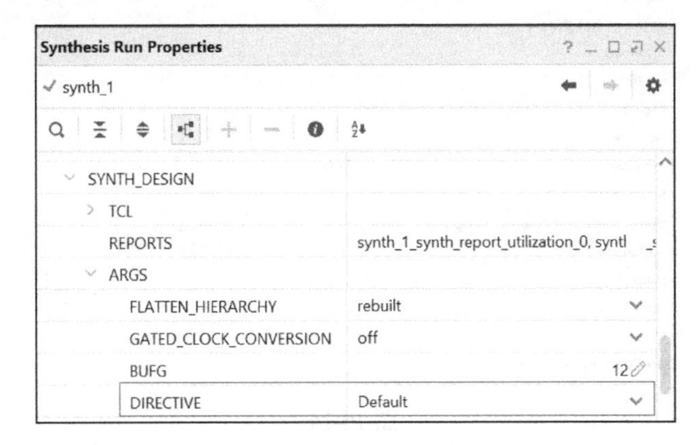

图 10-12

Vivado 的实现阶段由多个子步骤构成，如图 10-13 所示。图 10-13 中的左侧为子步骤的名称，右侧为对应的 Tcl 命令。左侧方框为实线的子步骤表明该子步骤默认是被选中执行的，若为虚线，则说明该子步骤在默认情况下是不被执行的。

设计优化
opt_design
功耗优化
power_opt_design
布局
place_design
布局后功耗优化
power_opt_design
布局后物理优化
phys_opt_design
布线
route_design
布线后物理优化
phys_opt_design

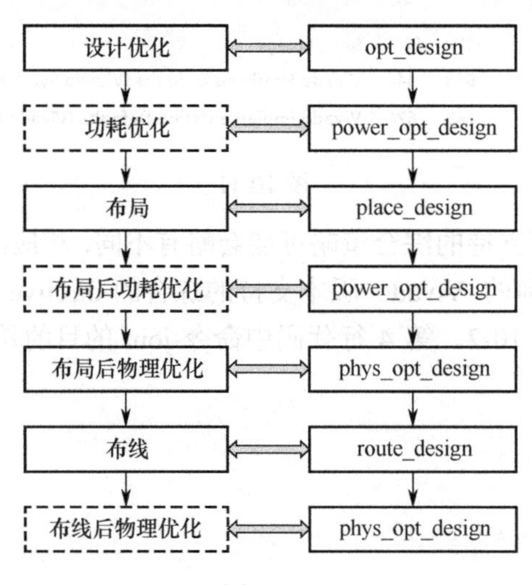

图 10-13

类似地，Vivado 的实现阶段也提供了很多策略，如图 10-14 所示。这些策略之间的差异体现在两点：一是子步骤不同，例如，有的策略会执行布线后物理优化，但有的策略仅执行布局后物理优化；二是即便子步骤相同，子步骤对应的-directive 值也不同。

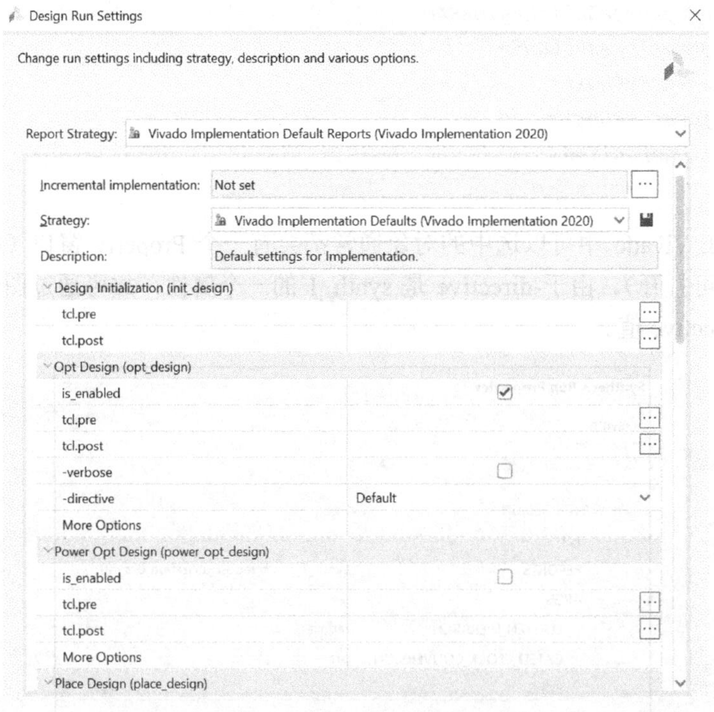

Design Run Settings
Change run settings including strategy, description and various options.
Report Strategy:
Vivado Implementation Default Reports (Vivado Implementation 2020)
Incremental implementation:
Not set
Strategy:
Vivado Implementation Defaults (Vivado Implementation 2020)
Description:
Default settings for Implementation.
Design Initialization (init_design)
tcl.pre
tcl.post
Opt Design (opt_design)
is_enabled
tcl.pre
tcl.post
-verbose
-directive
Default
More Options
Power Opt Design (power_opt_design)
is_enabled
tcl.pre
tcl.post
More Options
Place Design (place_design)

图 10-14

通过代码 10-3 可查看在当前 Vivado 实现阶段各子步骤支持的-directive 值（这里没有列出功耗优化对应的-directive 值），受篇幅所限，只给出了 opt_design 支持的-directive 值。

代码 10-3

```
1. # flow_mgmt_ex3.tcl
2. set steps [list opt place phys_opt route]
3. => opt place phys_opt route
4. set run [get_runs impl_1]
5. => impl_1
6. array set directive {}
7. foreach s $steps {
8.     puts "${s}_design Directives:"
9.     set drtv [list_property_value STEPS.${s}_DESIGN.ARGS.DIRECTIVE $run]
10.    set directive($s) $drtv
11.    set drtv [regsub -all {\s} $drtv \n]
12.    puts "$drtv\n"
13.}
14.=> opt_design Directives:
15.=> Explore
16.=> ExploreArea
17.=> ExploreSequentialArea
18.=> AddRemap
19.=> RuntimeOptimized
20.=> NoBramPowerOpt
21.=> ExploreWithRemap
22.=> RQS
23.=> Default
```

事实上，选中图 10-11 中的 impl_1，在其属性窗口中也能看到每个子步骤的-directive 值，如图 10-15 所示。

无论在综合阶段还是实现阶段，Vivado 都支持多线程，从而加快编译过程。在默认情形下，无论 Windows 操作系统还是 Linux 操作系统，综合阶段的线程数均为 2。在实现阶段，若为 Windows 操作系统，则默认线程数为 2，若为 Linux 操作系统，则默认线程数为 8。线程数可通过代码 10-4 所示方式修改。将这段代码保存在一个文件中，并在图 10-4 的 tcl.pre 中指定该文件即可，或者直接在 Vivado Tcl Console 窗口中执行该脚本即可（在综合阶段前执行）。

代码 10-4

```
1. # flow_mgmt_ex4.tcl
2. set_param general.maxThreads 4
```

如果要查询当前 Vivado 使用的线程数，则可使用命令 get_param 实现，如代码 10-5 所示。对比代码 10-4，不难看出 set_param 和 get_param 是一对命令。

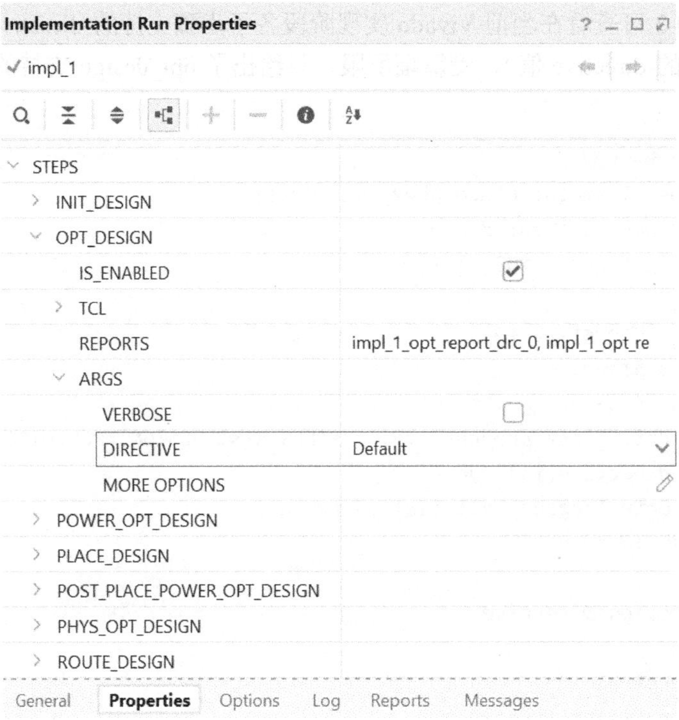

图 10-15

代码 10-5

```
1. # flow_mgmt_ex5.tcl
2. get_param general.maxThreads
3. => 2
```

10.3 理解 Vivado 的两种工作模式

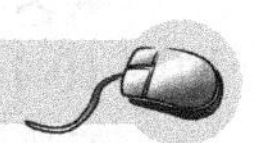

Vivado 有两种工作模式:Project 模式和 Non-Project 模式。这两种模式都可以借助 Vivado IDE 或 Tcl 命令来运行。相比之下，Vivado IDE 给 Project 模式提供了更多的便利，而 Tcl 命令使得 Non-Project 模式运行起来更简单。

在 Project 模式下，Vivado 会自动管理整个设计流程和文件数据。最直接的体现是在 Vivado 左侧导航栏 Flow Navigator 下会显示从设计输入到最终生成 bit 文件的所有流程。同时，Vivado 会自动创建相应的文件目录、生成相应的文件，例如“.dcp”及相应的报告。

Non-Project 模式是一种内存编译流程。用户可以从指定位置读取文件到内存中，并进行编译；可以逐步执行每个步骤，如综合、布局、布局后物理优化和布线等；可以根据需求设定编译参数。以上操作都可以通过 Tcl 命令完成。显然，在 Non-Project 模式下，用户可以通过 Tcl 命令管理设计文件和设计流程，体现了该模式的主要优势，即用户对设计流程具有完全的掌控力。

不难看出，Project 模式和 Non-Project 模式的主要区别在于 Project 模式下的很多管理、操作都是“自动”完成的，整个设计流程会在流程向导（Flow Navigator）的指导下完成；而在 Non-Project 模式下，很多操作都是“手工”完成的。此外，在 Non-Project 模式下，所有数据均在内存中，故编译时间会短一些。两者的相同之处是均可借助 Tcl 完成所有流程，同时，在设计分析时都需要有相应的“.dcp”文件。

尽管两种模式均支持 Tcl 命令，但用到的具体命令是不同的，如图 10-16 所示。Project 模式下用到的 Tcl 命令是一种打包的命令，例如，添加设计文件时需要用到 add_files 命令，添加的设计文件可以是 HDL 文件（包括 VHDL、Verilog 或 SystemVerilog），也可以是约束文件（包括“.xdc”或“.tcl”），还可以是网表文件（dcp、ngc 或 edif）等。在综合和实现阶段，都需要用到命令 launch_runs。Non-Project 模式下用到的 Tcl 命令是分立的，例如，在读入设计文件时，如果是 VHDL 文件，则需要用到 read_vhdl；如果是 Verilog 文件，则需要用到 read_verilog；如果是“.xdc”文件，则需要用到 read_xdc；如果是“.dcp”文件，则需要用到 read_checkpoint；如果是 EDIF 文件，则需要用到 read_edif。而在综合阶段，需要用到 synth_design；在实现阶段，需要分别用到 opt_design、place_design、phys_opt_design 和 route_design 等。

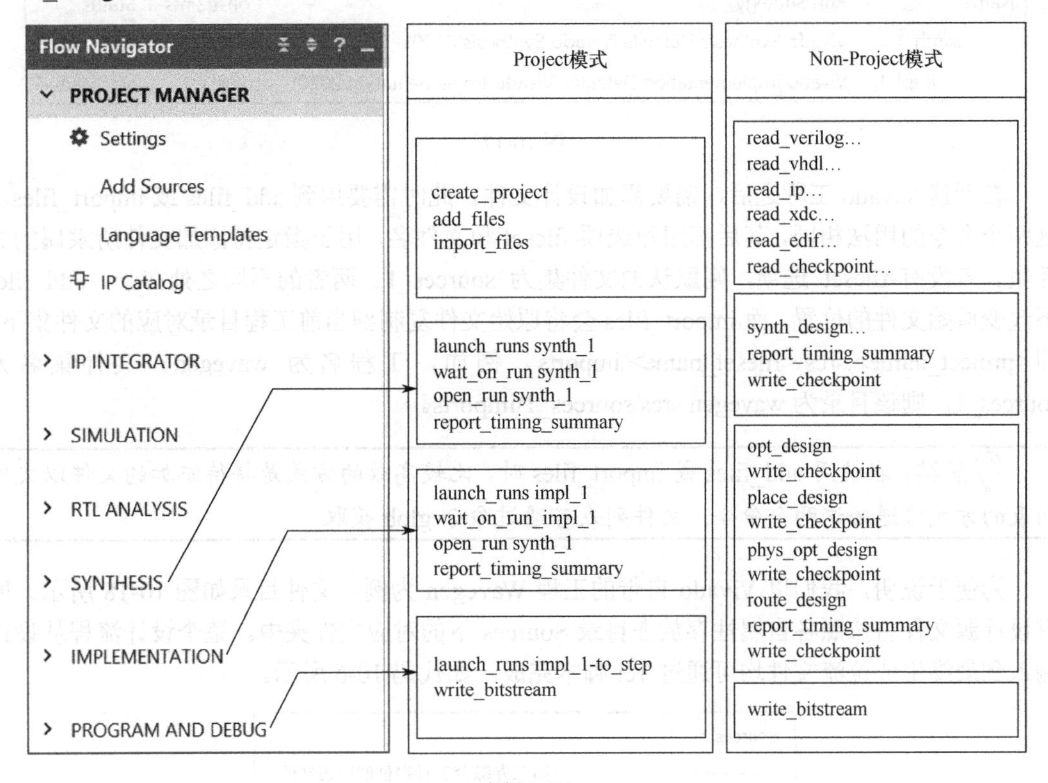

图 10-16

10.4　Project 模式

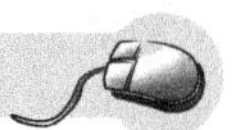

在 Project 模式下使用 Tcl 时，需要通过命令 create_project 创建 Vivado 工程，并在该命令后紧跟工程名和工程存放目录，同时跟随选项-part，用于指定 FPGA 型号（不需要指定顶

层模块名称，因为 Vivado 会自动选取顶层模块）。在生成 Vivado 工程的同时，还会创建 4 个文件集（fileset：sources_1、constrs_1、sim_1 和 utils_1）和两个 Design Runs（synth_1 和 impl_1），如图 10-17 所示。

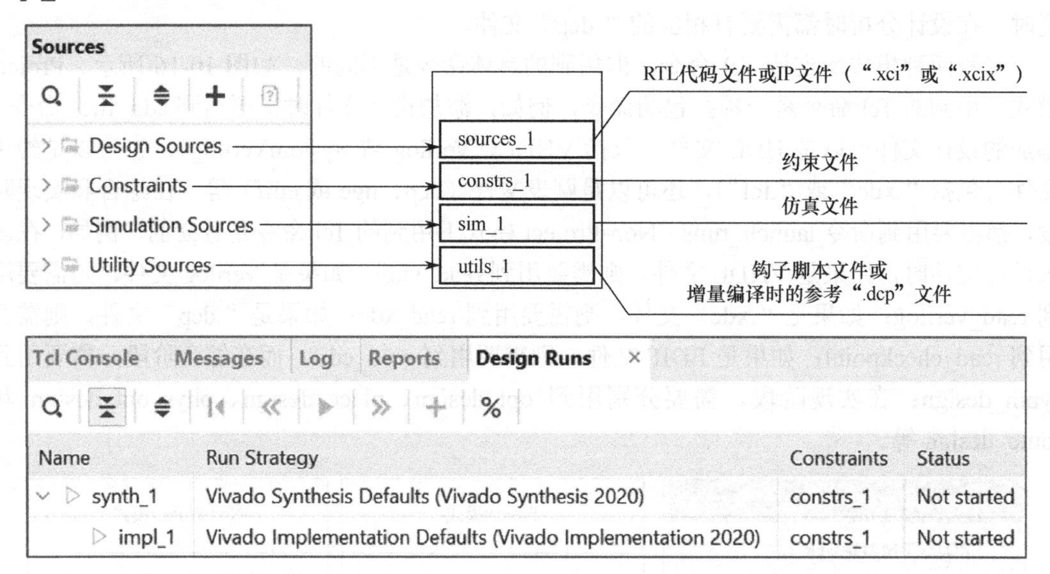

图 10-17

在创建 Vivado 工程之后，需要添加设计文件。此时需要用到 add_files 或 import_files。这两个命令的用法相同，其后都跟随选项-fileset 和文件名，用于指定待添加文件所隶属的文件集。若没有-fileset 选项，则默认的文件集为 sources_1。两者的不同之处在于，add_files 不改变原始文件的位置，而 import_files 会将原始文件复制到当前工程目录对应的文件集下，即<project_name>.srcs\<fileset_name>\imports。例如，工程名为 wavegen，文件集名为 sources_1，则该目录为 wavegen.srcs\sources_1\imports。

总结： 在使用 add_files 或 import_files 时，比较高效的方式是将待添加的文件以文件列表的方式传递给这两个命令。文件列表可通过命令 glob 获取。

为便于说明，我们以 Vivado 自带的工程 Wavegen 为例，文件目录如图 10-18 所示。所有设计源文件将按照各自属性存放在目录 Sources 下的对应文件夹中。整个设计流程从设计输入到最终生成位流文件均可通过 Tcl 脚本完成，如代码 10-6 所示。

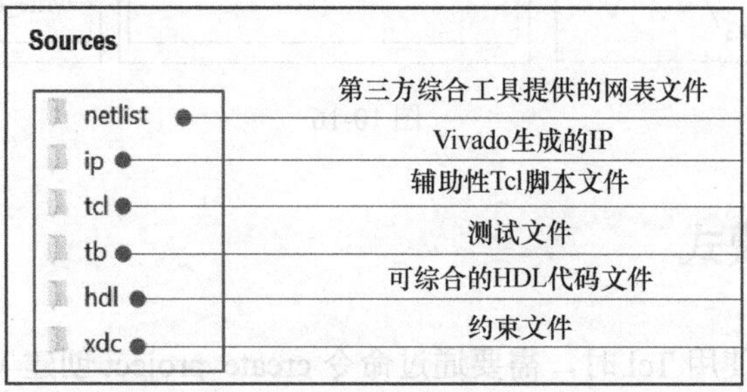

Sources

netlist —— 第三方综合工具提供的网表文件
ip —— Vivado生成的IP
tcl —— 辅助性Tcl脚本文件
tb —— 测试文件
hdl —— 可综合的HDL代码文件
xdc —— 约束文件

图 10-18

代码 10-6

```
1. # flow_mgmt_ex6.tcl
2. set device              xc7k70t
3. set package             fbg676
4. set speed               -1
5. set part                $device$package$speed
6. set prjName             wavegen
7. set prjDir              ./$prjName
8. set srcDir              ./Sources
9.
10.create_project $prjName $prjDir -part $part
11.
12.add_files      [glob $srcDir/hdl/*.v]
13.add_files      [glob $srcDir/hdl/*.vh]
14.add_files      [glob $srcDir/ip/*.xcix]
15.update_compile_order -fileset sources_1
16.
17.add_files -fileset constrs_1 [glob $srcDir/xdc/*.xdc]
18.
19.add_files -fileset sim_1 [glob $srcDir/tb/*.v]
20.update_compile_order -fileset sim_1
21.
22.set_property strategy Flow_AreaOptimized_high [get_runs synth_1]
23.set_property strategy Performance_Explore [get_runs impl_1]
24.
25.launch_runs synth_1
26.wait_on_run synth_1
27.launch_runs impl_1 -to_step write_bitstream
28.wait_on_run impl_1
29.
30.start_gui
```

代码 10-6 中的第 2～4 行用于设置 FPGA 型号，采用此种方式对于后期代码维护和管理将会非常方便，同时也提高了代码的可读性。例如，需要将速度等级替换为-2，则只要将第 4 行代码中的变量 speed 更新为-2 即可。第 15 行和第 20 行代码中的命令 update_compile_order 用于更新指定文件集下文件的编译顺序，Vivado 可据此确定顶层文件模块名。第 22 行和第 23 行代码通过命令 set_property 指定综合策略和实现策略。在该命令后跟随 3 个参数：第一个参数是属性名；第二个参数是期望的属性值；第三个参数是该属性所隶属的对象。如果没有这两行代码，也就是未指定综合策略或实现策略，则 Vivado 会使用默认策略。第 25 行代码用于执行综合操作，第 27 行代码用于执行实现操作，如果没有选项-to_step，则只执行到布线操作，而不会执行生成位流文件操作。第 30 行代码用于打开 Vivado 图形界面。

打开 Vivado Tcl Shell，将当前目录切换到 Sources 所在目录，执行代码 10-6 所示脚本。需要说明的是，第 14 行代码仅添加了 IP 文件，却没有对 IP 进行综合操作，这是因为在生成 IP 时需要指定 IP 的综合方式（Global 综合方式或 OOC 综合方式）。如果指定为 OOC 综合方式，则在执行第 25 行代码时，会先完成对 IP 的综合操作，如图 10-19 中最后一行代码所示。

```
Vivado% launch_runs synth_1
INFO: [IP_Flow 19-1686] Generating 'Synthesis' target for IP 'char_fifo'...
INFO: [IP_Flow 19-1686] Generating 'Synthesis' target for IP 'clk_core'...
INFO: [IP_Flow 19-1686] Generating 'Implementation' target for IP 'clk_core'...
[Fri Oct 16 14:58:34 2020] Launched char_fifo_synth_1, clk_core_synth_1...
```

图 10-19

总结：在 Project 模式下，采用 launch_runs 方式执行综合操作时，无论 IP 被指定为何种综合方式，都不需要额外的命令对 IP 进行处理。

在综合和实现阶段都会生成日志文件（“.log”文件），文件名均为 runme.log。在设计分析时可能需要用到这些文件。其具体位置为（假设工程名为 wavegen，工程存放目录为 wavegen_prj）：

- 综合阶段生成的 runme.log 文件：./wavegen_prj/wavegen/wavegen.runs/synth_1。
- 实现阶段生成的 runme.log 文件：./wavegen_prj/wavegen/wavegen.runs/impl_1。

根据图 10-13 可知，实现阶段的某些子步骤是不执行的，如果需要使这些子步骤生效，则需要通过命令 set_property 设定，如代码 10-7 所示。第 2 行代码使得布局前功耗优化生效，第 4 行代码使得布局后功耗优化生效，第 6 行代码使得布线后物理优化生效。如果需要指定这些子步骤的-directive 值，则需借助 set_property 实现，如第 8 行代码指定布线后物理优化的-directive 值为 Explore。如果需要给子步骤添加参数，则同样需要用 set_property 实现，例如，第 11 行代码给 route_design 添加参数-tns_cleanup。第 10 行代码也给出了 set_property 的另一种写法，即明确指定参数名：-name 指定属性名，-value 指定属性值，-objects 指定属性所隶属的对象。当属性值中存在空格时，需要将其放在花括号中；当属性值中存在短划线时，需要使用选项-value 指定属性值。如果需要指定生成报告的策略，则还需用到命令 set_property，如第 14 行代码所示。

代码 10-7

```
1. # flow_mgmt_ex7.tcl
2. set_property STEPS.POWER_OPT_DESIGN.IS_ENABLED true \
3.     [get_runs impl_1]
4. set_property STEPS.POST_PLACE_POWER_OPT_DESIGN.IS_ENABLED true \
5.     [get_runs impl_1]
6. set_property STEPS.POST_ROUTE_PHYS_OPT_DESIGN.IS_ENABLED true \
7.     [get_runs impl_1]
8. set_property STEPS.POST_ROUTE_PHYS_OPT_DESIGN.ARGS.DIRECTIVE Explore \
9.     [get_runs impl_1]
10. set_property -name {STEPS.ROUTE_DESIGN.ARGS.MORE OPTIONS} \
11.     -value -tns_cleanup -objects [get_runs impl_1]
12. set_property STEPS.WRITE_BITSTREAM.ARGS.BIN_FILE true \
13.     [get_runs impl_1]
14. set_property report_strategy {Timing Closure Reports} \
15.     [get_runs impl_1]
```

💡**总结**：set_property 的两种用法是等效的。当属性值中包含短划线时，需要使用第二种方式，即通过-name、-value、-objects 等明确指定对应的参数值。

代码 10-7 中的命令也可通过图形界面的方式指定，例如，第 2 行代码中的命令对应的操作为勾选图 10-20 中的 is_enabled。第 8 行代码中的命令对应的操作为设定图 10-21 中的-directive 为 Explore。第 10 行代码中的命令对应的操作为设定图 10-22 中选项 More Options 的值。第 12 行代码中的命令对应的操作为勾选图 10-23 中的-bin_file。第 14 行代码中的命令对应的操作为设定图 10-24 中的 Report Strategy 值。

Power Opt Design (power_opt_design)

is_enabled*	☑
tcl.pre	...
tcl.post	...
More Options	

图 10-20

Post-Route Phys Opt Design (phys_opt_design)

is_enabled*	☑
tcl.pre	...
tcl.post	...
-directive*	Explore
More Options	

图 10-21

Route Design (route_design)

tcl.pre	...
tcl.post	...
-directive	Default
More Options*	-tns_cleanup

图 10-22

Write Bitstream (write_bitstream)

tcl.pre	...
tcl.post	...
-raw_bitfile	☐
-mask_file	☐
-no_binary_bitfile	☐
-bin_file*	☑

图 10-23

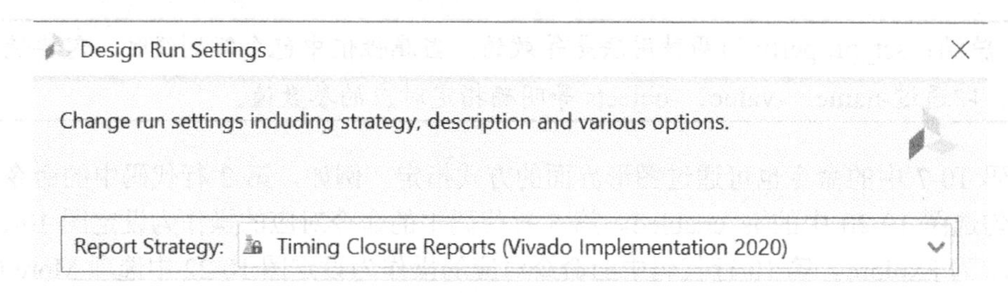

图 10-24

总结： 如果要获取某个操作对应的 Tcl 命令，则一种可行的方法是先在 Vivado 图形界面下执行该操作，然后在 Vivado Tcl Console 窗口中查看对应的 Tcl 命令。

在 Project 模式下，还可以使用钩子脚本。钩子脚本的三大用途是在设计的指定阶段生成定制报告、根据设计流程修改时序约束和修改网表。可以在图形界面方式下，通过图 10-4 或图 10-5 中的 tcl.pre、tcl.post 指定钩子脚本，也可以通过命令 set_property 指定钩子脚本，如代码 10-8 所示。第 2 行代码指定了综合操作后要执行的钩子脚本文件名，第 4 行代码指定了布局操作前要执行的钩子脚本文件名。核心代码的核心之处为 set_property 之后的第一个参数，即属性名。图 10-25 给出了使用钩子脚本时可能用到的属性名，包括从综合操作到实现操作的各个子步骤。

代码 10-8

```
1. # flow_mgmt_ex8.tcl
2. set_property STEPS.SYNTH_DESIGN.TCL.POST \
3.     [ get_files C:/report0.tcl -of [get_fileset utils_1] ] [get_runs synth_1]
4. set_property STEPS.PLACE_DESIGN.TCL.PRE \
5.     [ get_files C:/report1.tcl -of [get_fileset utils_1] ] [get_runs impl_1]
```

图 10-25

如果钩子脚本的目的是在实现的某些子步骤阶段生成定制报告，则此时不需要将同一个文件复制多份，并重新命名。一个更高效的方式是共享钩子脚本。这得益于 Vivado 提供了一个全局变量 ACTIVE_STEP，该变量的值会随着 Vivado 在实现阶段的进程自动更新。例如，当执行到优化操作时，该变量的值变为 opt_design；当执行到布局操作时，该变量的值就变为 place_design。因此，可以借助此变量使得生成的定制报告的文件名有所不同，如代码 10-9 所示。第 3 行代码可生成时序报告，第 4 行和第 5 行代码表明只有在布线操作后才能生成布线状态报告。可以看到，在采用共享脚本的方式时只需要准备一个 Tcl 脚本，并多次指定其有效阶段即可。

代码 10-9

```
1. # flow_mgmt_ex9.tcl
2. set step $ACTIVE_STEP
3. report_timing_summary -file timing_summary_${step}.rpt
4. if {$step == {route_design}} {
5.     report_route_status -file route_status.rpt
6. }
```

总结：全局变量 ACTIVE_STEP 只在 Project 模式下的实现阶段才有效。

在 Project 模式下，可以直接创建综合操作后的工程，对应图 10-26 中的 Post-synthesis Project。这意味着源文件为网表文件或 Vivado 自带的 IP 文件（这是因为 Vivado 自带的 IP 文件只能利用 Vivado 的综合操作生成）。

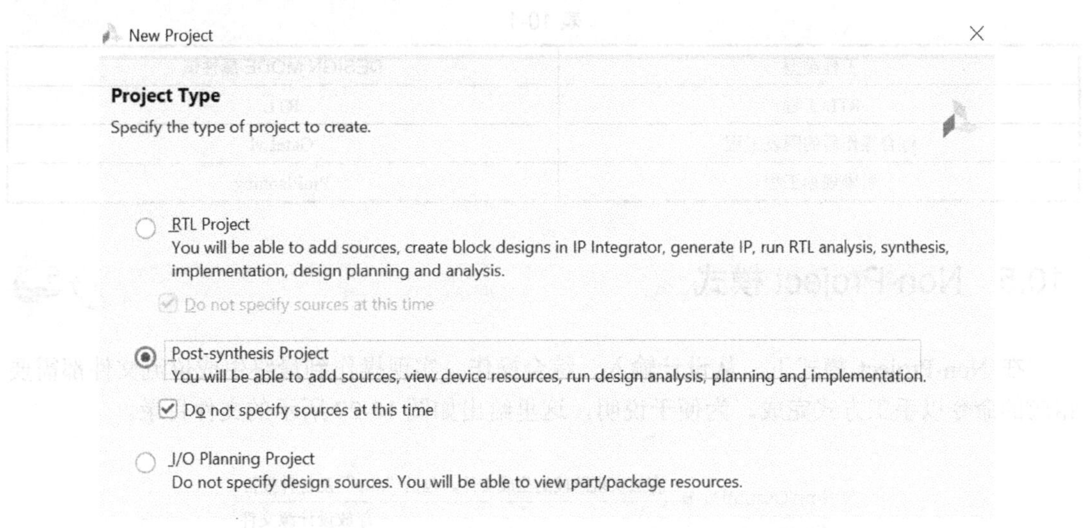

图 10-26

对于综合操作后的工程（顶层模块以网表文件形式提供），依然可以采用 Tcl 脚本完成整个设计流程，如代码 10-10 所示。第 11 行代码通过命令 set_property 指定属性 design_mode（属性名可以都是小写字母，也可以都是大写字母，如 DESIGN_MODE）的值为 GateLvl（最后一个字符是英文字母，而不是数字），表明该工程为综合操作后的工程。此处命令

current_fileset 的返回值为 sources_1。第 12 行代码表示添加的文件为“.dcp”文件，也可以是“.edif”文件。

代码 10-10

```
1. # flow_mgmt_ex10.tcl
2. set device              xc7k70t
3. set package             fbg676
4. set speed               -1
5. set part                $device$package$speed
6. set prjName             wavegen_netlist
7. set prjDir              ./$prjName
8. set srcDir              ./Sources
9.
10.create_project $prjName $prjDir -part $part
11.set_property design_mode GateLvl [current_fileset]
12.add_files [glob $srcDir/netlist/*.dcp]
13.add_files [glob $srcDir/ip/*.xcix]
14.add_files -fileset constrs_1 [glob $srcDir/xdc/*.xdc]
15.launch_runs impl_1
16.wait_on_run impl_1
```

属性 DESIGN_MODE 隶属于对象 sources_1，其属性值根据创建工程类型的差异而有所不同。表 10-1 列出了其可能的三种值，默认值为 RTL。其中，引脚规划工程对应图 10-26 中的最后一个选项。

表 10-1

工程类型	DESIGN_MODE 属性值
RTL 工程	RTL
综合操作后的网表工程	GateLvl
引脚规划工程	PinPlanning

10.5 Non-Project 模式

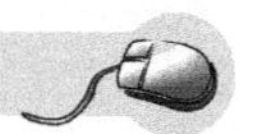

在 Non-Project 模式下，从设计输入、综合操作、实现操作到最终生成位流文件都需要相应的命令以手工方式完成。为便于说明，这里给出如图 10-27 所示的文件目录。

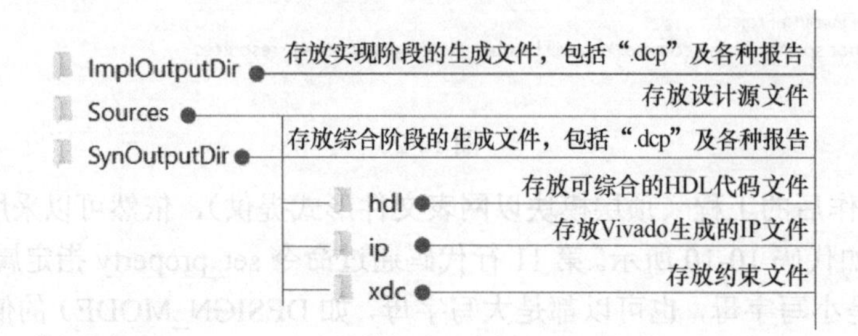

图 10-27

根据 Vivado 的设计流程，可将 Tcl 脚本分成如图 10-28 所示的步骤。同时，为便于代码维护和管理，可形成如图 10-29 所示的 Tcl 脚本文件结构。这样，只需要在 Vivado Tcl Shell 将工作目录切换至 Sources 所在目录下，再执行命令 source run_v1.tcl 即可完成从设计输入到生成位流文件的整个过程。

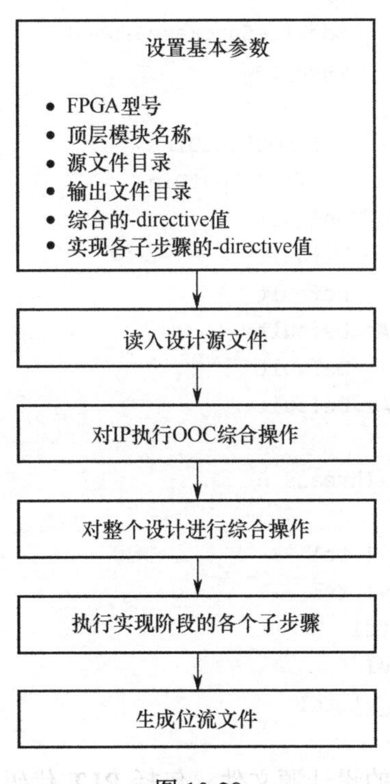

图 10-28

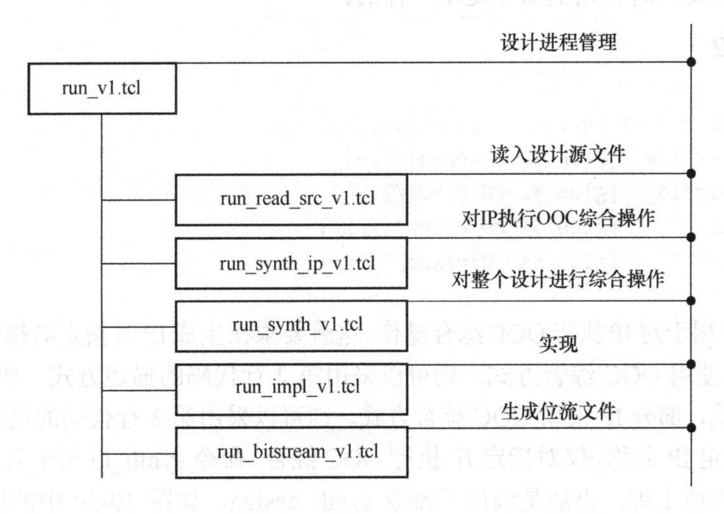

图 10-29

代码 10-11 定义了一些基本变量，如第 2～15 行代码所示。这些变量作为全局变量，可被后续脚本使用，如第 19～23 行代码所示。第 6 行代码设置了线程数，以缩短编译时间。

代码 10-11

```
1. # run_v1.tcl
2. set device                 xc7k70t
3. set package                fbg676
4. set speed                  -1
5. set part                   $device$package$speed
6. set top                    wave_gen
7. set srcDir                 ./Sources
8. set SynOutputDir           ./SynOutputDir
9. set ImplOutputDir          ./ImplOutputDir
10.set synDirective           default
11.set optDirective           Default
12.set placeDirective         Default
13.set physOptDirectiveAp Default
14.set routeDirective         Default
15.set physOptDirectiveAr Default
16.
17.set_param general.maxThreads 6
18.
19.source run_read_src_v1.tcl
20.source run_synth_ip_v1.tcl
21.source run_synth_v1.tcl
22.source run_impl_v1.tcl
23.source run_bitstream_v1.tcl
```

代码 10-12 用于读取所有的设计源文件，包括 RLT 代码、IP 和约束文件。可以看到，读入不同类型的文件时使用的命令是不一样的。

代码 10-12

```
1. # run_read_src_v1.tcl
2. # Read sources (RTL IP & constraints)
3. read_verilog  [glob $srcDir/hdl/*.v]
4. read_verilog  [glob $srcDir/hdl/*.vh]
5. read_ip       [glob $srcDir/ip/*.xcix]
6. read_xdc      [glob $srcDir/xdc/*.xdc]
```

代码 10-13 用于对 IP 执行 OOC 综合操作，这就要求在生成 IP 时指定其综合方式为 OOC。如果所有 IP 都使用 OOC 综合方式，则可以采用第 2 行代码的描述方式。如果部分 IP 采用 Global 综合方式，部分 IP 采用 OOC 综合方式，则可以采用第 3 行代码的描述方式，即在命令 get_ips 后指定 IP 名称，仅对指定 IP 执行 OOC 综合。命令 synth_ip 用于只对 IP 执行 OOC 综合操作，从本质上讲，仍然是调用了命令 synth_design，如图 10-30 中的最后一行信息所示。还可以看到，设置的多线程在对 IP 执行综合操作时就已经生效，如图 10-31 中的第 4 行信息所示。这里显示线程数为 4，而不是之前设置的 6，是因为在执行综合操作时 Vivado 所允许的最大线程就是 4。

代码 10-13

```
1. # run_synth_ip_v1.tcl
2. synth_ip [get_ips]
3. #synth_ip [get_ips char_fifo]
4. #synth_ip [get_ips clk_core]
```

```
## synth_ip [get_ips]
INFO: [IP_Flow 19-234] Refreshing IP repositories
INFO: [IP_Flow 19-1704] No user IP repositories specified
INFO: [IP_Flow 19-2313] Loaded Vivado IP repository 'C:/Xilinx/Vivado/2020.1/data/ip'
Command: synth_design -top char_fifo -part xc7k70tfbg676-1 -mode out_of_context
```

图 10-30

```
Attempting to get a license for feature 'Synthesis' and/or device 'xc7k70t'
INFO: [Common 17-349] Got license for feature 'Synthesis' and/or device 'xc7k70t'
INFO: [Device 21-403] Loading part xc7k70tfbg676-1
INFO: [Synth 8-7079] Multithreading enabled for synth_design using a maximum of 4 processes.
INFO: [Synth 8-7078] Launching helper process for spawning children vivado processes
INFO: [Synth 8-7075] Helper process launched with PID 31240
```

图 10-31

代码 10-14 用于对整个设计进行综合操作。此时在命令 synth_design 后至少跟随两个参数，其中，选项-top 用于指定顶层模块名，-part 用于指定 FPGA 型号。-directive 是可选的，在未指定时，默认值为 default（注意都是小写字母）。第 5 行代码中的命令 write_checkpoint 用于生成综合操作后的“.dcp”文件，在指定文件名时并不需要添加“.dcp”文件。因此，此处最终生成的文件名为 post_synth.dcp。第 6 行代码中的命令 report_timing_summary 用于生成时序报告，第 7 行代码中的 report_utilization 用于生成资源利用率报告。

代码 10-14

```
1. #run_synth_v1.tcl
2. # Run synthesis top module
3. synth_design -top $top -part $part -directive default
4. # store static netlist as checkpoint
5. write_checkpoint -force $SynOutputDir/post_synth
6. report_timing_summary -file $SynOutputDir/post_synth_timing_summary.rpt
7. report_utilization -file $SynOutputDir/post_synth_util.rpt
```

代码 10-15 用于执行实现阶段的各个子步骤，对应的 Tcl 命令是 opt_design、place_design、phys_opt_design 和 route_design，并生成每个子步骤对应的“.dcp”文件、时序报告和资源利用率报告。

代码 10-15

```
1. # run_impl_v1.tcl
2. opt_design -directive $optDirective
3. write_checkpoint -force $ImplOutputDir/post_opt
4. report_timing_summary -file $ImplOutputDir/post_opt_timing_summary.rpt
```

```
5. report_utilization -file $ImplOutputDir/post_opt_util.rpt
6.
7. place_design -directive $placeDirective
8. write_checkpoint -force $ImplOutputDir/post_place
9. report_timing_summary -file $ImplOutputDir/post_place_timing_summary.rpt
10.report_utilization -file $ImplOutputDir/post_place_util.rpt
11.
12.phys_opt_design -directive $physOptDirectiveAp
13.write_checkpoint -force $ImplOutputDir/post_phys_opt_ap
14.report_timing_summary -file $ImplOutputDir/post_phys_opt_ap_timing_summary.rpt
15.report_utilization -file $ImplOutputDir/post_phys_opt_ap_util.rpt
16.
17.route_design -directive $routeDirective
18.write_checkpoint -force $ImplOutputDir/post_route
19.report_timing_summary -file $ImplOutputDir/post_route_timing_summary.rpt
20.report_utilization -file $ImplOutputDir/post_route_util.rpt
```

代码 10-16 用于生成位流文件，并设置 FPGA 配置属性。命令 write_bitstream 在添加选项-bin_file 后，除了生成位流文件（.bit），还会生成“.bin”文件。在这里不需指定“.bin”的文件名，因为其最终会和“.bit”文件同名，仅扩展名不同而已。

代码 10-16

```
1. # run_bitstream_v1.tcl
2. set_property CONFIG_MODE SPIx4 [current_design]
3. set_property BITSTREAM.CONFIG.CONFIGRATE 66 [current_design]
4. write_bitstream -verbose -force -bin_file $ImplOutputDir/top.bit
```

在 Non-Project 模式下没有所谓的钩子脚本，这是因为在 Project 模式下需要通过命令 set_property 明确指明钩子脚本的生效阶段，但在 Non-Project 模式下，直接通过手工描述的方式指明需要在哪个阶段执行什么样的命令即可。以代码 10-15 为例，若需要使用 opt_design 对应的时序报告和资源利用率报告，则在命令 opt_design 之后执行命令 report_timing_summary 和 report_utilization，描述的位置也就确定了该命令的生效阶段。

结合代码 10-14 和代码 10-15 不难看出，二者有两个共同点：都要生成“.dcp”文件，以及都要生成时序报告和资源利用率报告。可以把这部分功能提取出来，从而形成如代码 10-17 所示的描述方式。

代码 10-17

```
1. # run_ns_v2.tcl
2. namespace eval run {
3.     # Generate dcp for specific phase
4.     # phase: synth_design, opt_design, place_design
5.     # phys_opt_design(AP:after place)
6.     # route_design
7.     # phys_opt_design(AR:after routing)
8.     # dir: output directory
```

```
9.     proc gen_dcp {phase dir dcp_name} {
10.        write_checkpoint -force $dir/$dcp_name
11.        puts "*****$phase: DCP is successfully generated!*****"
12.    }
13.
14.    proc design_analysis {phase dir fn} {
15.        report_timing_summary -file $dir/${fn}_timing_summary.rpt
16.        report_utilization -file $dir/${fn}_util.rpt
17.        puts "*****$phase: design analysis is done!*****"
18.    }
19.}
```

为了使生成文件更具辨识性，可定义全局变量 date，则所有生成文件名均包含此变量，如代码 10-18 所示。由于代码 run_read_src_v2.tcl 和 run_read_src_v1.tcl 的内容一致，代码 run_synth_ip_v2.tcl 和 run_synth_ip_v1.tcl 的内容一致，代码 run_bitstream_v2.tcl 和 run_bitstream_v1.tcl 的内容一致，故不再给出。代码 run_v2.tcl 和 run_v1.tcl 的功能与流程均保持一致。

代码 10-18

```
1. # run_v2.tcl
2. set date                1018
3. set device              xc7k70t
4. set package             fbg676
5. set speed               -1
6. set part                $device$package$speed
7. set top                 wave_gen
8. set srcDir              ./Sources
9. set SynOutputDir        ./SynOutputDir
10.set ImplOutputDir       ./ImplOutputDir
11.set synDirective        default
12.set optDirective        Default
13.set placeDirective      Default
14.set physOptDirectiveAp Default
15.set routeDirective      Default
16.set physOptDirectiveAr Default
17.
18.set_param general.maxThreads 6
19.
20.source run_read_src_v2.tcl
21.source run_synth_ip_v2.tcl
22.source run_ns_v2.tcl
23.source run_synth_v2.tcl
24.source run_impl_v2.tcl
25.source run_bitstream_v2.tcl
```

借助代码 10-17 可知，在综合阶段生成的“.dcp”文件如代码 10-19 中的第 8 行所示，生成的设计分析报告（时序报告和资源利用率报告）如第 9 行代码所示。与 run_synth_v1.tcl 相比，这个版本更加简洁。

代码 10-19

```
1. # run_synth_v2.tcl
2. # Read sources (RTL IP & constraints)
3. set phase synth_design
4. set fn post_synth_${date}
5. # Run synthesis top module
6. synth_design -top $top -part $part -directive $synDirective
7. # Gen dcp
8. run::gen_dcp $phase $SynOutputDir $fn
9. run::design_analysis $phase $SynOutputDir $fn
```

同样地，借助代码 10-17，可在实现阶段的各子步骤生成“.dcp”文件和设计分析报告，如代码 10-20 所示。可以看到，采用命名空间的方式（本质上采用了过程的描述方式）可使 Tcl 脚本更简洁。

代码 10-20

```
1. # run_impl_v2.tcl
2. opt_design -directive $optDirective
3. run::gen_dcp opt_design \
4.     $ImplOutputDir post_opt_${date}
5. run::design_analysis opt_design \
6.     $ImplOutputDir post_opt_${date}
7.
8. place_design -directive $placeDirective
9. run::gen_dcp place_design \
10.     $ImplOutputDir post_place_${date}
11.run::design_analysis place_design \
12.     $ImplOutputDir post_place_${date}
13.
14.phys_opt_design -directive $physOptDirectiveAp
15.run::gen_dcp phys_opt_design(AP) \
16.     $ImplOutputDir post_phys_opt_AP_${date}
17.run::design_analysis phys_opt_design(AP) \
18.     $ImplOutputDir post_phys_opt_AP_${date}
19.
20.route_design -directive $routeDirective
21.run::gen_dcp route_design \
22.     $ImplOutputDir post_route_${date}
23.run::design_analysis route_design \
24.     $ImplOutputDir post_route_AP_${date}
```

进一步优化代码，添加一些控制条件，提取出一些共性，可使代码更加简洁，如代码 10-21 所示。添加的控制条件包括是否生成综合阶段后的“.dcp”文件（对应的变量位于第 12 行代码)、是否对综合阶段后的设计进行分析(对应的变量位于第 13 行代码)、是否对 IP 执行 OOC 综合操作（对应的变量位于第 14 行代码)、是否执行布线操作后的物理优化（对应的变量位于第 20 行代码)、是否生成实现阶段各子步骤的“.dcp”文件（对应的变量位于第 23～27 行代码)、是否对实现阶段后的各子步骤进行分析（对应的变量位于第 29～33 行代码）等。

代码 10-21

```
1. # run_v3.tcl
2. set date                 1019
3. set device               xc7k70t
4. set package              fbg676
5. set speed                -1
6. set part                 $device$package$speed
7. set top                  wave_gen
8. set srcDir               ./Sources
9. set SynOutputDir         ./SynOutputDir
10.set ImplOutputDir        ./ImplOutputDir
11.set synDtv               default
12.set synDcp               1
13.set synAna               1
14.set synIPEn              0
15.
16.set optDtv               Default
17.set placeDtv             Default
18.set physOptDtvAp         Default
19.set routeDtv             Default
20.set physOptArEn          1
21.set physOptDtvAr         Default
22.
23.set optDcp               1
24.set placeDcp             1
25.set physOptApDcp         1
26.set routeDcp             1
27.set physOptArDcp         1
28.
29.set optAna               1
30.set placeAna             1
31.set physOptApAna         1
32.set routeAna             1
33.set physOptArAna         1
34.
35.source run_read_src_v3.tcl
36.if {$synIPEn==1} {source run_synth_ip_v3.tcl}
37.source run_ns_v3.tcl
38.source run_synth_v3.tcl
39.source run_impl_v3.tcl
40.source run_bitstream_v3.tcl
```

综合阶段的代码如代码 10-22 所示。第 8 行代码用于判断是否生成综合阶段后的".dcp"文件，第 11 行代码用于判断是否对综合阶段后的设计进行分析。

代码 10-22

```
1. # run_synth_v3.tcl
2. # Read sources (RTL IP & constraints)
3. set phase synth_design
4. set fn post_synth_${date}
5. # Run synthesis top module
6. synth_design -top $top -part $part -directive $synDtv
7. # Gen dcp
8. if {$synDcp==1} {
9.     run::gen_dcp $phase $SynOutputDir $fn
10.}
11.if {$synAna==1} {
12.     run::design_analysis $phase $SynOutputDir $fn
13.}
```

在默认情况下，实现阶段的子步骤优化、布局、布局后的物理优化和布线都是要执行的操作，除了相应的命令不同，还要判断是否生成".dcp"文件和是否对设计进行分析。因此，可将这些共性提取出来形成代码 10-23。第 2 行代码定义了一个列表，列表中的元素是各子步骤使用的 Tcl 命令。第 12 行代码看似是变量开头，不符合 Tcl 语法规范，但在变量替换之后为各子步骤的命令。第 24 行代码用于判断是否执行布线后的物理优化。

代码 10-23

```
1. # run_impl_v3.tcl
2. set impl_cmd \
3.     [list opt_design place_design phys_opt_design route_design]
4. set impl_dtv \
5.     [list $optDtv $placeDtv $physOptDtvAp $routeDtv]
6. set impl_dcp \
7.     [list $optDcp $placeDcp $physOptApDcp $routeDcp]
8. set impl_ana \
9.     [list $optAna $placeAna $physOptApAna $routeAna]
10.
11.foreach i_cmd $impl_cmd i_dtv $impl_dtv i_dcp $impl_dcp i_ana $impl_ana {
12.     $i_cmd -directive $i_dtv
13.     puts "*******$i_cmd is successfully done!*********"
14.     if {$i_dcp==1} {
15.         run::gen_dcp $i_cmd \
16.             $ImplOutputDir post_${i_cmd}_${date}
17.     }
18.     if {$i_ana==1} {
19.         run::design_analysis $i_cmd \
20.             $ImplOutputDir post_${i_cmd}_${date}
```

```
21.    }
22.
23.}
24.if {$physOptArEn==1} {
25.    phys_opt_design -directive $physOptDtvAr
26.    if {$physOptArDcp==1} {
27.        run::gen_dcp phys_opt_design(AR) \
28.            $ImplOutputDir post_phys_opt_design_Ar_${date}
29.    }
30.    if {$physOptArAna==1} {
31.        run::design_analysis phys_opt_design(AR) \
32.        $ImplOutputDir post_phys_opt_design_Ar_${date}
33.    }
34.}
```

注意：代码 run_read_src_v3.tcl 和 run_read_src_v2.tcl 的内容一致，代码 run_ns_v3.tcl 和 run_ns_v2.tcl 的内容一致。

如果采用第三方综合工具执行综合操作，那么就意味着提交给 Vivado 的是一个网表文件，Vivado 只需执行后续实现阶段的各子步骤即可。还需要注意，对于 Vivado 自带的 IP，只能利用 Vivado 执行综合操作，因此，在设计中若包含这类 IP，第三方工具在综合阶段后生成的网表会以黑盒子的方式呈现，这就要求在读入网表文件的同时还要读入 IP 对应的“.xci”或“.xcix”文件，具体流程如代码 10-24 所示。此时必须使用命令 link_design 指明顶层模块名和 FPGA 型号，如第 5 行代码所示。其实现流程与代码 10-23 一致。

代码 10-24

```
1. # flow_mgmt_ex11.tcl
2. read_edif [glob ./Sources/netlist/*.edn]
3. read_ip [glob ./Sources/ip/*.xcix]
4. read_xdc [glob ./Sources/xdc/*.xdc]
5. link_design -top wave_gen -part xc7k70tfbg676-1
```

在 Vivado Tcl Shell 下运行 Non-Project 模式时，所有的日志信息都呈现在 Tcl Shell 中，不便于检查。为此，可采用代码 10-25 所示的方式保存日志信息到指定文件中。第 2 行代码就是将优化阶段的日志信息保存到文件 check_opt.log 中。这种描述方式也适用于命令 synth_design。一旦这些日志信息被保存到指定文件中，就不会在 Vivado Tcl Shell 中呈现。

代码 10-25

```
1. # flow_mgmt_ex12.tcl
2.  opt_design -directive Default > ./check_opt.log
3.  place_design -directive Default > ./check_place.log
4.  phys_opt_design -directive Default > ./check_phys_opt.log
5.  route_design -directive Default > ./check_route.log
```

在 Project 模式下，打开 Vivado 图形界面之后，可以在 Design Runs 选项卡的 Elapsed 列中查看每个 Design Run 的耗时，如图 10-32 所示。

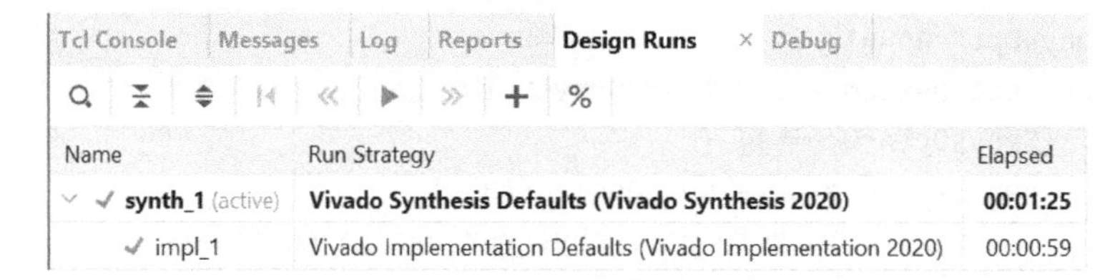

图 10-32

可以在 Non-Project 模式下的日志文件中查看耗时信息，如图 10-33 所示：上半部分信息是 synth_design 的日志信息，其中，第 561 行显示了 elapsed 的值；下半部分是 place_design 的日志信息，其中，第 209 行显示了 elapsed 的值。可以看到，在 Non-Project 模式下可以显示每个子步骤的耗时。

```
558 INFO: [Common 17-83] Releasing license: Synthesis
559 91 Infos, 15 Warnings, 0 Critical Warnings and 0 Errors encountered.
560 synth_design completed successfully
561 synth_design: Time (s): cpu = 00:01:03 ; elapsed = 00:01:05 . Memory (MB):
562 INFO: [Common 17-600] The following parameters have non-default value.
563 general.maxThreads
```

```
207 35 Infos, 3 Warnings, 0 Critical Warnings and 0 Errors encountered.
208 place_design completed successfully
209 place_design: Time (s): cpu = 00:00:15 ; elapsed = 00:00:09 . Memory (MB):
```

图 10-33

另外，也可以通过代码 10-26 所示的方式计算 elapsed 的值，此时需要用到 clock seconds 和 clock format 等命令。

代码 10-26

```
1. # flow_mgmt_ex13.tcl
2. set start_time [clock format [clock seconds] -format "%s"]
3. place_design
4. set end_time [clock format [clock seconds] -format "%s"]
5. set place_elapse [clock format [expr $end_time - $start_time] \
6.     -format "%H:%M:%S" -gmt true]
```

10.6 扫描策略

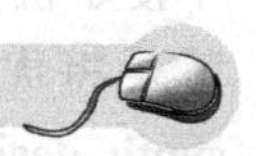

扫描策略是一种时序收敛的方法。在 Project 模式的图形界面方式下，通过创建多个 Design Runs 可实现策略扫描，如图 10-34 所示，单击图 10-34 中的“+”按钮，即可创建新的 Design Runs。

新的 Design Runs 可以是 Synthesis（综合），也可以是 Implementation（实现），还可以是两者同时创建，如图 10-35 所示。在扫描策略时，可以对综合策略进行扫描，也可以对实现策略进行扫描。在大多数情况下，扫描实现策略更为有效。

图 10-34

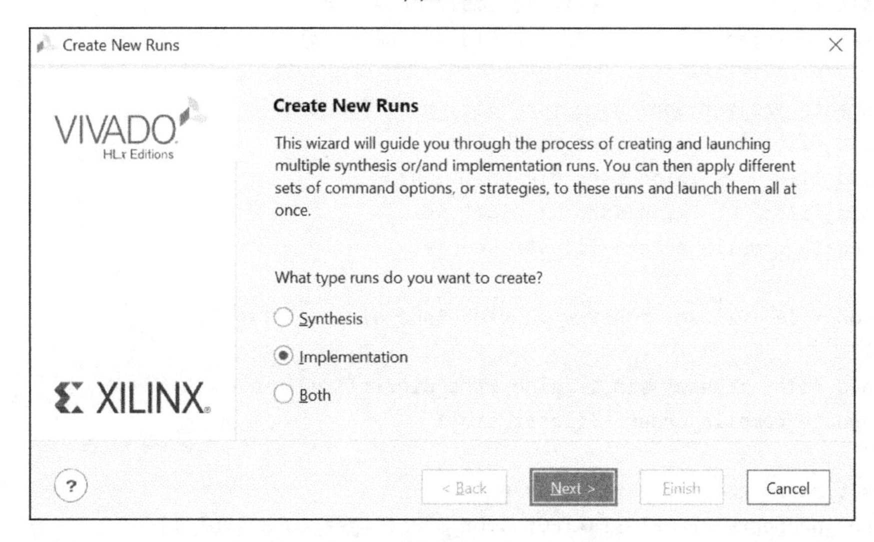

图 10-35

图形界面方式下的操作可借助 Tcl 脚本完成。这里我们以扫描实现策略为例，具体的扫描流程如图 10-36 所示，相应的 Tcl 脚本如代码 10-27 所示。

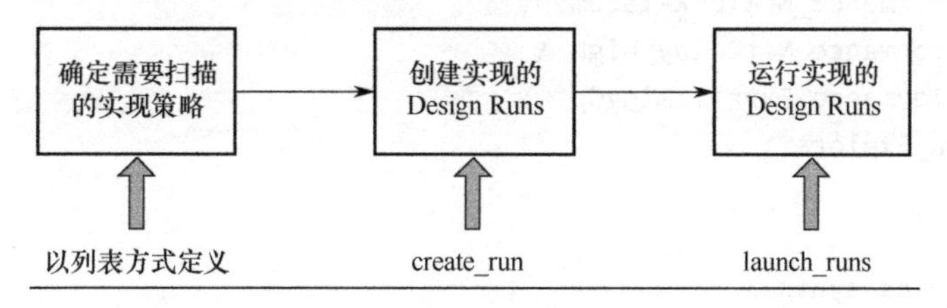

图 10-36

❶ 以列表方式定义待扫描的实现策略，对应第 26～32 行代码。

❷ 借助命令 create_run 创建实现的 Design Runs，并将其策略设置为目标策略，对应第 36～39 行代码。命令 create_run 中的选项-parent_run 用于指定实现的父 Design Runs；选项-flow 的值为固定值；选项-strategy 的值为目标策略；选项-report_strategy 的值也是固定值。

❸ 通过命令 launch_runs 运行上一步创建的 Design Runs，对应第 40 行代码。这里需要注意命令 create_project 在创建工程的同时，也会创建两个 Design Runs，分别为 synth_1 和 impl_1。第 40 行代码中的命令 get_runs 会得到所有名字以 impl 开头的 Design Runs，其中就包括 impl_1。

代码 10-27

```
1. # scan_strategy_project.tcl
2. set device               xc7k70t
```

```
3. set package            fbg676
4. set speed              -1
5. set part               $device$package$speed
6. set prj_name           wavegeny
7. set prj_dir            ./$prj_name
8. set src_dir            ./Sources
9. set flow              {Vivado Implementation 2020}
10.set rpt_strat         {Timing Closure Reports}
11.
12.create_project $prj_name $prj_dir -part $part
13.add_file      [glob $src_dir/hdl/*.v]
14.add_file      [glob $src_dir/hdl/*.vh]
15.add_file      [glob $src_dir/ip/*.xcix]
16.update_compile_order -fileset sources_1
17.
18.add_file -fileset constrs_1 [glob $src_dir/xdc/*.xdc]
19.
20.add_file -fileset sim_1 [glob $src_dir/tb/*.v]
21.update_compile_order -fileset sim_1
22.
23.set_param general.maxThreads 6
24.set_property REPORT_STRATEGY $rpt_strat [get_runs impl_1]
25.
26.set strat [list \
27.    Performance_Explore \
28.    Performance_WLBlockPlacement \
29.    Performance_NetDelay_high \
30.    Performance_ExtraTimingOpt \
31.    Area_Explore \
32.]
33.
34.launch_runs synth_1
35.wait_on_run synth_1
36.foreach i_strat $strat {
37.    create_run impl_${i_strat} -parent_run synth_1 \
38.        -flow $flow -strategy $i_strat -report_strategy $rpt_strat
39.}
40.launch_runs [get_runs impl*] -jobs [llength $strat]
41.start_gui
```

在 Vivado 中实现阶段的不同策略，其本质上是实现子步骤的-directive 不同值的组合。因此，扫描策略本质上就是扫描不同的-directive 值。由于 Non-Project 模式更易于 Tcl 脚本操作，因此，在 Non-Project 模式下扫描策略更具灵活性和可控性。加之布局和布线算法对设计性能影响最大，因此，通常不再扫描 opt_design 的-directive 值，而是直接提供 opt_design 生成的“.dcp”文件，并进行后期扫描。通常有如图 10-37 所示的 5 种扫描方式，也就是 5 种模式。

- 模式 0 表示只扫描 place_design 的-directive 值（此时要求提供 opt_design 生成的“.dcp”文件）。
- 模式 1 表示只扫描 route_design 的-directive 值（此时要求提供 place_design 生成的“.dcp”文件）。
- 模式 2 是顺序扫描方式，即先提供 place_design、phys_opt_design 和 route_design 的-directive 值的组合，然后进行扫描。
- 在模式 3 下，先扫描 place_design 的-directive 值，从中获取 WNS 最好的情形，然后执行 phys_opt_design，并在此基础上，扫描 route_design 的-directive 值。
- 模式 4 是一种交织扫描方式，即每一个 place_design 的-directive 值都要和 route_design 的-directive 值构成一个扫描对。

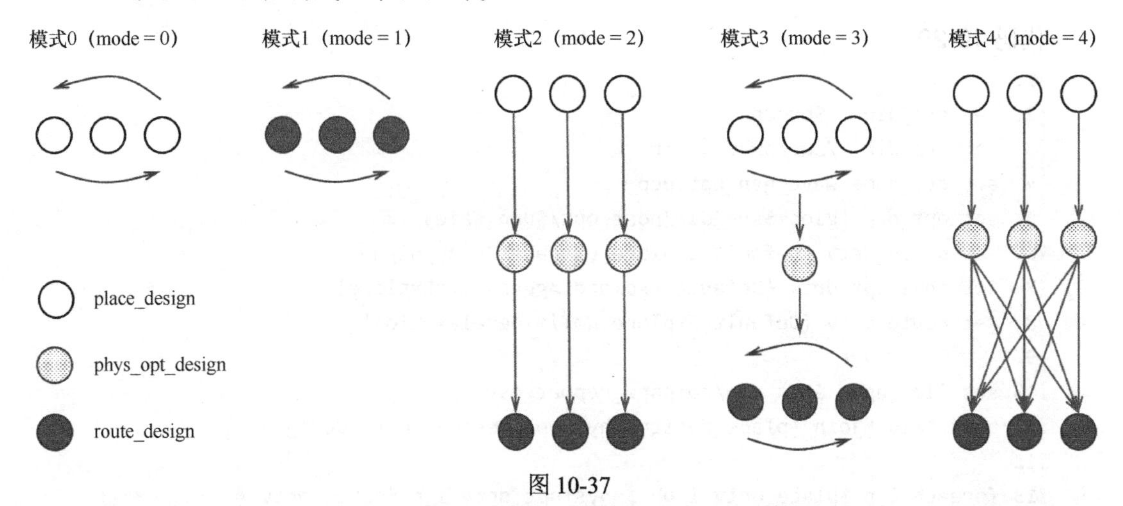

图 10-37

这里给出模式 2（mode=2）的解决方案，如代码 10-28 和代码 10-29 所示。其余模式的解决方案，请读者自行思考。代码 10-28 创建了一个命名空间 sweep_directive_ns，在此命名空间下又创建了过程 get_timing_info。该过程有三个输入参数：dir 用于指定输出文件目录；phase 用于指定当前工作阶段，可选值为 place、phys_opt 和 route；drtv 用于指定 phase 对应的-directive 值。该过程有两个功能：一是获取 WNS 和 WHS 的值（对应第 5 行和第 7 行代码），并将其以列表形式返回（对应第 9 行代码）；二是生成时序报告（对应第 8 行代码）。在代码 10-29 中会使用该过程。

代码 10-28

```
1. # sweep_directive_ns.tcl
2. namespace eval sweep_directive_ns {
3.     proc get_timing_info {dir phase drtv} {
4.         set tps [get_timing_paths -max_paths 100 -setup]
5.         set wns [get_property SLACK [lindex $tps 0]]
6.         set tph [get_timing_paths -max_paths 100 -hold]
7.         set whs [get_property SLACK [lindex $tps 0]]
8.         report_timing_summary -file $dir/${phase}_${drtv}_timing_summary.rpt
9.         return [list $wns $whs]
10.     }
11.}
```

代码 10-29 由三部分构成。

- 第一部分用于设置基本参数，包括源文件目录、输出文件目录、".dcp" 文件名称，同时指定 place_design、phys_opt_design 和 route_design 的-direcitve 值（对应第 6 行～8 行代码）。
- 第二部分用于设置生成报告，以便对不同策略的效果进行比较。
- 第三部分对应第 13～30 行代码（核心代码）。需要特别强调的是，每开始一次新的扫描，就需要通过命令 open_checkpoint 打开给定的 ".dcp" 文件，对应第 15 行代码；每完成一次扫描，就需要通过命令 close_design 关闭当前设计，对应第 28 行代码。最终生成的报告文件如表 10-2 所示。

代码 10-29

```
1. # sweep_directive.tcl
2. set src_dir ./Sources
3. set res_dir ./SweepOutputDir
4. set dcp_name wave_gen_opt.dcp
5. set opt_dcp [glob $src_dir/post_opt/$dcp_name]
6. set place_drtv {Default Explore ExtraNetDelay_high}
7. set phys_opt_drtv {Default Explore AggressiveExplore}
8. set route_drtv {Default Explore NoTimingRelaxation}
9.
10.set fid [open $res_dir/compare_report.csv w]
11.puts $fid [join {place_design phys_opt_design route_design} ,]
12.
13.foreach i_p $place_drtv i_ph $phys_opt_drtv i_r $route_drtv {
14.    set x {}
15.    open_checkpoint $opt_dcp
16.    place_design -directive $i_p > $res_dir/place_${i_p}.log
17.    set i_x [sweep_directive_ns::get_timing_info $res_dir place $i_p]
18.    lappend x $i_p|[join $i_x |]
19.
20.    phys_opt_design -directive $i_ph > $res_dir/phys_opt_${i_ph}.log
21.    set i_x [sweep_directive_ns::get_timing_info $res_dir phys_opt $i_ph]
22.    lappend x $i_ph|[join $i_x |]
23.
24.    route_design -directive $i_r > $res_dir/route_${i_r}.log
25.    set i_x [sweep_directive_ns::get_timing_info $res_dir route $i_r]
26.    lappend x $i_r|[join $i_x |]
27.
28.    close_design
29.    puts $fid [join $x ,]
30.}
31.close $fid
```

表 10-2

place_design	phys_opt_design	route_design
Default | 0.529 | 0.529	Default | 0.529 | 0.529	Default | 0.259 | 0.259
Explore | 0.517 | 0.517	Explore | 0.517 | 0.517	Explore | 0.326 | 0.326
ExtraNetDelay_high | 0.501 | 0.501	AggressiveExplore | 0.501 | 0.501	NoTimingRelaxation | 0.155 | 0.155

10.7　本章小结

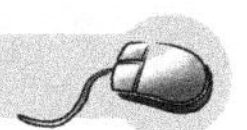

本章小结如表 10-3 所示。

表 10-3

关键内容	命令	应用实例
Project 模式	create_project add_files import_files update_compile_order launch_runs wait_on_run open_run	代码 10-6 代码 10-10 代码 10-27
Non-Project 模式	read_verilog read_vhdl read_ip read_xdc read_edif read_checkpoint write_checkpoint opt_design place_design phys_opt_design route_design write_bitstream	代码 10-11 代码 10-12 代码 10-13 代码 10-14 代码 10-15 代码 10-16 代码 10-29

第 11 章

Vivado 设计资源管理

11.1 管理资源要素

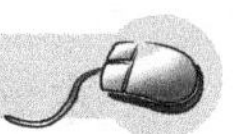

在 Project 模式下，若以 Vivado 图形界面的方式查看当前工程，则可看到所有的设计资源，如图 11-1 所示。通常情况下，设计资源包括 HDL 代码文件（又分为用于仿真的 HDL 代码文件、可综合的 RTL 代码文件）、网表文件（可以是“.edn”文件，也可以是“.dcp”文件）、IP 文件（可以是“.xci”文件，也可以是“.xcix”文件）、BD 文件（基于 IP 集成器，即 IPI 的 Block Design 文件）、约束文件（可以是“.xdc”文件，也可以是“.tcl”文件）、辅助文件（钩子脚本文件、增量编译用到的文件）。这些文件共同构成了 Vivado 工程的资源要素。

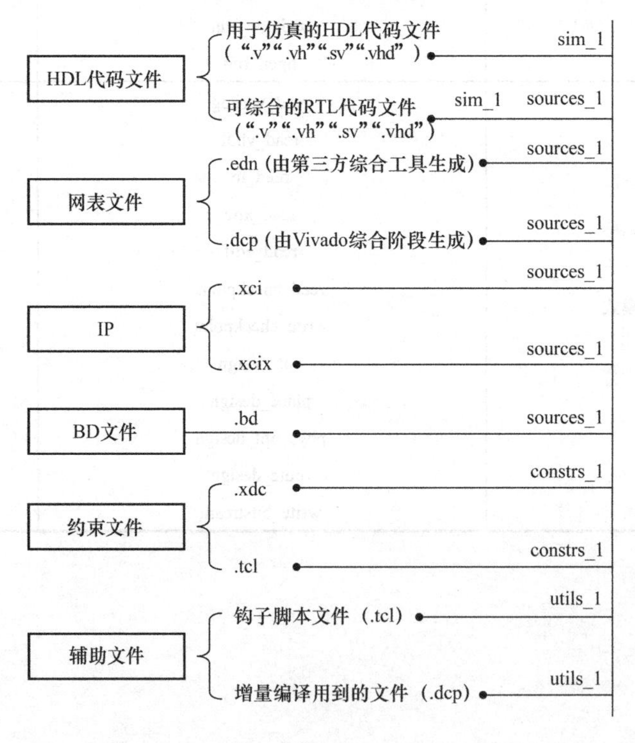

图 11-1

Vivado 对这些资源要素进行了分类，并将其放置在不同的文件集中。通常情况下，一旦创建一个 Vivado 工程，就会同时创建 4 个文件集，分别为 sources_1、constrs_1、sim_1 和 utils_1。图 11-1 清晰显示了这 4 个文件集各自包含的内容。这 4 个文件集在 Vivado 工程中也可清楚地看到，如图 11-2 所示。

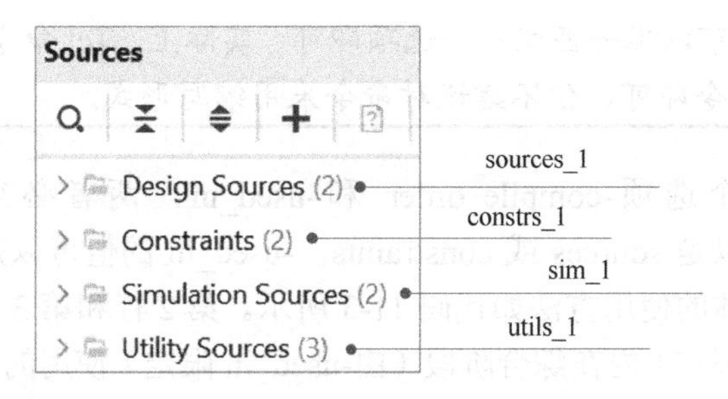

图 11-2

命令 get_filesets 可用于获得当前工程下的文件集，如代码 11-1 所示。

代码 11-1

```
1. # res_mgmt_ex1.tcl
2. get_filesets
3. => sources_1 constrs_1 sim_1 utils_1
```

在不同的 Vivado 工程中可能会包含不同种类的资源要素。例如，RTL 设计会包含 HDL 代码文件；基于 SoC 芯片的设计会包含“.bd”文件；所有的工程都会包含约束文件（至少包含最基本的时钟周期约束、引脚分配和电平设定等）。同时，这些资源要素也可看作 Vivado 工程中的对象，每个对象都有自己的属性（Property），利用这些属性可加强对设计的管理和分析。

11.2 管理 HDL 代码文件

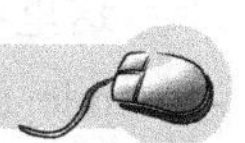

在 Vivado 下，将 HDL 代码文件分为两类：一类是可综合的 RTL 代码文件；另一类是用于仿真的测试文件（HDL 代码文件），两者是有重合的，换言之，可综合的 RTL 代码文件也会在仿真时使用。使用命令 get_files 可获得相应的文件，具体的使用方法如代码 11-2 所示。get_files 有一个选项-of，该选项的全称是-of_objects，其值通常是一个或多个文件集，意味着获取的是该文件集内的文件，因此，-of 执行的是一种限定性功能。第 2 行代码获取的是文件集 sources_1 内的文件。第 3 行代码获取的是文件集 sources_1 内的所有 Verilog 文件。第 4 行代码获取的是文件集 sim_1 内的文件。第 5 行代码获取的是文件集 sources_1 内的以“.xci”为后缀的 IP 文件。第 6 行代码获取的是文件集 sources_1 和 sim_1 内的文件。

代码 11-2

```
1. # res_mgmt_ex2.tcl
2. set src_files [get_files -of [get_filesets sources_1]]
3. set verilog_files [get_files -of [get_filesets sources_1] *.v]
4. set sim_files [get_files -of [get_filesets sim_1]]
5. set ip_files [get_files -of [get_fileset sources_1] *.xci]
6. set hdl_files [get_files -of [get_filesets {sources_1 sim_1}]]
```

总结：在 Vivado 中使用 Tcl 命令时，如果该命令有选项，那么该选项可以采用缩写形式，只要该缩写形式可以唯一匹配一个选项即可。实际上，Tcl 命令也可以采用缩写形式，只要能唯一匹配一个命令即可，但不建议对命令采用缩写形式。

get_files 还有两个选项-compile_order 和-used_in，两者必须同时使用。其中，-compile_order 的值可以是 sources 或 constraints；-used_in 的值可以是 synthesis、simulation 或 implementation，具体的使用方法如代码 11-3 所示。第 2 行和第 3 行代码的含义是获取文件集 sources_1（由-of 限定）内在综合阶段（由-used_in 限定）使用的文件，并将其按 Vivado 编译顺序排列（由-compile_order 限定）。

代码 11-3

```
1. # res_mgmt_ex3.tcl
2. get_files -compile_order sources -used_in synthesis \
3.     -of [get_filesets sources_1]
4. get_files -compile_order sources -used_in synthesis \
5.     -of [get_files -of [get_filesets sources_1] *.xci]
6. get_files -compile_order sources -used_in simulation \
7.     -of [get_filesets sources_1]
```

总结：在使用命令 get_files 时，最好与命令 get_filesets 结合使用，即获取指定文件集内的文件。当在命令 get_files 中添加-compile_order 和-used_in 时，-of 后只能指定一个文件集。

这里不得不提到另一个命令 report_compile_order，该命令的功能与 get_files 命令联合选项-compile_order 和-used_in 使用时的功能一致。report_compile_order 也有几个起限定功能的选项。例如，-sources 限定了文件来自 sources_1 或 sim_1；-constraints 限定了文件必须是约束文件；-used_in 选项与 get_files 命令的-used_in 选项功能一致，限定了文件的作用阶段。

可以直接在 Vivado 中查看 HDL 代码的文件编译顺序，如图 11-3 所示。图 11-3 中的 Simulation 可切换为 Synthesis 或 Implementation。

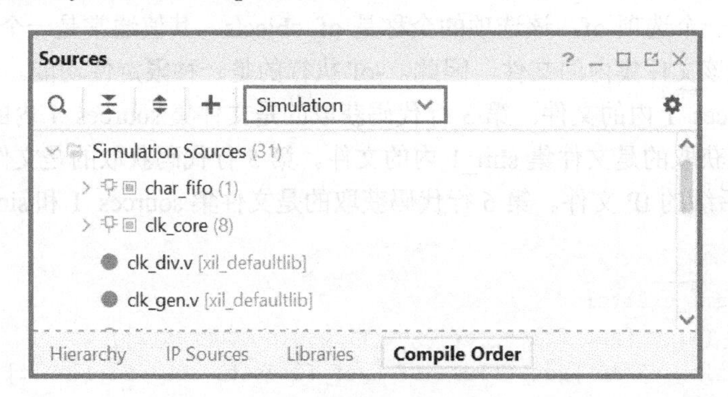

图 11-3

在 Vivado 图形界面方式下，凡是能够选中的对象大多会有自己的属性，这些属性会显示在属性窗口中，如果属性窗口中未出现属性，则同时按下 Ctrl+E 键就可以看到。以 Vivado

自带的工程 wavegen 为例，选中顶层文件 wave_gen.v，其属性窗口如图 11-4 所示。

Source File Properties

wave_gen.v

Property	Value
CLASS	file
CORE_CONTAINER	
FILE_TYPE	Verilog
IS_AVAILABLE	✓
IS_ENABLED	☑
IS_GENERATED	
IS_GLOBAL_INCLUDE	☐
IS_NGC_WRAPPER	
LIBRARY	xil_defaultlib
NAME	C:/SDemo2019/Vivado/tcl_ctrl/wavegen_prj/Sources/hdl/wave_gen.v
NEEDS_REFRESH	
PATH_MODE	RelativeFirst
USED_IN	synthesis, implementation, simulation
USED_IN_IMPLEMENTATION	☑
USED_IN_SIMULATION	☑
USED_IN_SYNTHESIS	☑

General　Properties

图 11-4

在图 11-4 所示的属性中，有的是只读的（如 CLASS），有的是可读、可写的（如 USED_IN）。利用命令 report_property 也可获得这些属性值，此时在 report_property 后可直接跟需要获取属性的对象。该命令的常见使用形式如代码 11-4 所示。第 2 行代码通过选项-class 指定类别为 file，此时该命令返回的是文件所具备的属性，并不针对某个具体文件，返回结果如图 11-5 所示。第 3 行代码返回的是选中对象所具备的属性，这里使用了命令 get_selected_objects，该命令返回的是当前选中的对象，即文件 wave_gen.v，如第 9 行代码所示（在使用该命令前，需要先选中某个对象）。第 3 行和第 4 行代码是等效的，返回结果如图 11-6 所示。图 11-6 显示了属性的三要素：属性的数据类型（string、bool、enum 等）、属性的可读性（true 表示只读，false 表示可读、可写）和属性值。第 6 行和第 7 行代码使用了正则表达式，即通过正则表达式匹配属性，并返回匹配到的属性三要素，如图 11-7 和图 11-8 所示。

代码 11-4

```
1. # res_mgmt_ex4.tcl
2. report_property -class file
3. report_property -all [get_selected_objects]
4. report_property \
5. [get_files C:/SDemo2019/Vivado/tcl_ctrl/wavegen_prj/Sources/hdl/wave_gen.v]
6. report_property [get_selected_objects] -regexp .*TYPE
7. report_property [get_selected_objects] -regexp USED_IN.*
8. get_selected_objects
9. => C:/SDemo2019/Vivado/tcl_ctrl/wavegen_prj/Sources/hdl/wave_gen.v
```

```
report_property -class file
Property                          Description
--------------------------------  ------------------------------------------
CLASS                             Description: no description available
                                  Type: string
                                  Read-only: true

CORE_CONTAINER                    Description: no description available
                                  Type: string
                                  Read-only: true

EXCLUDE_DEBUG_LOGIC               Description: no description available
                                  Type: bool
                                  Read-only: false

FILE_TYPE                         Description: no description available
                                  Type: enum
                                  Read-only: false
```

图 11-5

```
report_property [get_selected_objects]
Property                  Type     Read-only  Value
CLASS                     string   true       file
CORE_CONTAINER            string   true
FILE_TYPE                 enum     false      Verilog
IS_AVAILABLE              bool     true       1
IS_ENABLED                bool     false      1
IS_GENERATED              bool     true       0
IS_GLOBAL_INCLUDE         bool     false      0
IS_NGC_WRAPPER            bool     true       0
LIBRARY                   string   false      xil_defaultlib
NAME                      string   true       C:/SDemo2019/Vivado/tcl_ctrl/wavegen_prj/Sources/hdl/wave_gen.v
NEEDS_REFRESH             bool     true       0
PATH_MODE                 enum     false      RelativeFirst
USED_IN                   string*  false      synthesis implementation simulation
USED_IN_IMPLEMENTATION    bool     false      1
USED_IN_SIMULATION        bool     false      1
USED_IN_SYNTHESIS         bool     false      1
get_selected_objects
C:/SDemo2019/Vivado/tcl_ctrl/wavegen_prj/Sources/hdl/wave_gen.v
```

图 11-6

```
report_property [get_selected_objects] -regexp .*TYPE
Property   Type  Read-only  Value
FILE_TYPE  enum  false      Verilog
```

图 11-7

```
report_property [get_selected_objects] -regexp USED_IN.*
Property                Type     Read-only  Value
USED_IN                 string*  false      synthesis implementation simulation
USED_IN_IMPLEMENTATION  bool     false      1
USED_IN_SIMULATION      bool     false      1
USED_IN_SYNTHESIS       bool     false      1
```

图 11-8

如果需要获取指定对象的所有属性名，则可使用命令 list_property 实现，其后直接跟随目标对象。如果需要获取指定对象的指定属性的属性值，则可使用命令 get_property 实现，其后需要跟随两个参数：属性名和目标对象。两者的具体使用方法如代码 11-5 所示。

代码 11-5

```
1. # res_mgmt_ex5.tcl
2. set f \
3. [get_files C:/SDemo2019/Vivado/tcl_ctrl/wavegen_prj/Sources/hdl/wave_gen.v]
4. C:/SDemo2019/Vivado/tcl_ctrl/wavegen_prj/Sources/hdl/wave_gen.v
5. foreach i_property [list_property $f] {
6.     puts "$i_property :\t [get_property $i_property $f]"
7. }
8. => CLASS :  file
9. => CORE_CONTAINER :
10.=> FILESET_NAME :  sources_1
11.=> FILE_TYPE :  Verilog
12.=> IS_AVAILABLE :  1
13.=> IS_ENABLED :  1
14.=> IS_GENERATED :  0
15.=> IS_GLOBAL_INCLUDE :  0
16.=> IS_NGC_WRAPPER :  0
17.=> LIBRARY :  xil_defaultlib
18.=> NAME :  C:/SDemo2019/Vivado/tcl_ctrl/wavegen_prj/Sources/hdl/wave_gen.v
19.=> NEEDS_REFRESH :  0
20.=> PATH_MODE :  RelativeFirst
21.=> USED_IN :  synthesis implementation simulation
22.=> USED_IN_IMPLEMENTATION :  1
23.=> USED_IN_SIMULATION :  1
24.=> USED_IN_SYNTHESIS :  1
```

对于可读、可写的文件属性，有时需要修改其属性值。一个典型的应用场景是添加的VHDL文件使用了 VHDL 2008 的语法，这时就要将文件类型改为 VHDL 2008；或者添加的 Verilog 文件使用了 SystemVerilog 语法，但文件名后缀仍然是“.v”，这时就要将其文件类型改为 SystemVerilog。在 Non-Project 模式下使用命令 read_vhdl 时，可通过选项-vhdl2008 指定文件类型为 VHDL 2008；使用命令 read_verilog 时，可通过选项-sv 指定后缀为“.v”的 Verilog 文件类型为 SystemVerilog。在 Project 模式下，可通过图形界面的方式修改属性值，如图 11-9 所示。具体使用方法如代码 11-6 所示。

代码 11-6

```
1. # res_mgmt_ex6.tcl
2. # Project mode
3. set_property file_type {VHDL 2008} [get_files C:/myuram.vhd]
4. set_property file_type SystemVerilog [get_files C:/mybram.v]
5. # Non-Project mode
6. read_verilog -sv ./mybram.v
7. read_vhdl -vhdl2008 ./myuram.vhd
```

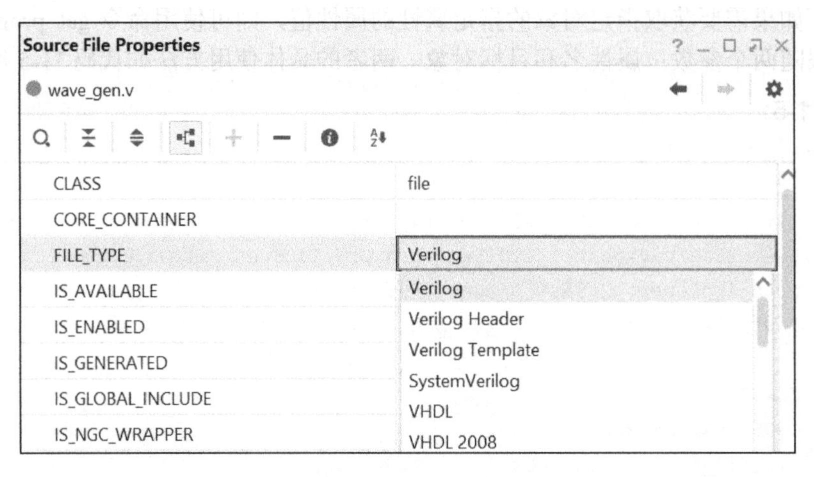

图 11-9

还可以利用属性筛选出目标文件，通常会和 Tcl 命令中的选项-filter 联合使用，如代码 11-7 所示：利用属性 FILE_TYPE 筛选出 Verilog 头文件。此处的属性值 Verilog Header 是中间有空格的字符串，需要放在双引号内。

代码 11-7

```
1. # res_mgmt_ex7.tcl
2. get_files -of [get_filesets sources_1] -filter {FILE_TYPE=="Verilog Header"}
```

11.3 管理约束文件

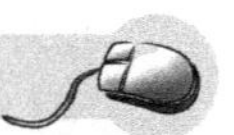

就约束类型而言，可将约束分为时序约束、引脚约束、调试约束、位置约束；就其作用对象而言，可分为面向整个工程的约束和面向指定模块的约束；就其作用域而言，可分为综合阶段和实现阶段均起作用的约束，以及只在实现阶段起作用的约束。为了便于约束文件的管理和维护，可将这些约束分别写入不同的文件中，从而形成如图 11-10 所示的约束文件体系。其中，时序约束文件和引脚约束文件是必须的，而调试约束文件、位置约束文件和针对某个模块的约束文件则是可选的。具体使用方法如代码 11-8 所示。

代码 11-8

```
1. # res_mgmt_ex8.tcl
2. get_files -of [get_filesets constrs_1]
3. get_files -compile_order constraints -used_in implementation
4. report_compile_order -constraints -used_in implementation
```

同样地，每个约束文件都有自己的属性，常见属性及其属性值如图 11-11 所示。可通过命令 report_property 或 get_property 获得这些属性值。

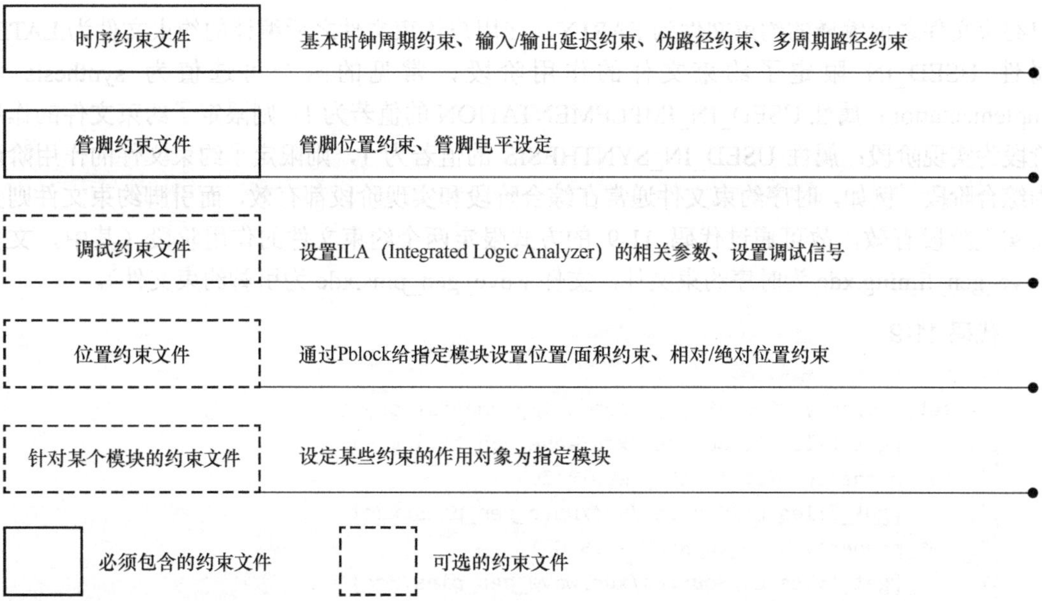

约束文件	说明
时序约束文件	基本时钟周期约束、输入/输出延迟约束、伪路径约束、多周期路径约束
管脚约束文件	管脚位置约束、管脚电平设定
调试约束文件	设置ILA（Integrated Logic Analyzer）的相关参数、设置调试信号
位置约束文件	通过Pblock给指定模块设置位置/面积约束、相对/绝对位置约束
针对某个模块的约束文件	设定某些约束的作用对象为指定模块

必须包含的约束文件　　可选的约束文件

图 11-10

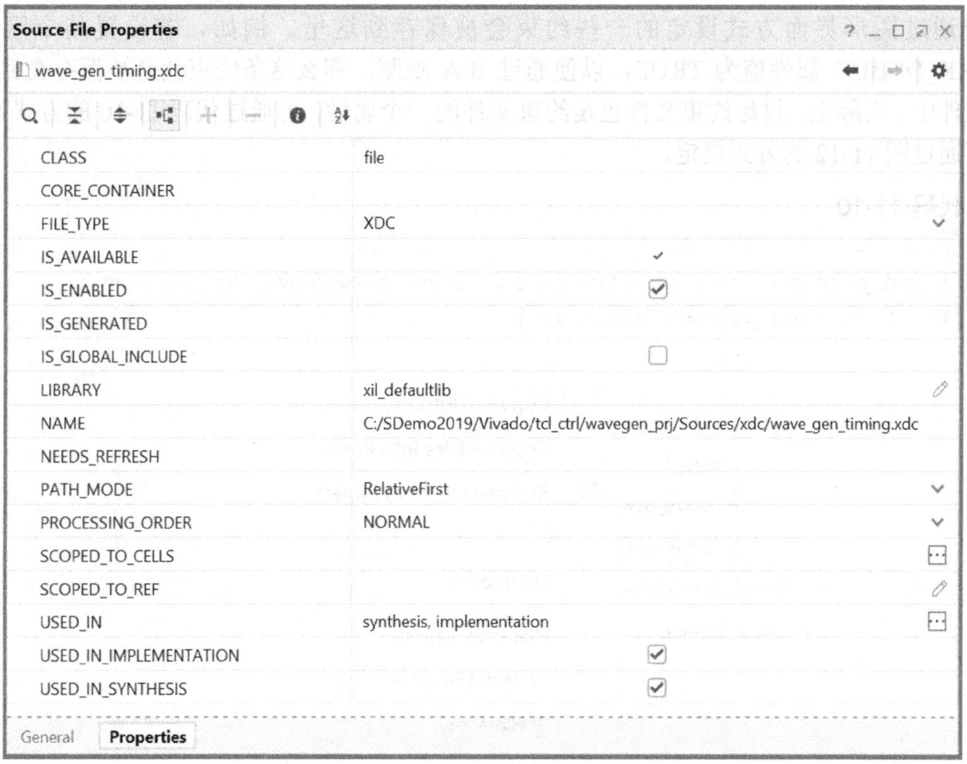

Source File Properties

wave_gen_timing.xdc

CLASS	file
CORE_CONTAINER	
FILE_TYPE	XDC
IS_AVAILABLE	✓
IS_ENABLED	☑
IS_GENERATED	
IS_GLOBAL_INCLUDE	☐
LIBRARY	xil_defaultlib
NAME	C:/SDemo2019/Vivado/tcl_ctrl/wavegen_prj/Sources/xdc/wave_gen_timing.xdc
NEEDS_REFRESH	
PATH_MODE	RelativeFirst
PROCESSING_ORDER	NORMAL
SCOPED_TO_CELLS	
SCOPED_TO_REF	
USED_IN	synthesis, implementation
USED_IN_IMPLEMENTATION	☑
USED_IN_SYNTHESIS	☑

General　Properties

图 11-11

在这些属性中，属性 SCOPED_TO_CELLS 和 SCOPED_TO_REF 可限定指定的约束文件包含的约束作用于指定的模块；属性 PROCESSING_ORDER 用于指示约束文件的编译顺序，有三个可选值 EARLY、NORMAL 和 LATE，其中，参考约束文件为用户约束文件，即在用户约束文件之前编译的约束文件为 EARLY，在用户约束文件之后编译的约束文件为 LATE；属性 USED_IN 限定了约束文件的作用阶段，常见的两个可选值为 synthesis 和 implementation；属性 USED_IN_IMPLEMENTATION 的值若为 1，则限定了约束文件的作用阶段为实现阶段；属性 USED_IN_SYNTHESIS 的值若为 1，则限定了约束文件的作用阶段为综合阶段。例如，时序约束文件通常在综合阶段和实现阶段都有效，而引脚约束文件则只在实现阶段有效，故可通过代码 11-9 的方式限定两个约束文件的作用阶段（其中，文件 wave_gen_timing.xdc 为时序约束文件，文件 wave_gen_pins.xdc 为引脚约束文件）。

代码 11-9

```
1. # res_mgmt_ex9.tcl
2. set_property USED_IN {synthesis implementation} \
3.     [get_files C:/Sources/xdc/wave_gen_timing.xdc]
4. set_property USED_IN_IMPLEMENTATION 1 \
5.     [get_files C:/Sources/xdc/wave_gen_pins.xdc]
6. set_property USED_IN_SYNTHESIS 0 \
7.     [get_files C:/Sources/xdc/wave_gen_pins.xdc]
```

对于约束文件，有时需要将其中一个设定为目标约束文件（Target Constraint File），意味着通过图形界面方式设定的一些约束会被保存到这里。例如，若设置某个网线的 MARK_DEBUG 属性值为 TRUE，以便通过 ILA 观测，那么这条约束就会被保存在目标约束文件中。实际上，目标约束文件也是约束文件的一个属性，可通过代码 11-10 的方式设定，也可通过图 11-12 的方式设定。

代码 11-10

```
1. # res_mgmt_ex10.tcl
2. set_property target_constrs_file C:/Sources/xdc/wave_gen_pins.xdc \
3.     [current_fileset -constrset]
```

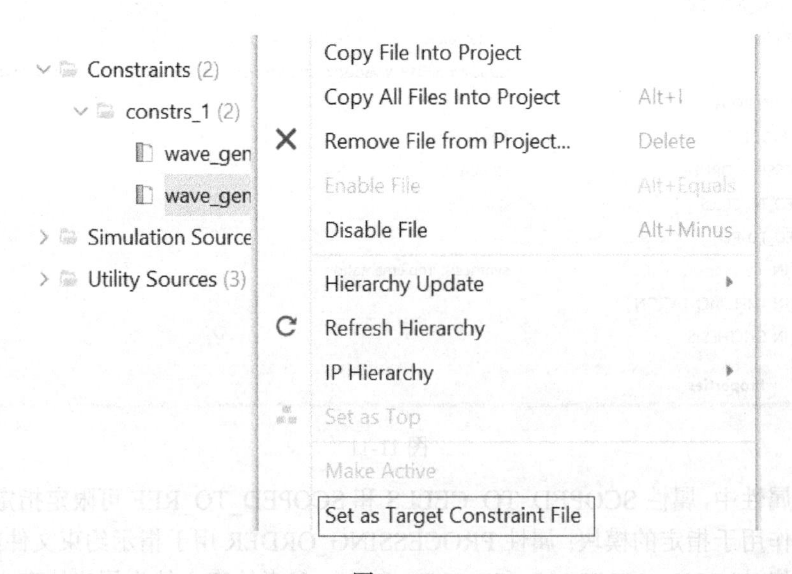

图 11-12

11.4　管理 IP 文件

这里的 IP 文件是指 Vivado IP Catalog 中的 IP。IP 文件通常有两种形式：“.xcix”和“.xci”。IP 文件的形式取决于是否勾选图 11-13 中选项 Project Settings 下 IP 内的 Use Core Containers for IP 复选框。如果勾选，则 IP 文件的形式为“.xcix”。该操作对应的脚本如代码 11-11 所示，不难看出，这是 Vivado 工程的一个属性。

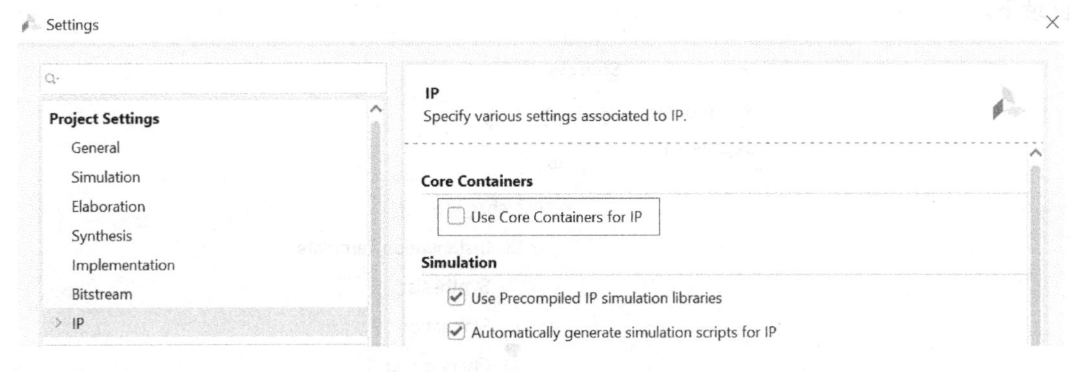

图 11-13

代码 11-11

```
1. # res_mgmt_ex11.tcl
2. set_property coreContainer.enable 1 [current_project]
```

如果 IP 文件的形式为“.xci”（Xilinx Core Instance），那么每个 IP 文件都会生成一个以 IP 名命名的文件目录，包含与该 IP 相关的文件，如“.xci”文件和“.xdc”文件。如果为 IP 选择 OOC 的综合方式，那么生成的“.dcp”文件也在该目录下，如图 11-14 所示。

图 11-14

如果 IP 文件的形式为“.xcix”，那么每个 IP 不再拥有独立的文件目录，如图 11-15 左侧所示，但在 Vivado 图形用户界面下显示的内容并没有差异，如图 11-15 右侧所示。实际上，“.xcix”是一个二进制压缩文件，包含所有以“.xci”形式生成的所有 IP 文件。使用“.xcix”的最大好处是简化了 IP 的管理，在添加 IP 时，直接选中所有的“.xcix”进行添加即可，而不用一个目录、一个目录地找到“.xci”并添加。同时，由于只有“.xcix”文件，版本管理也变得容易了许多。在 IP 文件的形式为“.xcix”时，Vivado 会把一些支持文件，如实例化文件、仿真用到的文件、第三方综合工具用到的文件等统一放到<project_name>.ip_user_files 目录下。

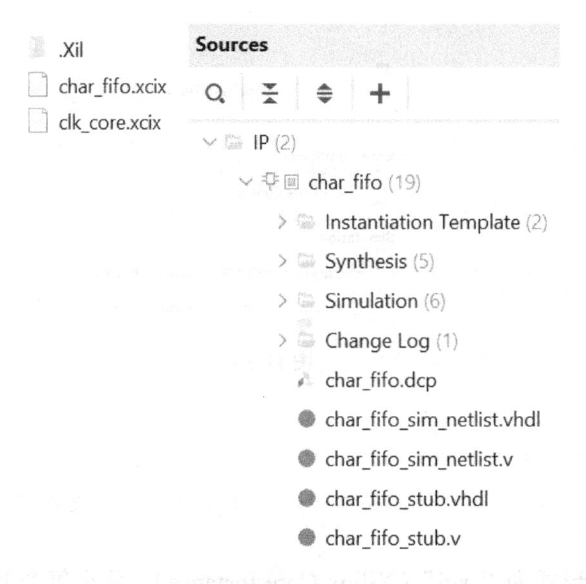

图 11-15

“.xci”和“.xcix”之间是可以相互转换的，如可通过图形界面的方式转换，如图 11-16 所示（这里是“.xci”形式，通过 Enable Core Container 可将把“.xci”转换为“.xcix”。如果是“.xcix”形式，图 11-16 中的方框内容将变为 Disable Core Container，从而将“.xcix”转换为“.xci”）。对应的 Tcl 命令如代码 11-12 所示。

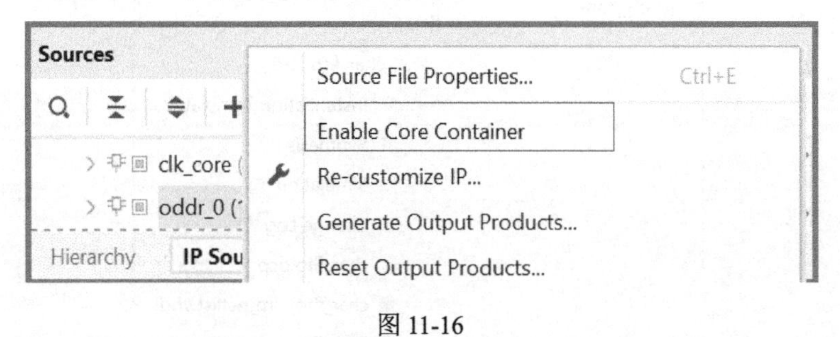

图 11-16

代码 11-12

```
1. # res_mgmt_ex12.tcl
2. convert_ips [get_files c:/ip/char_fifo/char_fifo.xci]
```

命令 report_ip_status 可生成 IP 状态报告，具体用法如代码 11-13 所示，生成的报告样例如图 11-17 所示。图 11-17 中的倒数第二列 Current Version 为 IP 的当前版本，倒数第一列 Recommended Version 为建议版本，若两者不一致，则说明 IP 需要更新。如果需要更新 IP，则可借助命令 upgrade_ip 实现，该命令的具体用法如代码 11-13 中的第 3 行和第 4 行所示。这里还用到了命令 get_ips，用于获取指定 IP。

代码 11-13

```
1. # res_mgmt_ex13.tcl
2. report_ip_status -name ip_status
3. upgrade_ip [get_ips char_fifo]
4. upgrade_ip [get_ips]
```

Tcl Console | Messages | Log | Reports | **Design Runs** | **IP Status** ×

Up-to-dates (3) | Hide All

Source File		IP Status	Recommendation	Change Log	IP Name	Current Version	Recommended Version
char_fifo		Up-to-date	No changes required	More info	FIFO Generator	13.2 (Rev. 5)	13.2 (Rev. 5)
clk_core		Up-to-date	No changes required	More info	Clocking Wizard	6.0 (Rev. 5)	6.0 (Rev. 5)
oddr_0		Up-to-date	No changes required	More info	oddr	1.0 (Rev. 2)	1.0 (Rev. 2)

图 11-17

命令 write_ip_tcl 可用于生成一个可以重建 IP 的 Tcl 脚本文件，具体用法如代码 11-14 所示。在第 2 行代码中的命令 write_ip_tcl 后紧跟 get_ips 获取的 IP 对象，-force 用于强行覆盖已有文件，其后的值为生成的 Tcl 脚本文件名。因此，第 2 行代码会生成 IP char_fifo 的脚本文件 char_fifo.tcl。第 4 行代码中的 get_ips 会返回当前工程中的所有 IP，故 write_ip_tcl 会生成一个以工程名命名的 Tcl 脚本文件（在这里是 wavegen.tcl，不需指定生成脚本的文件名）。此时该命令的返回值为生成脚本的文件名，如第 5 行代码所示。第 3 行代码中的选项 -ip_name 用于指定 IP 名，这里提供了创建一个新 IP 的方法，要求 get_ips 只能获取一个 IP 对象。第 6 行代码中的选项-multiple_files 会针对 get_ips 获取的每个 IP 分别创建以其 IP 名命名的脚本文件，此时 write_ip_tcl 的返回值为这些脚本文件名，如第 7 行代码所示。

代码 11-14

```
1. # res_mgmt_ex14.tcl
2. write_ip_tcl [get_ips char_fifo] -force ./char_fifo.tcl
3. write_ip_tcl -ip_name char_fifo1 [get_ips char_fifo] ./char_fifo1.tcl
4. write_ip_tcl [get_ips] -force
5. => C:/SDemo2019/Vivado/wavegen.tcl
6. write_ip_tcl -multiple_files [get_ips] -force
7. => C:/SDemo2019/Vivado/char_fifo.tcl C:/SDemo2019/Vivado/clk_core.tcl
```

以第 2 行代码生成的脚本文件 char_fifo.tcl 为例，其核心内容如图 11-18 所示。第 63 行代码用于创建 IP，第 65 行～74 行代码用于设置 IP 的基本参数，第 76 行～78 行代码用于指定是否生成“.dcp”文件（设定了 IP 的综合方式）。新建 Vivado 工程后，直接在 Tcl Console

中执行 source char_fifo.tcl 即可创建 IP char_fifo。

```
59 ###################################################################
60 # CREATE IP char_fifo
61 ###################################################################
62
63 set char_fifo [create_ip -name fifo_generator -vendor xilinx.com -library ip -version 13.2 -module_name char_fifo]
64
65 set_property -dict {
66   CONFIG.Fifo_Implementation {Independent_Clocks_Block_RAM}
67   CONFIG.Performance_Options {First_Word_Fall_Through}
68   CONFIG.Input_Data_Width {8}
69   CONFIG.Output_Data_Width {8}
70   CONFIG.Full_Threshold_Assert_Value {1023}
71   CONFIG.Full_Threshold_Negate_Value {1022}
72   CONFIG.Empty_Threshold_Assert_Value {4}
73   CONFIG.Empty_Threshold_Negate_Value {5}
74 } [get_ips char_fifo]
75
76 set_property -dict {
77   GENERATE_SYNTH_CHECKPOINT {1}
78 } $char_fifo
79
80 ###################################################################
```

图 11-18

命令 copy_ip 的功能是对 IP 进行复制，具体使用方法如代码 11-15 所示。选项-name 用于指定新 IP 的名字，第 2 行代码会创建一个名为 char_fifo1 的新 IP（char_fifo 和 char_fifo1 只是个别参数不同），这种方式可以快速继承原有 IP 参数，达到快速创建 IP 的目的。

代码 11-15

```
1. # res_mgmt_ex15.tcl
2. copy_ip -name char_fifo1 [get_ips char_fifo]
```

有时在使用 IP 时，会发现 IP 处于被锁定的状态，这可通过命令 report_ip_status 生成的报告查看，如图 11-19 所示。一旦 IP 被锁定，在 IP 名字前就会出现一个红锁的标记。

Tcl Console | Messages | Log | Reports | Design Runs | **IP Status** ×

Others (3) Hide All

Source File	IP Status	Recommendation	Change Log	IP Name
char_fifo	Project read-only. IP revision change	Check permissions	More info	FIFO Generator
clk_core	Project read-only. IP revision change	Check permissions	More info	Clocking Wizard

图 11-19

除此之外，也可以通过代码 11-16 所示的方式判断 IP 是否被锁定。命令 get_property 用于获取属性 IS_LOCKED 的属性值，如果 IP 被锁定，则该属性值为 1，否则为 0。

代码 11-16

```
1. # res_mgmt_ex16.tcl
2. get_property IS_LOCKED [get_ips char_fifo]
3. => 1
```

那么，IP 为什么会被锁定呢？可能有以下几种原因。

- IP 文件是只读的：如果工程是由 Vivado 2020.1 版本创建的，之后又用 Vivado 2019.1 版本打开，则在打开之后，整个工程会处于只读状态，包括其中的 IP 文件，因此，IP 文件会被锁定。
- IP 版本发生变化：可能是重大变化（Major Change），也可能是微小变化（Minor Change），这可由 IP Status 报告中的 Current Version 和 Recommended Version 判断。例如：从版本号 13.2（Rev.4）到版本号 13.2（Rev.5）属于微小变化，从版本号 6.0 到版本号 6.1 就属于重大变化。一旦有这些变化，IP 就可能被锁定。
- IP 没有独立的文件目录：如果使用的是“.xci”形式的 IP，那么每个 IP 都需要有自己独立的文件目录。在工程实践中，可能会出现把多个 IP 复制给另一个工程使用的情况，有时工程师为了省事，只复制了“.xci”文件，将其统一放置在同一个文件目录下，此时就会导致 IP 被锁定。
- 芯片型号更改：如果某个 IP 在定制时用到的芯片型号为 A，又把该 IP 给另一工程使用，该工程的芯片型号为 B，那么此时该 IP 就会被锁定。类似的情形也包括开发板发生更改的情况（在选择芯片型号时选择的是开发板）。

除了上述原因，其他可能的原因还包括 IP License 没有找到，或者 IP 不支持当前的芯片型号等。当 IP 被锁定时，可根据实际情况选择 IP，并进行升级。对于不同版本的 Vivado 工程（如用低版本的 Vivado 打开高版本的 Vivado 工程），要先另存为当前版本，然后再对 IP 进行相应的更新。

11.5 本章小结

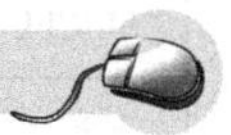

本章小结如表 11-1 所示。

表 11-1

命 令	功 能	示 例
get_filesets	获取 Vivado 工程中的文件集	代码 11-1
get_files	获取 Vivado 工程中的文件	代码 11-2，代码 11-3，代码 11-7
report_property	生成目标对象的属性报告	代码 11-4
get_selected_objects	获取被选中对象的名称	代码 11-4
list_property	获取目标对象的所有属性名	代码 11-5
get_property	获取目标对象指定属性的属性值	代码 11-5
set_property	设定目标对象指定属性的属性值	代码 11-6，代码 11-9，代码 11-10
report_compile_order	生成编译顺序报告	代码 11-8
convert_ips	实现“.xci”和“.xcix”之间的相互转换	代码 11-12
report_ip_status	生成 IP 状态报告	代码 11-13
upgrade_ip	更新指定 IP	代码 11-13
write_ip_tcl	生成重建 IP 的 Tcl 脚本文件	代码 11-14
copy_ip	复制 IP	代码 11-15

第 12 章

Vivado 设计分析

12.1 FPGA 芯片架构中的对象

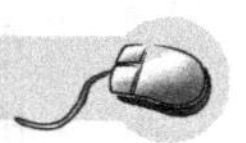

FPGA 设计的一个重要原则之一是 RTL 的代码风格与硬件结构相匹配，可见了解硬件结构的重要性。为便于说明，下面将以 UltraScale 系列芯片为例进行说明。图 12-1 所示是芯片内部结构的基本示意图。总体而言，所有资源以列的方式呈现。

SLICEL	DSP48	SLICEM	SLICEL		SLICEL		SLICEL		GT
SLICEL		SLICEM	SLICEL		SLICEL		SLICEL		
SLICEL		SLICEM	SLICEL	IO MMCM	SLICEL	RAMB36	SLICEL	URAM288	GT
SLICEL	DSP48	SLICEM	SLICEL		SLICEL		SLICEL		
SLICEL		SLICEM	SLICEL		SLICEL		SLICEL		GT
⋮	⋮	⋮	⋮	⋮	⋮	⋮	⋮	⋮	GT
									⋮
SLICEL	DSP48	SLICEM	SLICEL		SLICEL		SLICEL		
SLICEL		SLICEM	SLICEL		SLICEL		SLICEL		GT
SLICEL		SLICEM	SLICEL	IO MMCM	SLICEL	RAMB36	SLICEL	URAM288	
SLICEL	DSP48	SLICEM	SLICEL		SLICEL		SLICEL		GT
SLICEL		SLICEM	SLICEL		SLICEL		SLICEL		

图 12-1

SLICEL（L：Logic）和 SLICEM（M：Memory）的内部资源状况如图 12-2 所示。这些资源可分为三类：第一类是组合逻辑单元，包括查找表（LUT）和数据选择器（F7MUX、F8MUX 和 F9MUX），扮演着逻辑函数发生器的角色；第二类是时序逻辑单元，就是触发器，主要用于数据流水；第三类是计算单元，即进位逻辑，在加法运算时会使用。SLICEL 和 SLICEM 的区别主要体现在 LUT 上，SLICEM 中的 LUT 除了可以用作逻辑函数发生器，还可以用作分布式 RAM 或移位寄存器。

每个 SLICE 都是一个基本的 site，可通过命令 get_sites 获取期望的 SLICE，具体使用方法如代码 12-1 所示（这里以 VU5P 为例）。代码中的“...”表示返回值较多，只给出前三个返回值。第 2 行代码用于获取所有的 SLICE，返回值为所有 SLICE 的名称（NAME 是 SLICE 的一个属性，可在 Property 窗口中查看）。该名称由两部分构成：SLICE+SLICE 的位置坐标。第 4 行代码用于获取坐标为(0, n)（n 是一个整数），也就是第 0 列的 SLICE。第 6 行和第 8 行代码通过属性 SITE_TYPE 分别获取所有的 SLICEL 和 SLICEM。

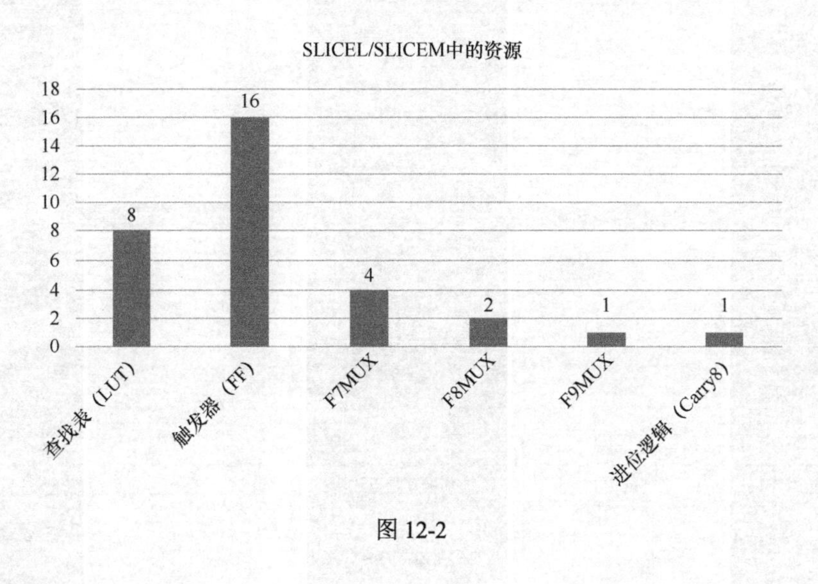

图 12-2

代码 12-1

```
1. # design_analysis_ex1.tcl
2. set all_slice [get_sites SLICE*]
3. => SLICE_X0Y599 SLICE_X1Y599 SLICE_X2Y599 ...
4. set col_slice [get_sites SLICE_X0Y*]
5. => SLICE_X0Y599 SLICE_X0Y598 SLICE_X0Y597 ...
6. set all_sliceL [get_sites -filter "SITE_TYPE == SLICEL"]
7. => SLICE_X0Y599 SLICE_X3Y599 SLICE_X5Y599 ...
8. set all_sliceM [get_sites -filter "SITE_TYPE == SLICEM"]
9. => SLICE_X1Y599 SLICE_X2Y599 SLICE_X4Y599 ...
10.llength $all_slice
11.=> 98520
12.llength $all_sliceL
13.=> 49200
14.llength $all_sliceM
15.=> 49320
```

图 12-3 所示显示了 4 个 SLICE，可以清晰地看到每个 SLICE 的内部结构。SLICE 的内部资源（如 LUT、FF 等）被称为 bel，可通过命令 get_bels 获取到期望的 bel，具体使用方法如代码 12-2 所示。

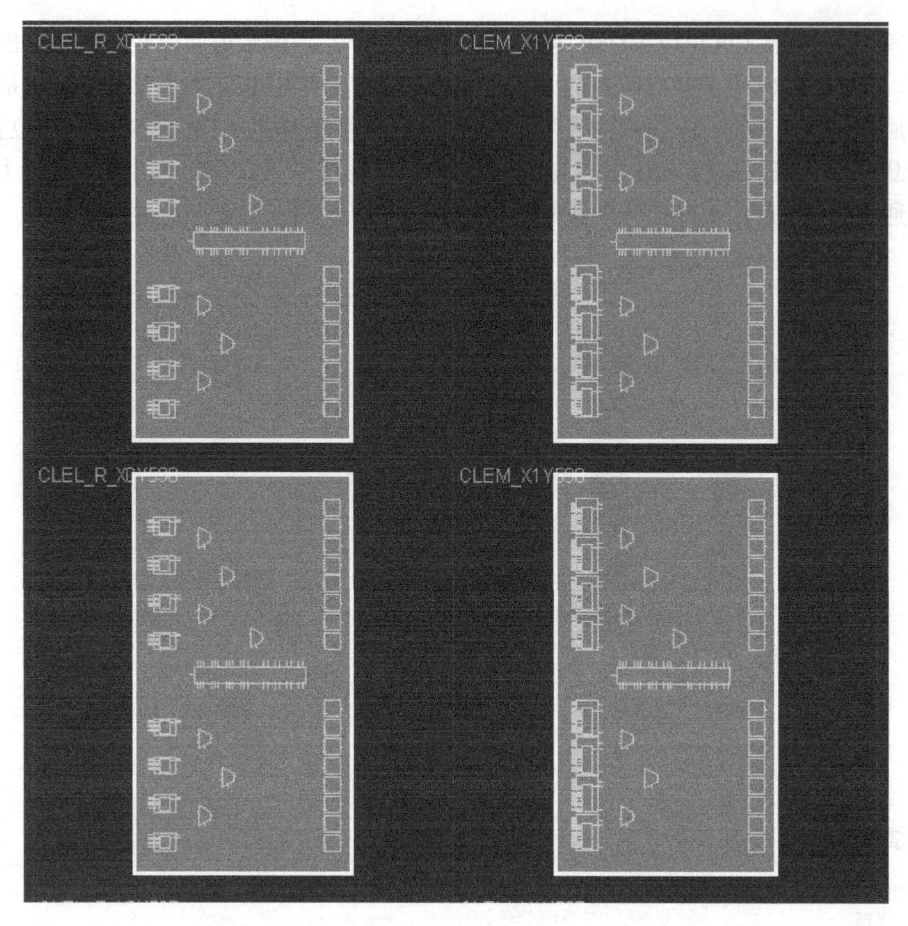

图 12-3

代码 12-2 的第 2 行用于获取 SLICE_X0Y0 中的所有 bel；第 4 行代码只用于获取其中的 6LUT（六输入查找表）；第 9 行和第 10 行代码用于获取其中的 FF，在第 10 行代码中的选项-filter 后是由两个表达式通过逻辑或“||”组合而成的语句。

代码 12-2

```
1. # design_analysis_ex2.tcl
2. set bels_in_slice [get_bels -of [get_sites SLICE_X0Y0]]
3. => SLICE_X0Y0/A5LUT SLICE_X0Y0/A6LUT SLICE_X0Y0/AFF ...
4. set lut_in_slice [get_bels -of [get_sites SLICE_X0Y0] \
5.     -filter "TYPE =~ *6LUT"]
6. => SLICE_X0Y0/A6LUT SLICE_X0Y0/B6LUT SLICE_X0Y0/C6LUT ...
7. llength $lut_in_slice
8. => 8
9. set ff_in_slice [get_bels -of [get_sites SLICE_X0Y0] \
10.    -filter "TYPE =~ *FF || TYPE =~ *FF2"]
11.=> SLICE_X0Y0/AFF SLICE_X0Y0/AFF2 SLICE_X0Y0/BFF ...
12.llength $ff_in_slice
13.=> 16
```

```
14.set all_luts [get_bels -filter "TYPE =~ *6LUT"]
15.=> SLICE_X0Y599/A6LUT SLICE_X0Y599/B6LUT SLICE_X0Y599/C6LUT ...
16.llength $all_luts
17.=> 788160
18.set all_ffs [get_bels -filter "TYPE =~ *FF || TYPE =~ *FF2"]
19.=> SLICE_X0Y599/AFF SLICE_X0Y599/AFF2 SLICE_X0Y599/BFF ...
20.llength $all_ffs
21.=> 1576320
```

总结：在选项-filter 后通常跟随一个表达式。在这个表达式中可以包含相等“==”、不相等“!=”、匹配“=~”、不匹配“!~”等操作符。如果对象为数字类型，则还可使用大于“>”、小于“<”、大于等于“>=”和小于等于“<=”等操作符。如果对象为多个表达式，则还支持逻辑与“&&”和逻辑或“||”。

除了 SLICE，还有其他 site，如 DSP48、Block RAM 和 UltraRAM 等，同样可通过 get_sites 获取，如代码 12-3 所示。

代码 12-3

```
1. # design_analysis_ex3.tcl
2. set all_dsp [get_sites DSP48E2*]
3. => DSP48E2_X0Y238 DSP48E2_X0Y239 ...
4. set all_ramb36 [get_sites RAMB36*]
5. => RAMB36_X0Y119 RAMB36_X1Y119 RAMB36_X2Y119 ...
6. set all_uram [get_sites URAM288*]
7. => URAM288_X0Y156 URAM288_X0Y157 URAM288_X0Y158 ...
8. llength $all_dsp
9. => 4560
10.llength $all_ramb36
11.=> 1440
12.llength $all_uram
13.=> 640
```

一个或多个同类型的 site 可构成一个 tile。和 site 不同，tile 还包括可编程互连资源（Programmable Interconnect），用于 tile 之间的连接。如图 12-4 所示，通过与图 12-3 对比可以发现，两者的方框边界是不同的。对于一个 SLICE 而言，其所在的 tile 只包含 1 个 site；对于 DSP48 而言，一个 tile 包含 2 个 site；对于 Block RAM 而言，一个 tile 包含 3 个 site（2 个 BRAM18K 和 1 个 BRAM36K ）；对于 UltraRAM 而言，一个 tile 包含 4 个 site。典型的 tile 还包含 IO Bank。

根据 site 和 tile 的包含关系可知，已知 site，可找到对应的 tile；已知 tile，也可找到对应的 site。在这一过程中涉及两个命令：get_sites 和 get_tiles，具体用法如代码 12-4 所示。同样地，因为 tile 包含 site，而 site 包含 bel，故已知 tile，可找到其包含的 bel；已知 bel，可找到其所在的 tile。

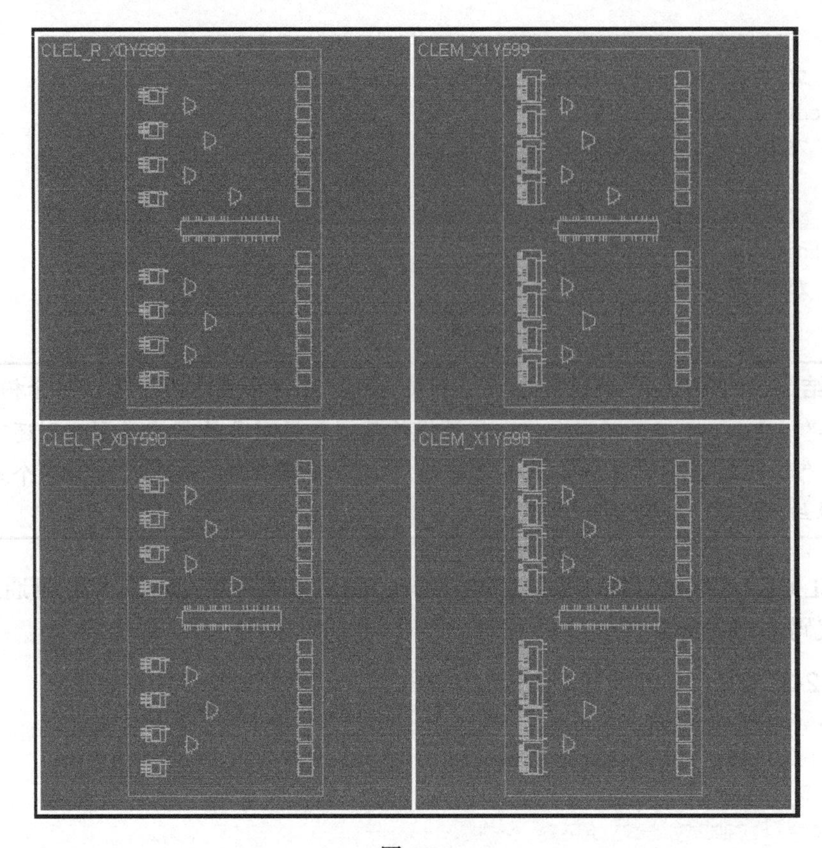

图 12-4

代码 12-4

```
1. # design_analysis_ex4.tcl
2. get_sites -of [get_tiles CLEL_R_X0Y0]
3. => SLICE_X0Y0
4. get_sites -of [get_tiles DSP_X14Y0]
5. => DSP48E2_X2Y0 DSP48E2_X2Y1
6. get_sites -of [get_tiles BRAM_X6Y0]
7. => RAMB18_X0Y1 RAMB18_X0Y0 RAMB36_X0Y0
8. get_sites -of [get_tiles URAM_URAM_FT_X25Y0]
9. => URAM288_X0Y0 URAM288_X0Y1 URAM288_X0Y2 URAM288_X0Y3
10.get_tiles -of [get_sites SLICE_X0Y0]
11.=> CLEL_R_X0Y0
```

不同类型的 tile 按列排列构成了 clock region，如图 12-5 所示，图中的坐标号即为 clock region 的坐标号。实际上，考虑到时钟走线，每片 FPGA 都被分割为多个 clock region。

由于 clock region 包含多个 tile，而 tile 由 site 构成，site 又由 bel 构成，因此，已知 clock region，可以很方便地找到其下的 tile、site 和 bel。反过来，已知 site 或 tile，可以找到其所在的 clock region。但如果已知 bel，则不能直接找到其所在的 clock region。如代码 12-5 所示，命令 get_clock_regions 用于获得期望的 clock region。

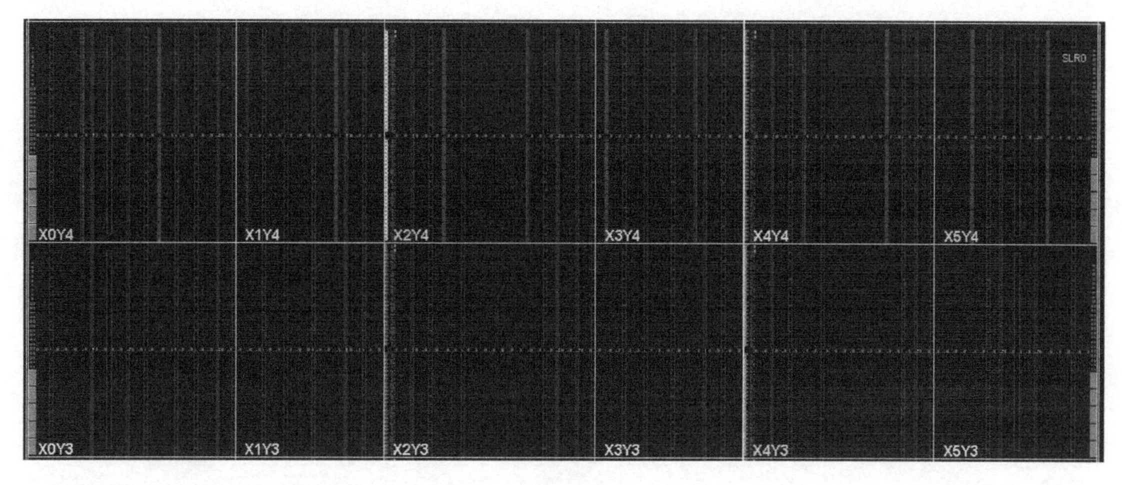

图 12-5

代码 12-5

```
1. # design_analysis_ex5.tcl
2. set all_cr [get_clock_regions]
3. => X0Y0 X1Y0 X2Y0 X3Y0 X4Y0 X5Y0 X0Y1 ...
4. llength $all_cr
5. => 60
6. get_clock_regions -of [get_tiles CLEL_R_X0Y0]
7. => X0Y0
8. get_tiles -of [get_clock_regions X0Y0]
9. => INT_INTF_L_TERM_GT_X0Y59 INT_X0Y59 CLEL_R_X0Y59 CLEM_X1Y59 ...
10.get_clock_regions -of [get_sites SLICE_X0Y0]
11.=> X0Y0
12.get_sites -of [get_clock_regions X2Y2]
13.=> SLICE_X55Y179 SLICE_X56Y179 SLICE_X57Y179 ...
14.get_bels -of [get_clock_regions X2Y2]
15.=> BIAS_X0Y4/BIAS HPIO_VREF_SITE_X0Y4/HPIO_VREF1 ...
16.get_clock_regions -of [get_sites -of [get_bels SLICE_X0Y0/DFF]]
17.=> X0Y0
```

SLR（Super Logic Region）由多个 clock region 构成。单 die 芯片只包含一个 SLR；而多 die 芯片，也就是 SSI 器件，则包含至少两个 SLR。考虑到 clock region 和 tile、site、bel 的关系，也可得出 SLR 与 tile、site、bel 的关系，如代码 12-6 所示。

代码 12-6

```
1. # design_analysis_ex6.tcl
2. get_slrs
3. => SLR0 SLR1
4. get_clock_regions -of [get_slrs SLR0]
5. => X0Y0 X1Y0 X2Y0 X3Y0 X4Y0 X5Y0 ...
6. get_slrs -of [get_clock_regions X0Y0]
7. => SLR0
```

```
8. get_tiles -of [get_slrs SLR0]
9. => GTY_L_TERM_T_X0Y299 NULL_X1Y310 NULL_X2Y310 ...
10.get_slrs -of [get_tiles CLEL_R_X0Y0]
11.=> SLR0
12.get_sites -of [get_slrs SLR0]
13.=> SLICE_X0Y299 SLICE_X1Y299 SLICE_X2Y299 ...
14.get_slrs -of [get_sites SLICE_X0Y0]
15.=> SLR0
16.get_bels -of [get_slrs SLR0]
17.=> SLICE_X0Y299/A5LUT SLICE_X0Y299/A6LUT ...
18.get_slrs -of [get_bels SLICE_X0Y0/DFF]
19.=> SLR0
```

在此基础上，可以得到 bel、site、tile、clock region 和 SLR 在使用 Tcl 命令时的关系，如图 12-6 所示（A→B，表示已知 A，可通过选项-of 获取 B，也就是-of A）。

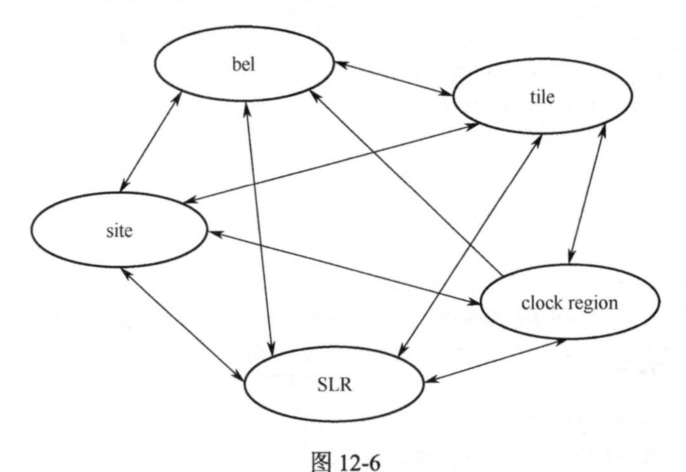

图 12-6

Vivado 具有强大的可视化功能。对于获取的对象，可以通过命令 highlight_objects 使其以高亮方式呈现，也可通过命令 show_objects 使其在单独的窗口中呈现，还可通过命令 mark_objects 对其进行标记。对于以高亮方式呈现的对象，可通过命令 get_highlighted_objects 获取其名称，也可通过命令 unhighlight_objects 对其取消高亮显示。对于被标记的对象，可通过命令 get_marked_objects 获取其名称，也可通过命令 unmark_objects 对其取消标记。unhighlight_objects 和 unmark_objects 的用法相同，都可直接跟随对象或通过选项-color 获取某个指定颜色的对象。这些命令的具体用法如代码 12-7 所示。图 12-7 给出了第 4 行代码的执行结果。图 12-8 给出了第 3 行和第 6 行代码的执行结果，其中，下半部分为第 3 行代码的执行结果，由此可看到高亮方式和标记方式的差异。

代码 12-7

```
1. # design_analysis_ex7.tcl
2. set uram_in_slr0 [get_sites -of [get_slrs SLR0] URAM288*]
3. highlight_objects -color green $uram_in_slr0
4. show_objects -name uram_in_slr0 $uram_in_slr0
```

```
5. set uram_in_slr1 [get_sites -of [get_slrs SLR1] URAM288*]
6. mark_objects -color red $uram_in_slr1
7. get_highlighted_objects
8. get_marked_objects
9. unhighlight_objects $uram_in_slr0
10.highlight_objects $uram_in_slr0
11.unhighlight_objects -color yellow
12.unmark_objects  $uram_in_slr1
13.mark_objects -color red $uram_in_slr1
14.unmark_objects -color red
```

Find Results

Name	Type	Tile	Cells	IOB Alias
URAM288_X0Y76	URAM288	URAM_URAM_DELAY_FT_X25Y285	0	
URAM288_X0Y77	URAM288	URAM_URAM_DELAY_FT_X25Y285	0	
URAM288_X0Y78	URAM288	URAM_URAM_DELAY_FT_X25Y285	0	
URAM288_X0Y79	URAM288	URAM_URAM_DELAY_FT_X25Y285	0	
URAM288_X1Y76	URAM288	URAM_URAM_DELAY_FT_X42Y285	0	
URAM288_X1Y77	URAM288	URAM_URAM_DELAY_FT_X42Y285	0	
URAM288_X1Y78	URAM288	URAM_URAM_DELAY_FT_X42Y285	0	

Sites - uram_in_slr0 (320)

图 12-7

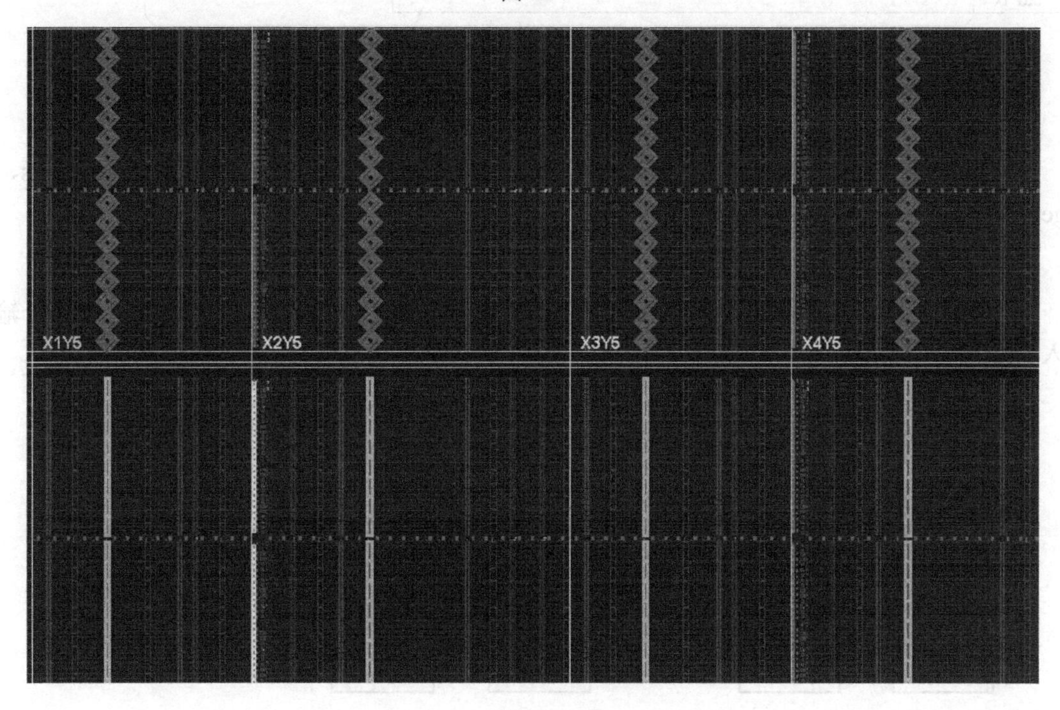

图 12-8

12.2 网表中的对象

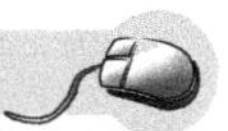

在进行设计分析、设计调试或描述约束时，都要寻找 RTL 代码所描述的对象，例如，寄存器、存储单元、计算单元，或者某个时钟、某个引脚、某根网线、某个端口等。这些对象（单元 cell、时钟 clock、引脚 pin、网线 net、端口 port）共同构成了网表中最关键的 5 个要素。图 12-9 显示了网表中的单元、引脚和网线。不难看出，单元可以小到设计中的某个触发器或组合逻辑映射的查找表，大到设计中的某个模块。每个单元都有引脚，设计顶层的引脚被称为端口，通常每个端口会被分配到 FPGA 芯片的物理引脚上。引脚之间的连线被称为网线。

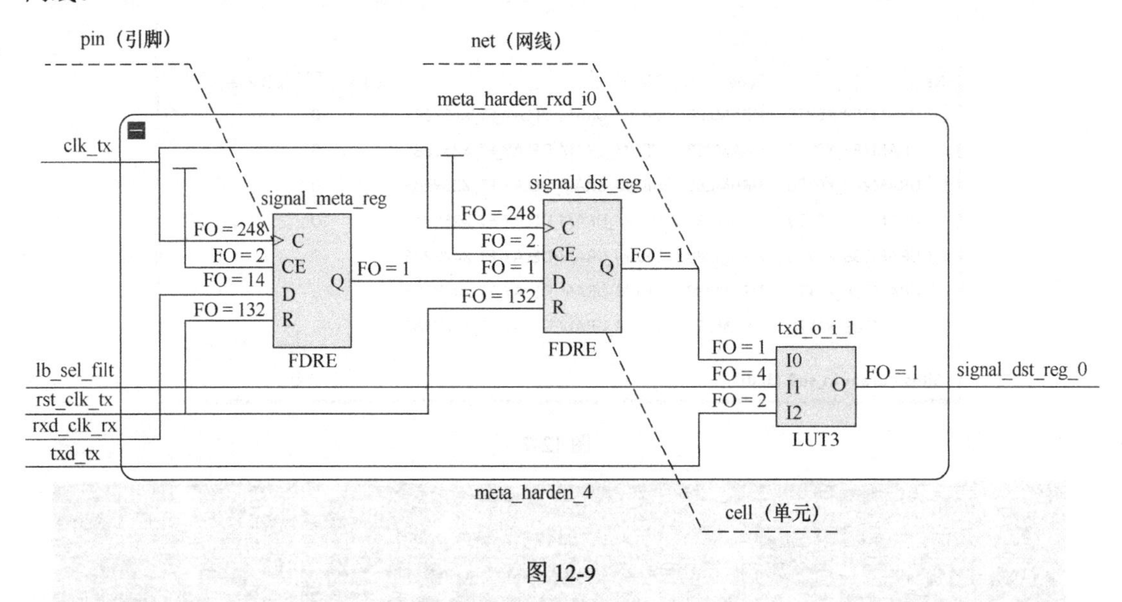

图 12-9

Vivado 提供了 5 个命令用于查找网表中的这 5 类对象。这 5 个命令分别是 get_cells、get_clocks、get_pins、get_nets 和 get_ports。这里列出常用的几种查找方法。

1. 根据名称查找

为便于说明，我们假定设计中有如图 12-10 所示的层次结构，其中，单元 a1 有三个输入引脚和一个输出引脚，b1 和 b2 之间由一根网线连接。

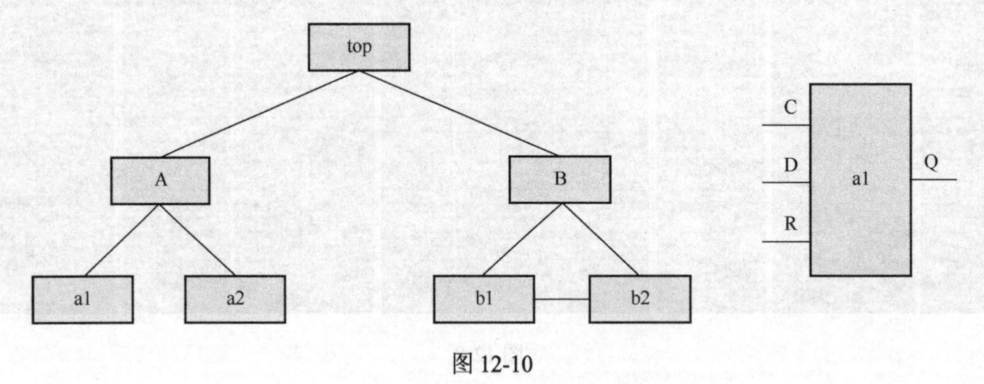

图 12-10

借助命令 get_cells 可得到图 12-10 中的设计单元，如代码 12-8 所示。如果在命令 current_instance 后没有跟随任何参数，那么就将设计顶层模块视为顶层，如第 2 行代码所示；如果在命令 current_instance 后随具体单元名，则将该单元视为顶层，如第 11 行代码所示。这里需要注意，单元的名字是包含层次关系的，例如，单元 a1 的名字应为 A/a1，单元 b1 的名字应为 B/b1，即使将顶层切换为 B，get_cells 返回的依然是 B/b1，而不是 b1，如第 14 行代码所示。换言之，current_instance 使得 get_cells、get_pins 和 get_nets 获得的是其指定模块下的对象。

代码 12-8

```
1. # design_analysis_ex8.tcl
2. current_instance
3. get_cells
4. => A B
5. get_cells A/a1
6. => A/a1
7. get_cells {B/b1 B/b2}
8. => B/b1 B/b2
9. get_pins A/a1/D
10.=> A/a1/D
11.current_instance B
12.=> B
13.get_cells
14.=> B/b1 B/b2
15.get_nets
16.=> B/b1/net1
```

总结： 无论将顶层切换到哪个模块下面，在获取该模块下的对象时，返回的对象名称依然包括实际的层次关系。

2. 借助选项-hierarchical 查找（通常将-hierarchical 缩写为-hier）

在命令 get_cells、get_pins 和 get_nets 后都可跟随选项-hier，借助该选项可逐层查找目标对象，但-hier 不能与层次分隔符“/”同时使用。仍以图 12-10 为例，具体使用方法如代码 12-9 所示。

代码 12-9

```
1. # design_analysis_ex9.tcl
2. get_cells -hier B/*
3. => WARNING: [Vivado 12-180] No cells matched 'B/*'.
4. get_cells -hier b*
5. => B/b1 B/b2
```

为进一步理解-hier 的含义，下面以 Vivado 自带的工程 CPU 为例进行讲解，其中的设计层次如图 12-11 所示。在这里我们要获取 cpuEngine 下的以 cpu_开头的子单元及 buffer_fifo 单元，如代码 12-10 所示。第 3 行代码的返回结果如图 12-12 所示，第 5 行代码的返回结果如图 12-13 所示。可以看到，除了获得了模块 cpuEngine 下的 buffer_fifo，还获得了 fftEngine 下的 buffer_fifo，如果目标是只需要 cpuEngine 下的 buffer_fifo，那么显然这里获得的结果与期望不符。

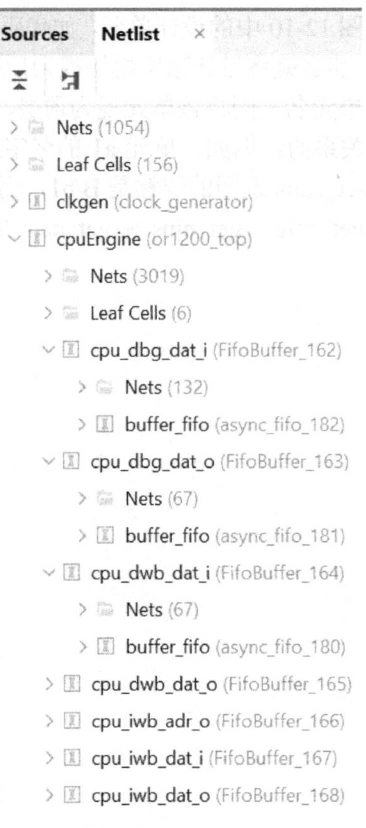

图 12-11

代码 12-10

```
1. # design_analysis_ex10.tcl
2. set cpu_cell [get_cells -hier cpu_*]
3. show_objects $cpu_cell -name cpu_cell
4. set buffer_fifo [get_cells -hier buffer_fifo]
5. show_objects $buffer_fifo -name buffer_fifo
```

Tcl Console | Messages | Log | Reports | Design Runs | **Find Results**

Name	Cell	Cell Pin Count
cpuEngine/cpu_dbg_dat_i	FifoBuffer_162	132
cpuEngine/cpu_dbg_dat_o	FifoBuffer_163	67
cpuEngine/cpu_dwb_dat_i	FifoBuffer_164	67
cpuEngine/cpu_dwb_dat_o	FifoBuffer_165	253
cpuEngine/cpu_iwb_adr_o	FifoBuffer_166	372
cpuEngine/cpu_iwb_dat_i	FifoBuffer_167	67
cpuEngine/cpu_iwb_dat_o	FifoBuffer_168	133

图 12-12

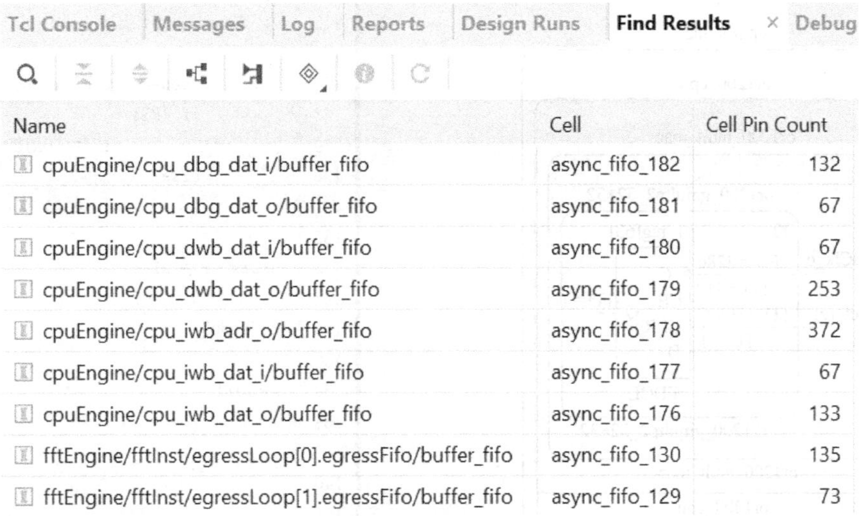

Tcl Console | Messages | Log | Reports | Design Runs | Find Results × | Debug

Name	Cell	Cell Pin Count
cpuEngine/cpu_dbg_dat_i/buffer_fifo	async_fifo_182	132
cpuEngine/cpu_dbg_dat_o/buffer_fifo	async_fifo_181	67
cpuEngine/cpu_dwb_dat_i/buffer_fifo	async_fifo_180	67
cpuEngine/cpu_dwb_dat_o/buffer_fifo	async_fifo_179	253
cpuEngine/cpu_iwb_adr_o/buffer_fifo	async_fifo_178	372
cpuEngine/cpu_iwb_dat_i/buffer_fifo	async_fifo_177	67
cpuEngine/cpu_iwb_dat_o/buffer_fifo	async_fifo_176	133
fftEngine/fftInst/egressLoop[0].egressFifo/buffer_fifo	async_fifo_130	135
fftEngine/fftInst/egressLoop[1].egressFifo/buffer_fifo	async_fifo_129	73

图 12-13

3. 借助对象特定属性查找

每个对象都有自己的属性，可在属性窗口中查看。其中一个重要的属性是 NAME，通过该属性可筛选出期望的对象。例如，若要获得图 12-11 中 cpuEngine 下的 buffer_fifo，则可以采用代码 12-11 所示的方式进行操作。在这里可以看到 NAME 属性是和选项-filter 一起使用的，此时即使-filter 后的表达式包含层次分隔符，也可以使用-hier 选项。代码 12-11 给出了一种获得指定模块下的某些单元的方法。

代码 12-11

```
1. # design_analysis_ex11.tcl
2. set buffer_fifo [get_cells -hier -filter "NAME =~ cpuEngine/*" buffer_fifo]
3. join $buffer_fifo \n
4. => cpuEngine/cpu_dbg_dat_i/buffer_fifo
5. => cpuEngine/cpu_dbg_dat_o/buffer_fifo
6. => cpuEngine/cpu_dwb_dat_i/buffer_fifo
7. => cpuEngine/cpu_dwb_dat_o/buffer_fifo
8. => cpuEngine/cpu_iwb_adr_o/buffer_fifo
9. => cpuEngine/cpu_iwb_dat_i/buffer_fifo
10.=> cpuEngine/cpu_iwb_dat_o/buffer_fifo
```

对于单元而言，还有一个重要的属性是 REF_NAME（引用名），它与 NAME 的区别如图 12-14 所示。图中右侧代码综合操作后的结果为一个异步复位触发器，综合操作后的名称为 p1_reg（对于触发器而言，Vivado 综合操作后的名称通常为“输出名+reg”），引用名为 FDCE。表 12-1 给出了设计中常用的 REF_NAME。

利用 REF_NAME 可以找到网表中的某一类对象，例如，若要获得设计中的所有异步复位触发器，则可应用代码 12-12 中第 2 行所示的方式实现；若要获得指定模块下的所有异步复位触发器，则可应用第 3 行代码所示的方式实现。其中，第 3 行代码和第 5 行代码的最终结果是一致的，都获得了 cpuEngine 下的异步复位触发器。

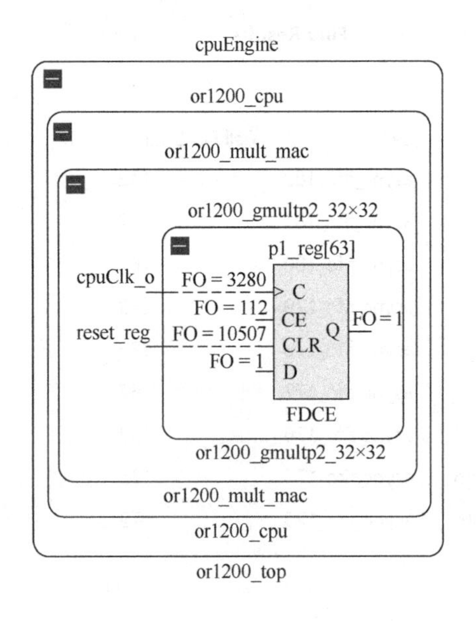


```
125   // Second multiply stage
126   //
127   always @(posedge CLK or posedge RST)
128           if (RST)
129                   p1 <= `OR1200_WW'b0;
130           else
131                   p1 <= #1 p0;
132
133   assign P = p1;
134
135   endmodule
136
137   `endif
138
139
140
141
142
```

图 12-14

表 12-1

设 计 单 元	REF_NAME	
	7 系列 FPGA	UltraScale 系列 FPGA
同步时钟使能异步复位 D 触发器	FDCE	FDCE
同步时钟使能异步置位 D 触发器	FDPE	FDPE
同步时钟使能同步复位 D 触发器	FDRE	FDRE
同步时钟使能同步置位 D 触发器	FDSE	FDSE
使用 Block RAM 构成的 36Kb FIFO	FIFO36E1	FIFO36E2
使用 Block RAM 构成的 36Kb 存储单元（非 FIFO）	RAMB36E1	RAMB36E2
使用 Block RAM 构成的 18Kb FIFO	FIFO18E1	FIFO18E2
使用 Block RAM 构成的 18Kb 存储单元（非 FIFO）	RAMB18E1	RAMB18E2
异步复位锁存器	LDCE	LDCE
异步置位锁存器	LDPE	LDPE
使用 DSP48 构成的计算单元	DSP48E1	DSP48E2

代码 12-12

```
1. # design_analysis_ex12.tcl
2. set all_fdce [get_cells -hier -filter "REF_NAME == FDCE"]
3. set cpuEngine_fdce1 [get_cells -hier \
4.     -filter "NAME =~ cpuEngine/* && REF_NAME == FDCE"]
5. set cpuEngine_fdce2 [filter $all_fdce "NAME =~ cpuEngine/*"]
```

利用 REF_NAME 还可以找到网表中映射为 Block（Block RAM、DSP48 和 UltraRAM）的设计单元，如代码 12-13 所示。第 5 行代码通过 REF_NAME 获取期望的设计单元，第 6 行代码用于判断该设计单元是否存在，如果存在，则将其以独立窗口的形式显示出来。

代码 12-13

```
1. # design_analysis_ex13.tcl
2. set block {RAMB36E1 FIFO36E1 DSP48E1 RAMB18E1 FIFO18E1}
3. array set cell_block {}
4. foreach i_block $block {
5.     set cell [get_cells -hier -filter "REF_NAME == $i_block" -quiet]
6.     if {[llength $cell] > 0} {
7.         show_objects $cell -name cell_${i_block}
8.         set cell_block($i_block) $cell
9.     }
10.}
```

4．利用正则表达式查找对象

利用正则表达式可以更精确地找到目标对象。此时需要用到选项-regexp，而命令 get_cells、get_nets 和 get_pins 都支持该选项。-regexp 可以和-hier 同时使用。具体使用方法如代码 12-14 所示。第 3 行代码通过[0-4]限定了只获取 buf0_reg 的低 5 位。第 8 行代码通过 1[0-4]限定了只获取 buf0_reg 的第 10～14 位。第 13 行代码通过([0-4]||1[0-4])限定了获取 buf0_reg 的第 0～4 位和第 10～14 位。如果不用正则表达式，那么第 3 行代码的功能可等效于第 16～21 行代码的功能，显然，前者更为高效。

代码 12-14

```
1. # design_analysis_ex14.tcl
2. set cell_e1 [get_cells -hier \
3.     -regexp {usbEngine0/u4/u0/buf0_reg\[[0-4]\]}]
4. usbEngine0/u4/u0/buf0_reg[0] ... usbEngine0/u4/u0/buf0_reg[4]
5. puts "#N: [llength $cell_e1]"
6. #N: 5
7. set cell_e2 [get_cells -hier \
8.     -regexp {usbEngine0/u4/u0/buf0_reg\[1[0-4]\]}]
9. usbEngine0/u4/u0/buf0_reg[10] ... usbEngine0/u4/u0/buf0_reg[14]
10.puts "#N: [llength $cell_e2]"
11.#N: 5
12.set cell_e3 [get_cells -hier \
13.    -regexp {usbEngine0/u4/u0/buf0_reg\[([0-4]||1[0-4])\]}]
14.usbEngine0/u4/u0/buf0_reg[0] usbEngine0/u4/u0/buf0_reg[10] ...
15.puts "#N: [llength $cell_e3]"
16.#N: 10
17.set cell_e4 {}
18.set N 5
19.5
20.for {set i 0} {$i<$N} {incr i} {
21.    lappend cell_e4 [get_cells usbEngine0/u4/u0/buf0_reg[$i]]
22.}
23.puts "#N: [llength $cell_e4]"
24.#N: 5
```

总结： Vivado 对方括号“[ ]”进行了特殊处理，当方括号中的内容是“*”，即“[*]”或整数，如“[4]”时，Vivado 会将其解释为数据的某些位或某一位，而不会进行命令置换。因此，对于 bus[0]，不必写成 bus\[0\]，尽管这么写 Vivado 是接受的。

5. 利用对象之间的关系查找对象

可以利用-of 选项查找对象，这其实是利用了对象之间的关系实现的。不难理解，引脚附属于某个单元，同时又和某根网线连接，因此在已知单元的情况下，可以找到该单元的引脚，以及与引脚相连的网线。为便于说明，这里以图 12-15 为例进行说明，已知单元 reset_reg_reg，现要获得其引脚与网线，具体操作如代码 12-15 所示。

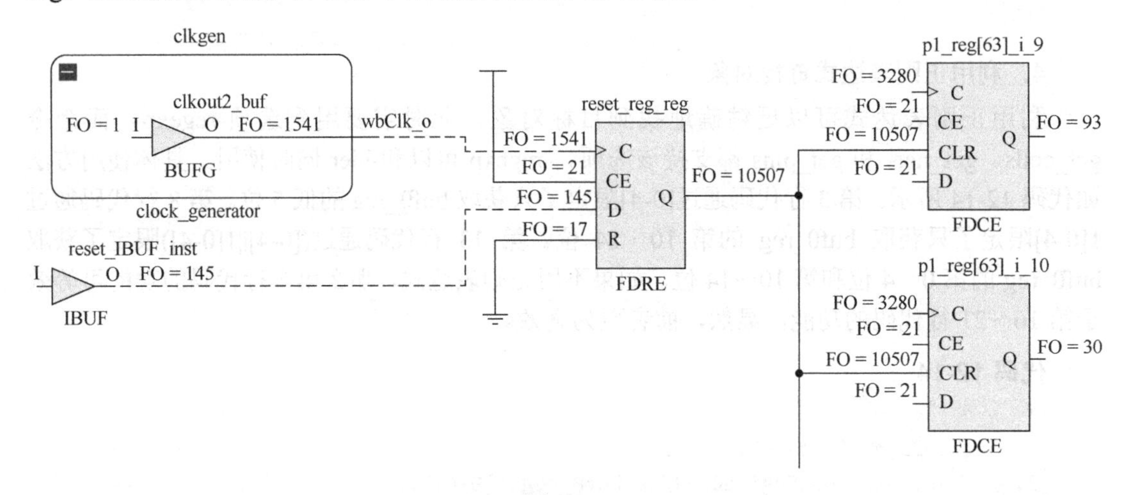

图 12-15

第 4 行代码可获得 reset_reg_reg 的所有引脚。第 10 行代码则只可获得输出引脚，这里利用了引脚的属性 DIRECTION，如果其值为 IN，则只可获得输入引脚。第 12 行代码可获取引脚引用名为 D 的引脚，这里利用了引脚的属性 REF_PIN_NAME。第 14 行代码可获取时钟使能引脚，这里利用了引脚的属性 IS_ENABLE，其值是布尔类型。第 16 行代码可获取时钟引脚，这里利用了引脚的属性 IS_CLOCK，其值是布尔类型。第 18 行代码可获取所有非悬空的引脚，这里利用了引脚的属性 IS_CONNECTED，其值是布尔类型。图 12-16 给出了 report_property 获得的引脚 reset_reg_reg/D 的属性报告。第 24 行代码通过已知单元，可获得相应的网线。第 26 行代码通过已知单元可获取恒接高电平的网线。

代码 12-15

```
1. # design_analysis_ex15.tcl
2. set mycell [get_cells reset_reg_reg]
3. => reset_reg_reg
4. join [get_pins -of $mycell] \n
5. => reset_reg_reg/Q
6. => reset_reg_reg/C
7. => reset_reg_reg/CE
8. => reset_reg_reg/D
9. => reset_reg_reg/R
```

```
10.join [get_pins -of $mycell -filter "DIRECTION == OUT"] \n
11.=> reset_reg_reg/Q
12.join [get_pins -of $mycell -filter "REF_PIN_NAME == D"] \n
13.=> reset_reg_reg/D
14.join [get_pins -of $mycell -filter "IS_ENABLE == 1"] \n
15.=> reset_reg_reg/CE
16.join [get_pins -of $mycell -filter "IS_CLOCK == 1"] \n
17.=> reset_reg_reg/C
18.join [get_pins -of $mycell -filter "IS_CONNECTED == 1"] \n
19.=> reset_reg_reg/Q
20.=> reset_reg_reg/C
21.=> reset_reg_reg/CE
22.=> reset_reg_reg/D
23.=> reset_reg_reg/R
24.join [get_nets -of $mycell] \n
25.=> reset_reg
26.=> wbClk
27.=> <const1>
28.=> reset_IBUF
29.=> <const0>
30.join [get_nets -of $mycell -filter "TYPE == POWER"] \n
31.=> <const1>
```

Property	Type	Read-only	Value
CLASS	string	true	pin
DIRECTION	enum	true	IN
HD.ASSIGNED_PPLOCS	string*	true	
HOLD_SLACK	double	true	needs timing update***
IS_CLEAR	bool	true	0
IS_CLOCK	bool	true	0
IS_CONNECTED	bool	true	1
IS_ENABLE	bool	true	0
IS_INVERTED	bool	false	0
IS_LEAF	bool	true	1
IS_ORIG_PIN	bool	true	1
IS_PRESET	bool	true	0
IS_RESET	bool	true	0
IS_REUSED	bool	true	0
IS_SET	bool	true	0
IS_SETRESET	bool	true	0
IS_TIED	bool	true	0
IS_WRITE_ENABLE	bool	true	0
LOGIC_VALUE	string	true	needs timing update***
NAME	string	true	reset_reg_reg/D
PARENT_CELL	cell	true	reset_reg_reg
PARTITION_ID	int	true	0
REF_NAME	string	true	FDRE
REF_PIN_NAME	string	true	D
SETUP_SLACK	double	true	needs timing update***

图 12-16

总结：通常情况下，并不直接获取引脚或网线，而是先找到引脚或网线所隶属的单元，再通过对象之间的关系借助-of 选项找到引脚或网线，毕竟，在一般情况下，网表中引脚的个数远远多于单元的个数。直接搜索引脚或网线是低效耗时的。

如果已知引脚，则可获取该引脚所隶属的单元，以及与该引脚相连的网线。如果已知网线，则可获取与该网线相连的引脚及相关的单元。具体用法如代码 12-16 所示。这里要注意第 12 行和第 14 行代码的区别：选项-leaf 使得返回的引脚是底层原语或黑盒子的引脚，通常情况下，RTL 代码在综合操作之后都会映射为相应的原语，比如，触发器会映射为 FDCE、FDRE、FDPE 或 FDSE 中的一种。图 12-17 中的两个引脚 cpuEngine/AR 和 iwb_biu/AR 都不是原语引脚，只有 aborted_r_reg 的引脚是原语引脚。实际上，-leaf 与引脚属性 IS_LEAF 的功能是一致的。

代码 12-16

```
1. # design_analysis_ex16.tcl
2. set mypin [get_pins reset_reg_reg/D]
3. => reset_reg_reg/D
4. get_cells -of $mypin
5. => reset_reg_reg
6. get_nets -of $mypin
7. => reset_IBUF
8. set mynet [get_nets reset_IBUF]
9. => reset_IBUF
10.get_cells -of $mynet
11.=> clkgen cpuEngine reset_reg_reg reset_IBUF_inst
12.get_pins -of $mynet
13.=> clkgen/AR[0] cpuEngine/AR[0] reset_reg_reg/D reset_IBUF_inst/O
14.get_pins -of $mynet -leaf
15.=> clkgen/mmcm_adv_inst/RST cpuEngine/iwb_biu/aborted_r_reg/CLR ...
16.get_pins -of $mynet -filter "DIRECTION == OUT"
17.=> reset_IBUF_inst/O
```

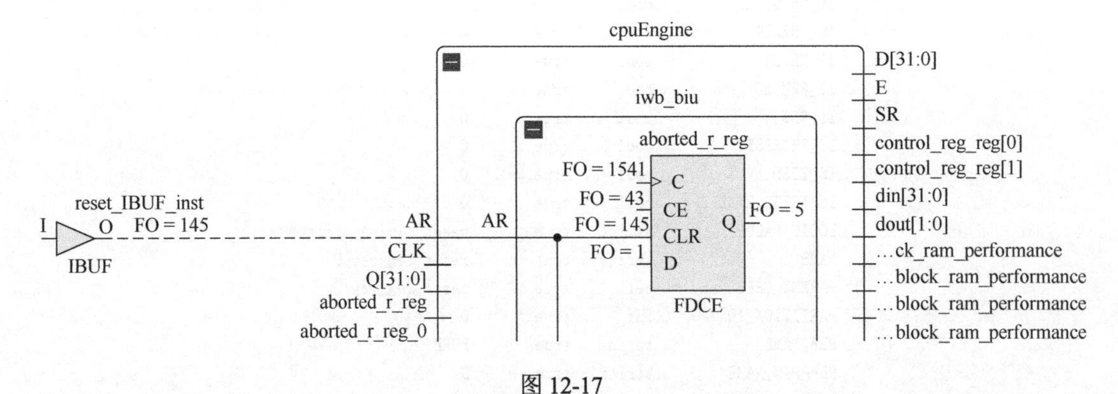

图 12-17

命令 get_nets 有多个选项，这里结合图 12-18 进行具体说明。图 12-18 中的标记①～④分别对应一根网线，网线的名称已在图中给出。已知单元 iwb_biu 的输入引脚为 AR[0]，根据该引脚可获得相应的网线，如代码 12-17 所示。第 6 行代码中的选项-segments 可获得网线的各个分段。第 8 行代码中的选项-top（是选项-top_net_of_hierarchical_group 的缩写）要和选项-segments 联合使用，用于获得分段网线中位于顶层的网线。第 10 行代码中的选项-boundary_type 有三个可选值：upper、lower 和 both。若为 upper，则返回引脚的上一级分段网线；若为 lower，则返回引脚的下一级分段网线；若为 both，则同时返回这两段网线。-boundary_type 要和-of 联合使用。

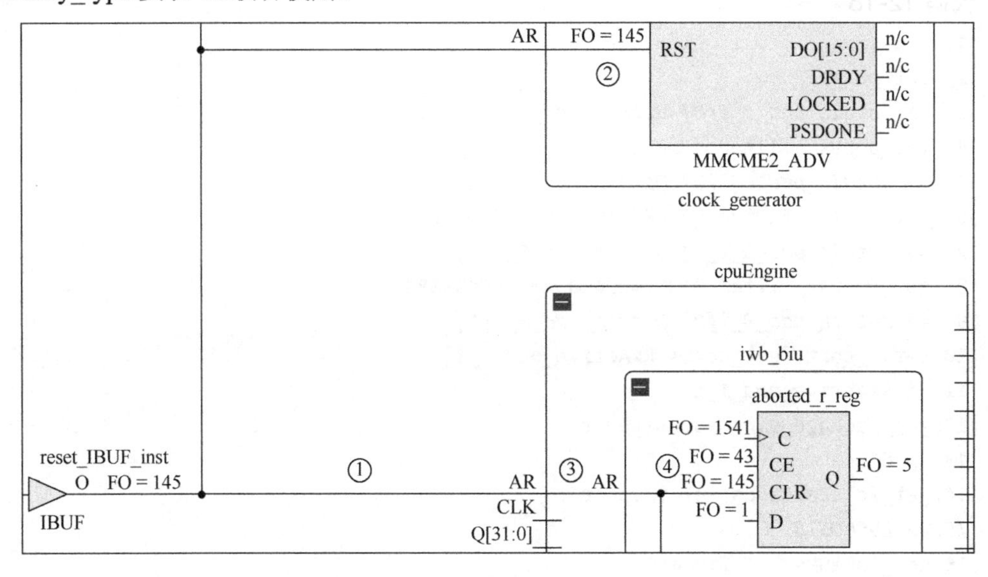

图 12-18

代码 12-17

```
1. # design_analysis_ex17.tcl
2. set mypin [get_pins {cpuEngine/iwb_biu/AR[0]}]
3. => cpuEngine/iwb_biu/AR[0]
4. set n1 [get_nets -of $mypin]
5. => cpuEngine/AR[0]
6. set n2 [get_nets -of $mypin -segments]
7. => reset_IBUF clkgen/AR[0] cpuEngine/AR[0] cpuEngine/iwb_biu/AR[0]
8. set n3 [get_nets -of $mypin -segments -top]
9. => reset_IBUF
10.set n4 [get_nets -of $mypin -boundary_type upper]
11.=> cpuEngine/AR[0]
12.set n5 [get_nets -of $mypin -boundary_type lower]
13.=> cpuEngine/iwb_biu/AR[0]
14.set n6 [get_nets -of $mypin -boundary_type both]
15.=> cpuEngine/AR[0] cpuEngine/iwb_biu/AR[0]
```

这里单独介绍一下端口和时钟。命令 get_ports 可获得期望的端口，由于端口最终被分配到指定的 FPGA 物理引脚上，因此可通过相应的命令获得引脚位置和电平信息，具体如代码 12-18 所示（利用了端口的一些属性，如 DIRECTION 和 IOSTANDARD）。端口的更多属性说明如图 12-19 所示。同时，也可利用一些特定的命令获取端口的相关信息，例如，第 12 行代码通过命令 get_package_pins 获取端口的物理引脚，第 14 行代码通过命令 get_io_standards 获取端口的电平，第 16 行代码通过命令 get_iobanks 获取端口物理引脚所在的 Bank，第 18 行代码获取端口物理引脚所在的 site。

代码 12-18

```
1. # design_analysis_ex18.tcl
2. get_ports
3. => DataIn_pad_0_i[0] DataIn_pad_0_i[1] ...
4. get_ports -filter "DIRECTION == IN"
5. => DataIn_pad_0_i[0] DataIn_pad_0_i[1] ...
6. get_ports -filter "DIRECTION == IN" Data*
7. => DataIn_pad_0_i[7] DataIn_pad_0_i[6] ...
8. get_ports -filter "IOSTANDARD == LVCMOS18"
9. => DataIn_pad_0_i[0] DataIn_pad_0_i[1] ...
10.set myport [get_ports RxActive_pad_1_i]
11.=> RxActive_pad_1_i
12.get_package_pins -of $myport
13.=> G15
14.get_io_standards -of $myport
15.=> LVCMOS18
16.get_iobanks -of $myport
17.=> 15
18.get_sites -of $myport
19.=> IOB_X0Y134
```

Property	Type	Read-only	Value
CLASS	string	true	port
DIFF_TERM	bool	false	0
DIRECTION	enum	false	IN
HD.ASSIGNED_PPLOCS	string*	true	
HOLD_SLACK	double	true	needs timing update***
IBUF_LOW_PWR	bool	false	0
IN_TERM	enum	false	NONE
IOBANK	int	true	15
IOSTANDARD	enum	false	LVCMOS18
IS_GT_TERM	bool	true	0
IS_LOC_FIXED	bool	false	1
IS_REUSED	bool	true	0
LOC	site	false	IOB_X0Y134
LOGIC_VALUE	string	true	needs timing update***
NAME	string	false	RxActive_pad_1_i
OFFCHIP_TERM	string	false	NONE
PACKAGE_PIN	package_pin	false	G15
PARTITION_ID	int	true	0
PULLTYPE	string	false	
SETUP_SLACK	double	true	needs timing update***
UNCONNECTED	bool	true	0

图 12-19

结合图 12-19，利用命令 get_property 可获取感兴趣的端口属性值，如代码 12-19 所示。这里先将感兴趣的属性放入列表中，如第 4 行代码所示，再通过 foreach 命令结合 get_property 依次获得相应的属性值，如第 6 行和第 7 行代码所示。

代码 12-19

```
1. # design_analysis_ex19.tcl
2. set myport [get_ports RxActive_pad_1_i]
3. => RxActive_pad_1_i
4. set myproperty {DIRECTION PACKAGE_PIN IOBANK LOC}
5. => DIRECTION PACKAGE_PIN IOBANK LOC
6. foreach i_p $myproperty {
7.     puts "$i_p: [get_property $i_p $myport]"
8. }
9. => DIRECTION: IN
10.=> PACKAGE_PIN: G15
11.=> IOBANK: 15
12.=> LOC: IOB_X0Y134
```

对于时钟，可通过命令 get_clocks 获取，具体使用方法如代码 12-20 所示。第 2 行代码可获得网表中的所有时钟。第 4 行代码通过选项-include_generated_clocks 来获得由指定时钟生成的时钟。第 6 行代码获取时钟网线。第 8 行代码获取时钟引脚（这个时钟应由 FPGA 外部提供）。第 10 行代码获取时钟引脚，由返回值可以看到这个时钟由 MMCM 生成。第 12 行代码获取时钟周期最小值。第 14 行代码则获取所有时钟的时钟周期。第 16 行代码获取时钟周期的最大值。第 18 行代码通过选项-filter 获取时钟周期为 10ns 的时钟。第 20 行代码获取指定时钟的属性报告，如图 12-20 所示。

代码 12-20

```
1. # design_analysis_ex20.tcl
2. get_clocks
3. => sysClk gt0_txusrclk_i ...
4. get_clocks -include_generated_clocks sysClk
5. => sysClk clkfbout cpuClk wbClk usbClk phyClk0 phyClk1 fftClk
6. get_nets -of [get_clocks sysClk]
7. => sysClk
8. get_ports -of [get_clocks sysClk]
9. => sysClk
10.get_pins -of [get_clocks clkfbout]
11.=> clkgen/mmcm_adv_inst/CLKFBOUT
12.get_property -min PERIOD [get_clocks]
13.=> 10.000
14.get_property PERIOD [get_clocks]
15.=> 10.000 12.800 12.800 ...
16.get_property -max PERIOD [get_clocks]
17.=> 20.000
```

```
18.get_clocks -filter "PERIOD == 10"
19.=> sysClk clkfbout usbClk phyClk0 phyClk1 fftClk
20.report_property [get_clocks sysClk]
```

Property	Type	Read-only	Value
CLASS	string	true	clock
INPUT_JITTER	double	true	0.000
IS_GENERATED	bool	true	0
IS_PROPAGATED	bool	true	1
IS_USER_GENERATED	bool	true	0
IS_VIRTUAL	bool	true	0
NAME	string	true	sysClk
PERIOD	double	true	10.000
SOURCE_PINS	string*	true	sysClk
SYSTEM_JITTER	double	true	0.050
WAVEFORM	double*	true	0.000 5.000

图 12-20

这里重点总结一下如何获取指定模型下的具有某些特定属性的单元，在约束描述和设计分析时常常碰到。这里介绍两种方法，如代码 12-21 所示：第 2 行代码采用了-filter 选项，通过 NAME 属性限定了层次关系；第 4 行代码利用正则表达式限定了层次关系。

代码 12-21

```
1. # design_analysis_ex21.tcl
2. set x1 [get_cells -hier -filter "NAME =~fftEngine/* && REF_NAME == FDCE"]
3. => fftEngine/control_reg_reg[17] fftEngine/control_reg_reg[19] ...
4. set x2 [get_cells -hier -regexp fftEngine/.* -filter "REF_NAME == FDCE"]
5. => fftEngine/control_reg_reg[17] fftEngine/control_reg_reg[19] ...
6. llength $x1
7. => 1146
8. llength $x2
9. => 1146
```

12.3 时钟分析

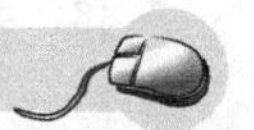

时钟是 FPGA 设计的关键，对设计性能有着直接的影响。在分析时钟时常用到三个命令，如代码 12-22 所示。其中，命令 report_clocks 可生成时钟报告，在这个报告里能看到时钟名称、时钟周期、占空比、时钟属性和时钟源。以 Vivado 自带的工程 wavegen 为例，报告样例如图 12-21 所示。这个报告是跟时钟周期约束相关的，只有被约束的时钟，才能看到其周期和占空比。

代码 12-22

```
1. # design_analysis_ex22.tcl
2. report_clocks
3. report_clock_networks -name network_1
4. report_clock_utilization -name clkutil
5. report_clock_utilization -clock_roots_only -name clkutil_1
```

```
Attributes
  P: Propagated
  G: Generated
  A: Auto-derived
  R: Renamed
  V: Virtual
  I: Inverted
  S: Pin phase-shifted with Latency mode

Clock              Period(ns)  Waveform(ns)    Attributes  Sources
clk_pin_p          5.000       {0.000 2.500}   P           {clk_pin_p}
virtual_clock      6.000       {0.000 3.000}   V           {}
clk_samp           192.000     {0.000 96.000}  P,G         {clk_gen_i0/BUFHCE_clk_samp_i0/O}
spi_clk            6.000       {3.000 6.000}   P,G,I       {spi_clk_pin}
clk_rx_clk_core    5.000       {0.000 2.500}   P,G,A       {clk_gen_i0/clk_core_i0/inst/mmcm_adv_inst/CLKOUT0}
clk_tx_clk_core    6.000       {0.000 3.000}   P,G,A       {clk_gen_i0/clk_core_i0/inst/mmcm_adv_inst/CLKOUT1}
clkfbout_clk_core  5.000       {0.000 2.500}   P,G,A       {clk_gen_i0/clk_core_i0/inst/mmcm_adv_inst/CLKFBOUT}
```

图 12-21

命令 report_clock_networks 可用于生成时钟网络报告，该报告和时钟周期约束无关，因为时钟网络是物理存在的，反映的其实是时钟的拓扑结构。通过这个报告可以查看哪个时钟遗漏了时钟周期约束，还可以检查到是否出现了 BUFG 级联的情形，如图 12-22 所示。

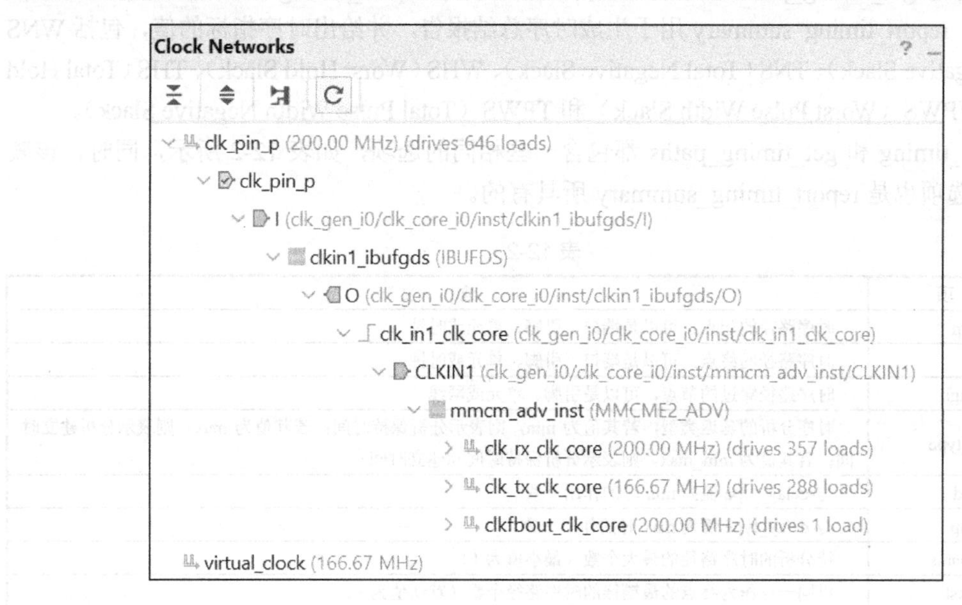

图 12-22

命令 report_clock_utilization 用于生成时钟资源利用率报告。在 7 系列 FPGA 中，时钟资源包括全局时钟缓冲器（如 BUFGCTRL）、区域时钟缓冲器（如 BUFH/BUFR/BUFMR/BUFIO）和时钟生成模块（如 MMCM/PLL）等。除了能查看这些资源的利用率，在这个报告中还能看到哪些时钟资源被使用（位置信息）及时钟负载个数。报告样例如图 12-23 所示。选项 -clock_roots_only 可简化生成报告，将关注点放在时钟树的源头上。

Clock Utilization

- General
- Clock Primitive Utilization
- Global Clock Resources
- Global Clock Source Details
- Key Resource Utilization
- Global Clocks
  - Device Cell Placement
  - Clock Region Cell Placement

Clock Primitive Utilization

Type	Used	Available	LOC	Clock Region	Pblock
BUFGCTRL	12	32	0	0	0
BUFH	0	96	0	0	0
BUFIO	0	24	0	0	0
BUFMR	0	12	0	0	0
BUFR	0	24	0	0	0
MMCM	1	6	0	0	0
PLL	0	6	0	0	0

图 12-23

12.4 时序分析

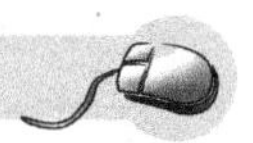

时序分析是设计分析的重要一环，Xilinx 建议在综合操作之后就要对设计进行时序分析。时序分析建立在时序报告的基础之上，因此，生成时序报告显得格外重要。生成时序报告的方式有两种：一种是通过命令 report_timing 或 report_timing_summary 生成时序报告；另一种是先通过命令 get_timing_paths 获取特定时序路径，再用 report_timing 生成这些路径的时序报告。其中，report_timing_summary 用于生成时序总结报告，并给出时序指标的值，包括 WNS（Worst Negative Slack）、TNS（Total Negative Slack）、WHS（Worst Hold Slack）、THS（Total Hold Slack）、WPWS（Worst Pulse Width Slack）和 TPWS（Total Pulse Width Negative Slack）。

report_timing 和 get_timing_paths 都包含一些相同的选项，如表 12-2 所示，同时，该表中的一些选项也是 report_timing_summary 所具有的。

表 12-2

选　项	含　义
-from	时序路径的起点，可以是端口、引脚、单元或时钟
-to	时序路径的终点，可以是端口、引脚、单元或时钟
-through	时序路径穿过的节点，可以是引脚、单元或网线
-delay_type	时序分析的延迟类型，若其值为 min，则表示分析保持时间；若其值为 max，则表示分析建立时间；若其值为 min_max，则表示分析保持时间和建立时间
-hold	与-delay_type 值为 min 时的作用一致
-setup	与-delay_type 值为 max 时的作用一致
-max_paths	待分析的时序路径的最大个数（最小值为 1）
-nworst	以同一点作为终点的最糟糕的时序路径个数（默认值为 1）
-slack_lesser_than	只分析时序裕量小于指定值的路径

（续表）

选　项	含　义
slack_greater_than	只分析时序裕量大于指定值的路径
-group	分析指定组的时序路径，可通过命令 get_path_groups 或 group_path 获取
-of_objects	指定时序路径对象，该对象由命令 get_timing_paths 获取

report_timing_summary 的使用案例如代码 12-23 所示。其中，第 2 行和第 3 行代码中的 report_ timing_summary 分析了时序路径的建立时间和保持时间，第 4 行和第 5 行代码只分析了建立时间，同时还多了一个选项-routable_nets，用于显示时序路径上可布线的网线个数，如图 12-24 所示。由该命令生成的时序报告总结部分如图 12-25 所示，这是由 report_timing 生成的报告中所没有的。

代码 12-23

```
1. # design_analysis_ex23.tcl
2. report_timing_summary -delay_type min_max -max_paths 100 \
3.     -nworst 1 -name timing_1
4. report_timing_summary -setup -max_paths 100 \
5.     -nworst 1 -routable_nets -name timing_2
```

Name	Slack ^1	Levels	Routes	High Fanout	From	To
↳ Path 3495	-3.789	17	18	178	usbEngine...nta_reg/C	cpuEngine...r_o_reg/D
↳ Path 3496	-3.789	17	18	178	usbEngine...nta_reg/C	cpuEngine/..._reg[1]/D
↳ Path 3497	-3.789	17	18	178	usbEngine...nta_reg/C	cpuEngine/..._reg[3]/D
↳ Path 3498	-3.465	16	17	178	usbEngine...nta_reg/C	cpuEngine/..._reg[2]/D

图 12-24

Design Timing Summary

Setup		Hold		Pulse Width	
Worst Negative Slack (WNS):	-3.789 ns	Worst Hold Slack (WHS):	-0.255 ns	Worst Pulse Width Slack (WPWS):	0.833 ns
Total Negative Slack (TNS):	-8435.590 ns	Total Hold Slack (THS):	-163.378 ns	Total Pulse Width Negative Slack (TPWS):	0.000 ns
Number of Failing Endpoints:	6211	Number of Failing Endpoints:	6358	Number of Failing Endpoints:	0
Total Number of Endpoints:	47618	Total Number of Endpoints:	47618	Total Number of Endpoints:	15972

Timing constraints are not met.

图 12-25

report_timing 的具体使用方法如代码 12-24 所示。其中，第 14 行代码中的选项-group 的对象需要由命令 get_path_groups 获取；第 16 行代码中的选项-cells 限定了时序路径中至少有一个单元隶属于指定模块；第 19 行代码意在说明-through 可以多次使用，此时，时序路径依次穿过第一个-through 指定的对象和第二个-through 指定的对象。

代码 12-24

```
1. # design_analysis_ex24.tcl
2. set start_cell [get_cells usbEngine0/u4/inta_reg]
3. set end_cell [get_cells cpuEngine/or1200_immu_top/icpu_err_o_reg]
4. set start_clk [get_clocks usbClk]
5. set end_clk [get_clocks cpuClk]
```

```
6. set mycell [get_cells fftEngine]
7. set t1 [get_cells {wbArbEngine/s2/msel/arb2/retry_cntr[6]_i_5}]
8. set t2 [get_cells {wbArbEngine/s4/msel/arb1/retry_cntr[6]_i_3}]
9. report_timing -from $start_cell -to $end_cell \
10.    -setup -max 10 -nworst 1 -name timing_1
11.report_timing -from $start_clk -to $end_clk \
12.    -setup -max 10 -nworst 1 -name timing_2
13.report_timing -setup -nworst 1 -max 100 -slack_lesser_than 0 \
14.    -group [get_path_groups usbClk] -name timing_3
15.report_timing -setup -nworst 1 -max 100 \
16.    -cells $mycell -name timing_4
17.report_timing -through $t1 -setup \
18.    -max 10 -nworst 1 -name timing_5
19.report_timing -through $t1 -through $t2 -setup \
20.    -max 10 -nworst 1 -name timing_6
```

打开“.dcp”文件，在 Schematic 视图下，先选中电路中的单元、引脚或网线，再单击鼠标右键，在弹出的快捷菜单中选择 Report Timing，可打开如图 12-26 所示的选项，从而生成相应的时序报告。

From Cell...	From Cell Pin...	From Net...
Through Cell...	Through Cell Pin...	Through Net...
To Cell...	To Cell Pin...	To Net...

图 12-26

report_timing 还可将时序报告以文件形式呈现，支持两种文件格式：“.rpx”和文本文件（以“.rpt”作为后缀）。其中，“.rpx”文件在使用时需要将相应的“.dcp”文件打开，然后执行 open_report 命令，如代码 12-25 中的第 4 行所示。打开后的形式与图 12-24 类似，显然这样的形式具有很强的可视性和交互性。通常在钩子脚本中会使用 repot_timing 生成“.rpx”文件。report_timing_summary 也支持-rpx 和-file 两个选项。

代码 12-25

```
1. # design_analysis_ex25.tcl
2. report_timing -hold -slack_lesser_than 0 \
3.     -max 100 -rpx ./hold_violation.rpx
4. open_report -name hold_violation hold_violation.rpx
5. report_timing -hold -slack_lesser_than 0 \
6.     -max 100 -file ./hold_violation.rpt
```

命令 get_timing_paths 可获取期望的时序路径，该命令包含的很多选项均与 report_timing 一致，含义也相同，故这里不再赘述，具体使用方法如代码 12-26 所示。

代码 12-26

```
1. # design_analysis_ex26.tcl
2. set start_cell [get_cells usbEngine0/u4/inta_reg]
3. set end_cell [get_cells cpuEngine/or1200_immu_top/icpu_err_o_reg]
```

```
4. set start_clk [get_clocks usbClk]
5. set end_clk [get_clocks cpuClk]
6. set mycell [get_cells fftEngine]
7. set t1 [get_cells {wbArbEngine/s2/msel/arb2/retry_cntr[6]_i_5}]
8. set t2 [get_cells {wbArbEngine/s4/msel/arb1/retry_cntr[6]_i_3}]
9. set tp1 [get_timing_paths -from $start_cell -to $end_cell \
10.     -setup -max 10 -nworst 1]
11.set tp2 [get_timing_paths -from $start_clk -to $end_clk \
12.     -setup -max 10 -nworst 1]
13.set tp3 [get_timing_paths -setup -nworst 1 -max 100 \
14.     -slack_lesser_than 0 -group usbClk]
15.set tp4 [get_timing_paths -setup -nworst 1 -max 100 \
16.     -cell $mycell]
17.set tp5 [get_timing_paths -through $t1 -setup \
18.     -max 10 -nworst 1]
19.set tp6 [get_timing_paths -through $t1 -through $t2 -setup \
20.     -max 10 -nworst 1]
```

一旦获得了期望的时序路径，就可以通过 report_timing 生成相应的时序报告，如代码 12-27 所示，这里使用了 report_timing 的-of_objects（可简写为-of）选项。其中，第 3 行和第 4 行代码与第 5 行代码等效。

代码 12-27

```
1. # design_analysis_ex27.tcl
2. set grp [get_path_group usbClk]
3. set paths [get_timing_paths -group $grp -max_paths 100]
4. report_timing -of_objects $paths -name timing_1
5. report_timing -group $grp -max_paths 100 -name timing_2
```

时序路径也是 Vivado 中的一类对象，故也有相应的属性，可通过命令 report_property 获取这些属性。同时，对于命令 get_timing_paths，可使用选项-filter 并结合这些属性更精准地过滤出感兴趣的时序路径，具体使用方法如代码 12-28 所示。

代码 12-28

```
1. # design_analysis_ex28.tcl
2. set tp1 [get_timing_paths -group usbClk \
3.     -filter "DELAY_TYPE == max && LOGIC_LEVELS > 3"]
4. set tp2 [get_timing_paths -group usbClk \
5.     -filter "DELAY_TYPE == max && MAX_FANOUT > 50"]
6. set tp3 [get_timing_paths -group usbClk \
7.     -filter "DELAY_TYPE == max && SLACK < 0"]
8. set tp4 [get_timing_paths -group usbClk \
9.     -filter "DELAY_TYPE == max && SKEW < -0.1 || SKEW > 0.1"]
10.set tp5 [get_timing_paths -group usbClk \
11.     -filter "DELAY_TYPE == max && UNCERTAINTY > 0.1"]
```

对于获得的时序路径，可通过命令 get_cells、get_pins 和 get_nets 依次获得时序路径中的单元、引脚和网线，如代码 12-29 所示。

代码 12-29

```
1. # design_analysis_ex29.tcl
2. set tp1 [get_timing_paths -group usbClk \
3.     -filter "DELAY_TYPE == max && LOGIC_LEVELS > 3"]
4. get_cells -of $tp1
5. get_pins -of $tp1
6. get_nets -of $tp1
```

时序路径的属性可使我们生成定制化的时序报告，即在报告中只体现出感兴趣的属性，如代码 12-30 所示。这种方式常常在钩子脚本中使用。

代码 12-30

```
1. # design_analysis_ex30.tcl
2. proc custom_report {tp fn} {
3.     set fid [open $fn w]
4.     set title {Startpoint Endpoint LaunchClock CaptureClock \
5.         LOGIC_LEVELS MAX_FANOUT Slack}
6.     puts $fid [join $title ,]
7.     set property {}
8.     foreach i_tp $tp {
9.         lappend property [get_property STARTPOINT_PIN $i_tp]
10.        lappend property [get_property ENDPOINT_PIN $i_tp]
11.        lappend property [get_property STARTPOINT_CLOCK $i_tp]
12.        lappend property [get_property ENDPOINT_CLOCK $i_tp]
13.        lappend property [get_property LOGIC_LEVELS $i_tp]
14.        lappend property [get_property MAX_FANOUT $i_tp]
15.        lappend property [get_property SLACK $i_tp]
16.        puts $fid [join $property ,]
17.        unset property
18.    }
19.    close $fid
20.}
21.set tp [get_timing_paths -group usbClk -max 10 \
22.    -filter "DELAY_TYPE == max && LOGIC_LEVELS > 2"]
23.custom_report $tp tp.csv
```

对于基于 SSI 芯片（Stacked Silicon Interconnect，多 die 芯片，至少有两个 SLR）的设计，常常要获取跨 die 路径，并分析跨 die 路径的时序。此时可先获取跨 die 网线，再获取穿过该网线的时序路径。对于布局后的设计，可使用命令 get_inter_slr_nets 获取跨 die 网线，同时要用 filter 命令去除跨 die 时钟网线；对于布线后的设计，可使用命令 get_inter_slr_nets，也可使用命令 get_sll_nets 获取跨 die 网线，后者不会包含跨 die 时钟网线，具体使用方法如代码 12-31 所示。在获取跨 die 时序路径时需要使用路径属性 INTER_SLR_COMPENSATION。

代码 12-31

```
1. # design_analysis_ex31.tcl
2. # if dcp is generated by routed_design
3. set xnets [xilinx::designutils::get_sll_nets]
4. # if dcp is generated by placed_design
5. set xnets [xilinx::designutils::get_sll_nets]
6. set xneta [xilinx::designutils::get_inter_slr_nets]
7. set xnets [filter $xneta "TYPE != GLOBAL_CLOCK"]
8. set xnets_len [llength $xnets]
9. set paths [get_timing_paths -nworst 1 -max $xnets_len \
10.     -through $xnets -filter {INTER_SLR_COMPENSATION != ""}]
```

命令 get_inter_slr_nets 还包含选项-from 和-to，两者必须同时使用，其值为指定的 SLR，这样可获得从 SLR0 到 SLR1 的跨 die 网线，或者从 SLR1 到 SLR2 的跨 die 网线，具体使用方法如代码 12-32 所示。

代码 12-32

```
1. # design_analysis_ex32.tcl
2. set xnets1 [xilinx::designutils::get_inter_slr_nets \
3.     -from SLR0 -to SLR1]
4. set xnets1 [filter $xnets1 "TYPE != GLOBAL_CLOCK"]
5. set xnets2 [xilinx::designutils::get_inter_slr_nets \
6.     -from SLR1 -to SLR2]
7. set xnets2 [filter $xnets2 "TYPE != GLOBAL_CLOCK"]
8. set xnets1_len [llength $xnets1]
9. set path1 [get_timing_paths -nworst 1 -max $xnets1_len \
10.     -through $xnets1 -filter {INTER_SLR_COMPENSATION != ""}]
11. set xnets2_len [llength $xnets2]
12. set path1 [get_timing_paths -nworst 1 -max $xnets2_len \
13.     -through $xnets2 -filter {INTER_SLR_COMPENSATION != ""}]
```

时钟歪斜也是影响时序收敛的重要因素之一，不合理的时钟结构（如级联的 BUFG）、时钟同时驱动 I/O 资源和 SLICE 中的资源、时钟跨 die 等都会恶化时钟歪斜。通常情况下，如果时钟歪斜超过 0.5ns，就要格外关注。遗憾的是 Vivado 并没有直接提供一个独立的命令获取时钟歪斜，但可通过代码 12-33 的方式获得这一指标。最终会生成一个 skew.csv 文件，文件内容由三列构成：第一列为时钟名，第二列为 setup 或 hold，第三列为相应的时钟歪斜值。

代码 12-33

```
1. # design_analysis_ex33.tcl
2. proc report_max_clock_skew {max_paths} {
3.     set clks [get_clocks]
4.     set f [open skew.csv w]
5.
6.     foreach ana_ele [list setup hold] {
7.         foreach i_clks $clks {
```

```
8.              if { [llength [get_timing_paths \
9.                  -from  $i_clks -to  $i_clks]] == 0} {
10.                 puts "No timing paths found for clock $i_clks"
11.                 continue
12.             }
13.             set skew_val [get_property SKEW \
14.                 [get_timing_paths -from $i_clks \
15.                 -to $i_clks -max $max_paths -$ana_ele]]
16.             set skew_val_abs [list]
17.             foreach val $skew_val {
18.                 lappend skew_val_abs [expr abs($val)]
19.             }
20.             set max_skew_abs [lindex \
21.                 [lsort -decreasing $skew_val_abs] 0]
22.             if {[lsearch $skew_val $max_skew_abs]== -1} {
23.                 set max_skew_val [expr $max_skew_abs * (-1)]
24.             } else {
25.                 set max_skew_val $max_skew_abs
26.             }
27.             puts "The max clock skew of Clock \
28.                 $i_clks ($ana_ele) = $max_skew_val"
29.             puts $f [join "$i_clks $ana_ele $max_skew_val" ,]
30.         }
31.     }
32.     close $f
33.}
```

12.5 质量分析

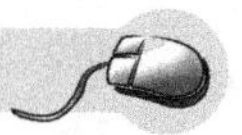

命令 report_qor_assessment 可对综合阶段后或布局布线后的质量进行整体评估，并给出一个分数，以表征时序收敛问题的严重程度。该分数范围为 1～5，分值越高表明时序越容易收敛，反之，分值越低，表明时序越难收敛。Xilinx 建议最好在综合阶段后就开始执行此命令，这也符合 UFDM（UltraFast Design Methodology）设计方法学的理念。

这个命令的使用方法很简单，只要打开综合阶段后的设计，在 Vivado Tcl Console 中输入 report_qor_assessment 后按回车键即可。生成报告的第一部分如图 12-27 所示，可以看到第一行就是评分结果。如果这个分数小于等于 3，那么基本上可以不用执行后续流程，时序很难收敛，此时要把精力放在综合阶段所发现的问题上。

生成报告的第二部分是关键部分，如图 12-28 所示：一方面给出了资源利用率，重要的是给出了资源利用率的真实值和指导值，一旦超过指导值，Status 一栏会显示为 REVIEW，超过指导值不是不可以接受，而是会在很大程度上给时序收敛带来麻烦；另一方面，该报告也会对控制集、拥塞和扇出进行评估。凡是 Status 一栏显示为 REVIEW 的，需要格外关注，可通过相应的命令做进一步分析。例如，这里发现 unbalanced clock，那么可以用

report_clock_networks 再做进一步分析。

QoR Assessment Score	2 - Implementation may complete. Timing will not meet
Report Methodology Severity	Critical warnings
ML Strategy Compatible	No
Incremental Compatible	No
Next Recommended Flow Stage	Review methodology warnings and fix or waive them

图 12-27

Name	Threshold	Actual	Used	Available	Status
Utilization					
Registers	50.00	19.11	15671	82000	OK
LUTs	70.00	45.13	18505	41000	OK
Memory LUTs	25.00	0.12	16	13400	OK
MUXF7	15.00	4.00	820	20500	OK
CARRY8	25.00	0.00	0	0	OK
RAMBs	80.00	80.74	109	135	OK
URAMs	80.00	0.00	0	0	OK
DSPs	80.00	28.33	68	240	OK
Control Sets	7.50	6.04	619	10250	OK
Clocking - (causing high skew)					
Number of unbalanced clocks	0	8	-	-	REVIEW
Number of inter clock pairs not using BUFGCE_DIV	0	0	-	-	OK
Constraints					
DONT_TOUCH (cells/nets)	0	1	-	-	REVIEW
DONT_TOUCH because of MARK_DEBUG	0	0	-	-	OK
Congestion					
Number of Level 5 or above regions					
Global	0		-	-	OK
Short	0		-	-	OK
Average Fanout for modules > 100k cells	4	0.00	-	-	OK
Non-FD high fanout nets > 10k loads	0	0	-	-	OK
Timing					
WNS	0.0	-3.79	-	-	REVIEW
TNS	0.0	-8435.59	-	-	REVIEW
WHS	0.0	-0.26	-	-	REVIEW
THS	0.0	-163.38	-	-	REVIEW
Number of paths above Max LUT Budgeting	0	131	-	-	REVIEW
Number of paths above Max Net Budgeting	0	385	-	-	REVIEW

图 12-28

由此可见，分析的过程是先运行 report_qor_assessment，再从中发现 Status 为 REVIEW 的条目，接着用相应的命令做进一步分析。这会提高分析的效率，做到有的放矢。

Vivado 还提供了另一个命令：report_qor_suggestions，用于生成改善设计质量的建议报告，这些建议是在评估设计的 5 个关键方面（包括资源利用率、时钟、约束、拥塞和时序）的基础上生成的，最终以“.rqs”的文件形式呈现，并可将该文件添加到工程中使用。report_qor_suggestions 可在综合阶段和实现阶段的各个子步骤之后使用（需要打开相应的“.dcp”文件），具体流程如图 12-29 所示。在参考流程（也就是原始流程）下，打开相应的设计，执行 report_qor_suggestions，生成建议报告。通过命令 write_qor_suggestions 将这些建议导出，形成“.rqs”文件。在 Project 模式下，通过命令 add_files 或 import_files 将“.rqs”文件添加到工程中，之后创建新的流程，也就是建议流程，并将“.rqs”文件作用于该流程。在 Non-Project 模式下，通过命令 read_qor_suggestions 读入“.rqs”文件，执行后续流程即可。

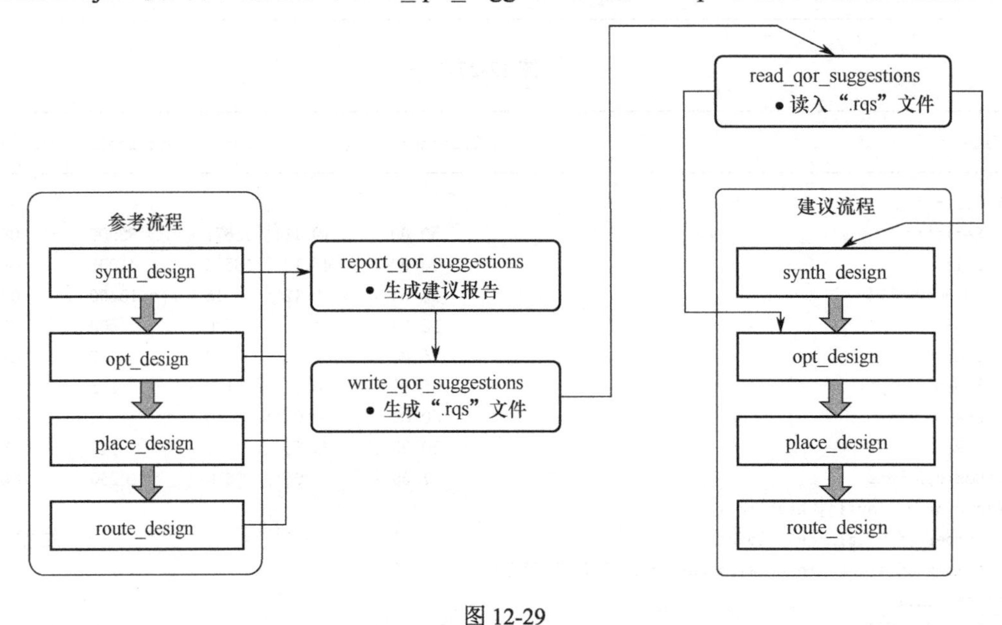

图 12-29

在 Project 模式下，与图 12-29 对应的脚本如代码 12-34 所示。第 2 行代码对应的图形界面操作方式是选择菜单“Reports→Report QoR Suggestions”，弹出如图 12-30 所示的界面。在默认情况下会分析最差的 100 条路径。最终生成的界面如图 12-31 所示。

代码 12-34

```
1.  # design_analysis_ex34.tcl
2.  report_qor_suggestions -name qor_suggestions -max_paths 100
3.  write_qor_suggestions -of_objects [get_qor_suggestions \
4.      {RQS_TIMING-33-1 RQS_TIMING-44-1 RQS_TIMING-27-1 RQS_XDC-1-1 RQS_CLOCK-9-1 }] \
5.      C:/SDemo2019/project_2/rqs_report.rqs -force
6.  get_property COMMAND [get_qor_suggestions RQS_TIMING-27-1]
7.  => set_property BLOCK_SYNTH.RETIMING 1 [get_cells { {clk300_to_clk600_ffs_i} }]
8.  import_files -fileset utils_1 C:/SDemo2019/Lab2/project_2/rqs_report.rqs
9.  set_property RQS_FILES \
10.     {C:/SDemo2019/project_2/project_2.srcs/utils_1/imports/project_2/rqs_report.rqs} \
11.     [get_runs synth_2]
```

```
12. set_property RQS_FILES \
13.     {C:/SDemo2019/project_2/project_2.srcs/utils_1/imports/project_2/rqs_report.rqs} \
14.     [get_runs impl_2]
```

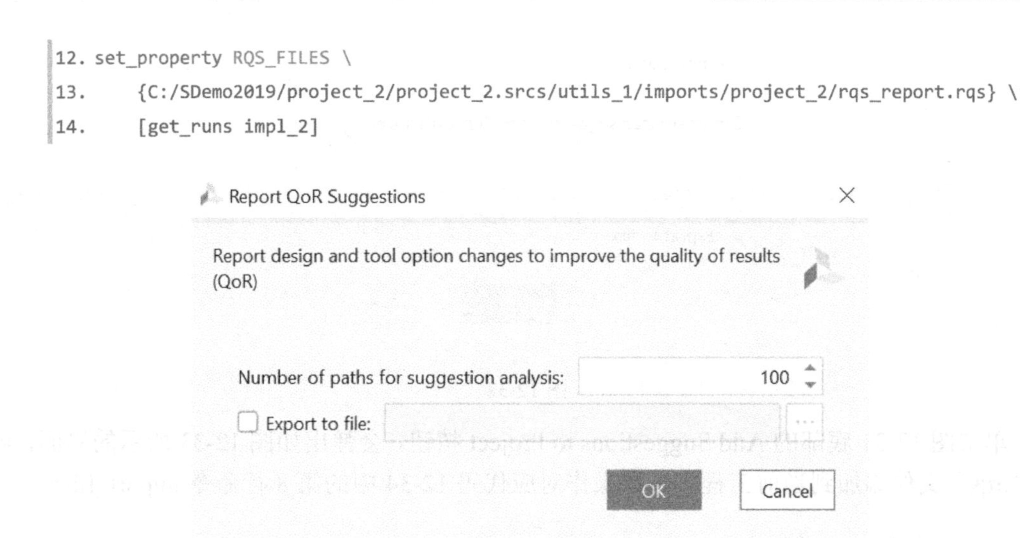

图 12-30

在图 12-31 所示的界面中，选择左侧 RQS Summary 下的 GENERATED，右侧界面会显示生成建议的相关说明，具体含义如表 12-3 所示。实际上，这些说明对应了建议的属性，可在右侧选中该条建议（整行选中），在属性窗口中查看这些属性。也可通过 report_property 结合 get_qor_suggestions 生成属性报告，还可如代码 12-34 中的第 6 行所示，通过 get_property 结合 get_qor_suggestions 获取某个属性的属性值。

图 12-31

表 12-3

条　目	含　义
GENERATED_AT	表征了该条建议的生成阶段，如 synth_design 或 route_design
APPLICABLE_FOR	表征了该条建议的适用阶段，因此需要新建流程，重新运行此阶段
AUTOMATIC	如果其值为 Yes，则表明该条建议可被自动执行，不需人工干预；否则，需要人工干预，例如，插入流水寄存器以降低逻辑级数
Incremental Friendly	如果其值为 Yes，则表明该条建议适合于增量编译流程；否则，只适合于常规流程

单击图 12-31 底部的 Export Suggestions 按钮，会弹出如图 12-32 所示的界面，可将生成的建议导出并形成“.rqs”文件，对应代码 12-34 中第 3 行的命令 write_qor_suggestions。

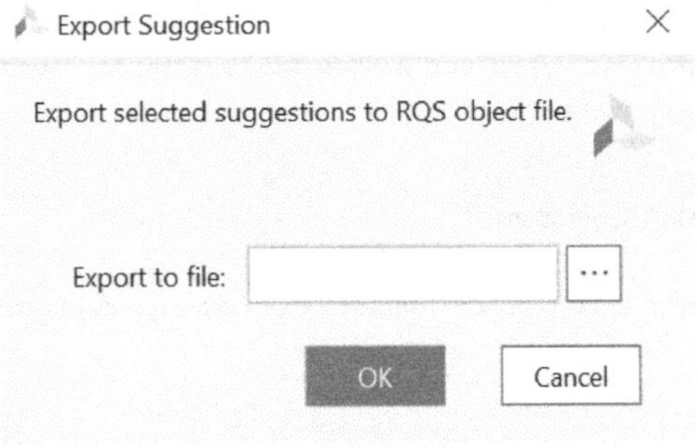

Export Suggestion
Export selected suggestions to RQS object file.
Export to file:
...
OK
Cancel

图 12-32

单击图 12-31 底部的 Add Suggestions to Project 按钮，会弹出如图 12-33 所示的界面，可将“.rqs”文件添加到当前工程中，该操作对应代码 12-34 中的第 8 行命令 import_files。

Export Suggestion
Save selected suggestions to project.
Save suggestions as:
38/Lab2/project_2/project_2.runs/impl_3/rqs_repo
...
Copy sources to project
OK
Cancel

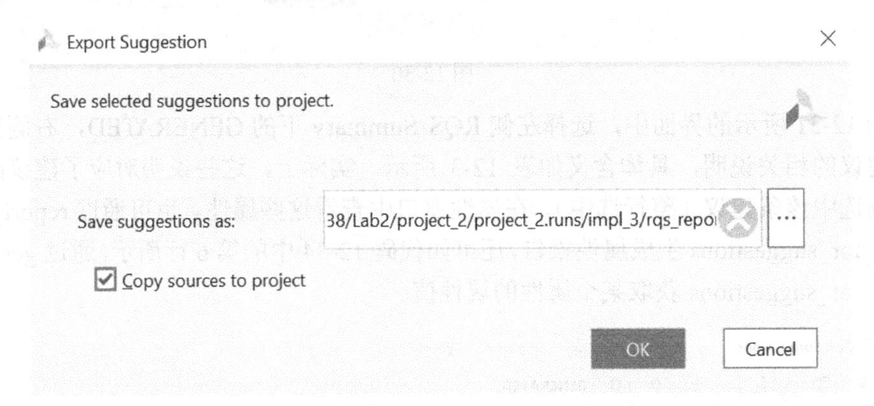

图 12-33

将“.rqs”文件添加到工程中之后，可将其作用于新的建议流程中。这需要先在 Design Runs 窗口中创建新的流程：synth_2 和 impl_2。选中 synth_2，单击鼠标右键，在弹出的快捷菜单中选择 Set QoR Suggestions，如图 12-34 所示，之后弹出图 12-34 中的右侧对话框，选中相应的“.rqs”文件，从而将该“.rqs”文件作用于 synth_2。对 impl_2 执行同样的操作。这些操作分别对应代码 12-34 中的第 9 行和第 12 行。

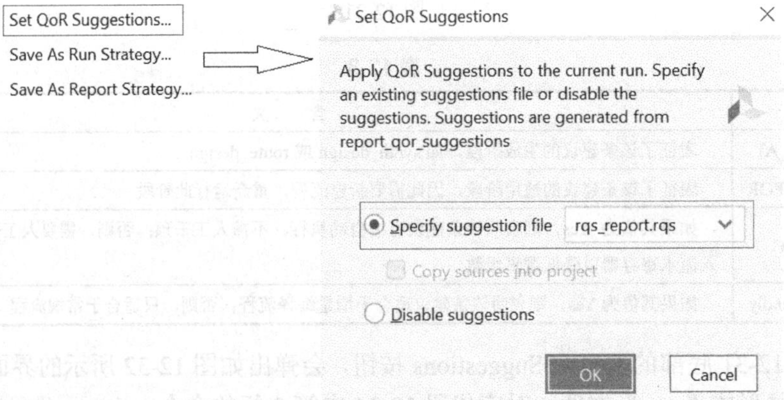

Set QoR Suggestions...
Save As Run Strategy...
Save As Report Strategy...
Set QoR Suggestions
Apply QoR Suggestions to the current run. Specify an existing suggestions file or disable the suggestions. Suggestions are generated from report_qor_suggestions
Specify suggestion file
rqs_report.rqs
Copy sources into project
Disable suggestions
OK
Cancel

图 12-34

在 Non-Project 模式下，需要借助命令 read_qor_suggestions 读入“.rqs”文件，以使其应用于综合阶段和实现阶段，具体使用方法如代码 12-35 所示。

代码 12-35

```
1. # design_analysis_ex35.tcl
2. read_vhdl <some_file>.vhd
3. read_qor_suggestions rqs_report.rqs
4. synth_design -top <top> -part <part>
5. opt_design
```

无论是 Project 模式还是 Non-Project 模式，在实现阶段的日志文件中都可以看到如图 12-35 所示的 QoR 建议总结。这个总结显示了读取“.rqs”文件后获得的建议信息，包括建议的个数、使用阶段等。

```
Read QOR Suggestions Summary

+-------------------------------------------------+---------------+-------+
|                Suggestion Summary                | Incr Friendly | Total |
+-------------------------------------------------+---------------+-------+
| Total Number of Enabled Suggestions              |             1 |     7 |
|   Automatic                                      |             1 |     5 |
|   Manual                                         |             0 |     2 |
|   APPLICABLE_FOR                                 |               |       |
|     synth_design                                 |             0 |     4 |
|     opt_design                                   |             0 |     0 |
|       That overlap with synthesis suggestions    |             0 |     0 |
|     place_design                                 |             1 |     3 |
|     postplace_phys_opt_design                    |             0 |     0 |
|     route_design                                 |             0 |     0 |
|     postroute_phys_opt_design                    |             0 |     0 |
| Total Number of Disabled Suggestions             |             0 |     0 |
+-------------------------------------------------+---------------+-------+
```

图 12-35

在打开应用“.rqs”文件后生成的“.dcp”文件之后，依然可使用 report_qor_suggestions 生成新的建议，如图 12-36 所示。此时与图 12-31 相比，左侧 RQS Summary 下多了 EXISTING 和 APPLIED 两个条目，前者用于显示生成该“.dcp”时读取的“.rqs”文件中的建议，后者用于显示已经成功应用于当前“.dcp”的建议。GENERATED 则是新生成的建议。在新生成“.rqs”文件时可以选择是否保留原有建议。

Tcl Console | Messages | Log | Reports | Design Runs | Timing | Power | DRC | QoR Suggestions | Package Pins | I/O Ports

General
RQS Summary
GENERATED
EXISTING
APPLIED
Timing
RQS_TIMING-44-1

APPLIED

ID	☑	GENERATED_AT	APPLICABLE_FOR	AUTOMATIC	Incremental Friendly	DESCRIPTION
Timing	☑					
RQS_TIMING-44-1	☑	synth_design	synth_design	Yes	No	Improve timing
RQS_TIMING-33-1	☑	synth_design	synth_design	Yes	No	Improve timing
RQS_TIMING-27-1	☑	synth_design	synth_design	Yes	No	Improve module
Clocking	☑					

Reset Default | Export Suggestions | Add Suggestions to Project

图 12-36

report_qor_suggestions 还可基于机器学习的方式给出建议策略，但要求参考流程的实现策略必须是 Explore 或 Default，并且需要在布线后的“.dcp”基础上执行该命令。目前，该命令只支持 UltraScale 和 UltraScale Plus 系列芯片，具体流程如图 12-37 所示。

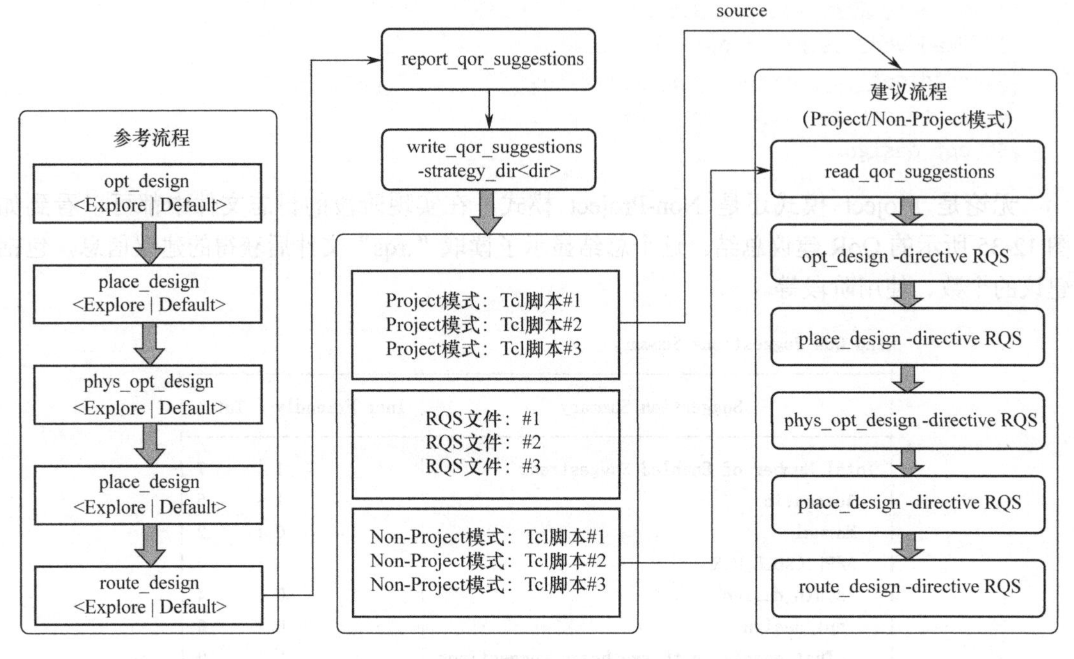

图 12-37

此时需要打开布线后的“.dcp”文件，执行命令 report_qor_assessment，在生成报告的第 4 部分会列出实现各子步骤的-directive 值，如图 12-38 所示。如果 Status 列均为 OK，则表明在执行 report_qor_suggestions 后可生成基于机器学习的建议策略。

```
4. ML Strategy Availability
---------------------------

+-----------------------------------------+----------+--------+
| Conditions for ML Strategy Availability | Value    | Status |
+-----------------------------------------+----------+--------+
| opt_design directive                    | Default  |   OK   |
| place_design directive                  | Default  |   OK   |
| phys_opt_design directive               | Default  |   OK   |
| route_design directive                  | Default  |   OK   |
+-----------------------------------------+----------+--------+
```

图 12-38

之后，执行代码 12-36。其中，第 2 行代码用于生成建议，包括建议策略，生成的界面如图 12-39 所示。第 7 行代码则是将相应的建议及建议策略写入“.rqs”及“.tcl”文件中，最终生成的文件如图 12-40 所示。其中，以 impl 打头的“.tcl”文件可在 Project 模式下使用，其余 3 个“.tcl”文件可在 Non-Project 模式下使用，“.rqs”文件则可在 Project 和 Non-Project 模式下使用。

代码 12-36

```
1. # design_analysis_ex36.tcl
2. report_qor_suggestions -name qor_suggestions -max_paths 100
3. cd [get_property DIRECTORY [current_project]]
4. set dir_name ML_STRAT
5. file mkdir ./$dir_name
6. cd ./$dir_name
7. write_qor_suggestions -strategy_dir ./
```

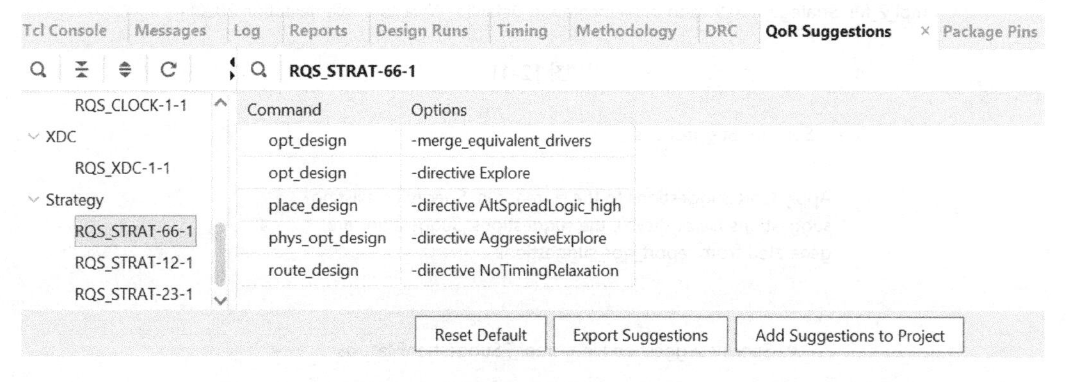

图 12-39

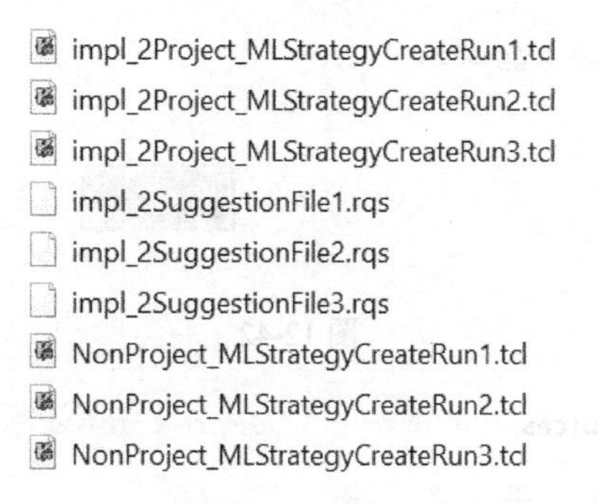

图 12-40

在默认情形下，report_qor_suggestions 可生成 3 个建议策略，但也可以通过选项 -max_strategies 控制生成策略的个数，该选项用于指定生成策略的最大个数，默认值为 3。

在 Project 模式下，执行代码 12-37，会创建 3 个新的 Design Runs，如图 12-41 所示。同时，选中新创建的 Design Runs，例如，这里的 impl_2_ML_Strategy_1，单击鼠标右键，在弹出的快捷菜单中选择 Set QoR Suggestions，会打开如图 12-42 所示的对话框，可以看到相应的“.rqs”文件已经被添加。在 Sources 窗口中的 Utility Sources 下也可以看到这些“.rqs”文件，如图 12-43 所示。

代码 12-37

```
1. # design_analysis_ex37.tcl
2. source impl_2Project_MLStrategyCreateRun1.tcl
3. source impl_2Project_MLStrategyCreateRun2.tcl
4. source impl_2Project_MLStrategyCreateRun3.tcl
```

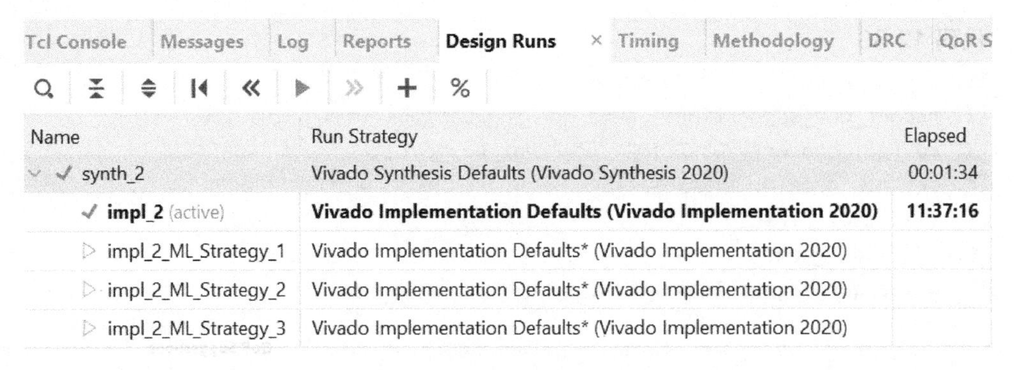

图 12-41

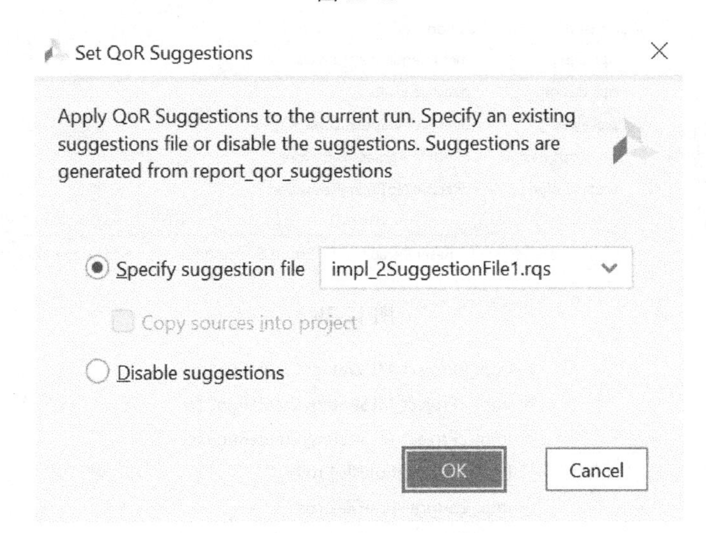

图 12-42

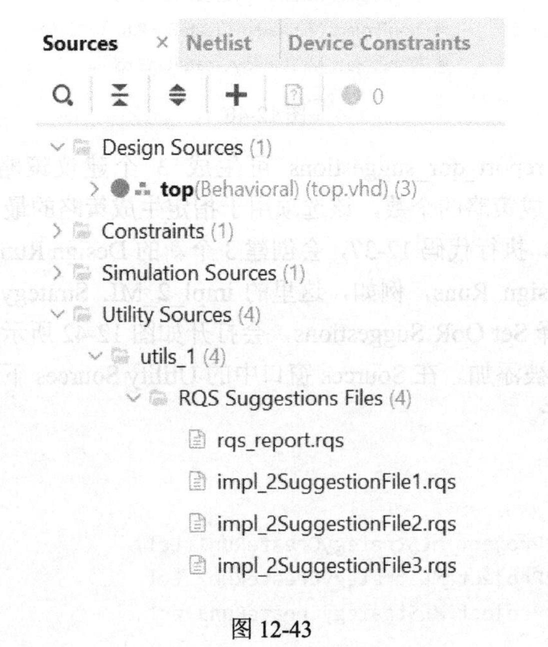

图 12-43

总结：在布线后的“.dcp”中执行命令 report_qor_ suggestions 可得出基于机器学习的建议策略，同时要求原始的实现策略必须是 Explore 或 Default。

12.6 资源利用率分析

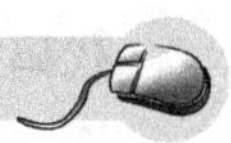

资源利用率是设计分析中非常重要的一环，需要用到命令 report_utilization 生成资源利用率报告。该命令的功能很强大，既可以生成整个设计的资源利用率报告，也可以生成指定模块或 Pblock 的资源利用率报告。具体用法如代码 12-38 所示。第 2 行代码用于生成整个设计的资源利用率报告，对于 SSI 器件而言，还会显示每个 SLR 的资源利用率，这一点非常有用。第 3 行代码通过添加选项-cells 生成指定模块的资源利用率报告，这里的-cells 不能和-name 同时使用。第 7 行代码通过添加选项-pblocks 生成指定 Pblock 的资源利用率报告。在这个报告中，既会显示 Pblock 中可用的资源，也会显示 Pblock 中模块已占用的资源，如图 12-44 所示（前者对应 Available 列，后者对应 Used 列）。选项-name、-cells 和-pblocks 都可以和-file 联合使用，用于将报告内容存储在指定文件中。

代码 12-38

```
1. # design_analysis_ex38.tcl
2. report_utilization -name util -file util.rpt
3. report_utilization -cells [get_cells cpuEngine] \
4.     -file cpuEngine_util.rpt
5. foreach x [get_pblocks] {
6.     puts "Reporting Pblock: $x ----------------------------------"
7.     report_utilization -append -file C:/Data/pblocks_util.txt -pblocks $x
8. }
```

Site Type	Parent	Child	Non-Assigned	Used	Fixed	Available	Util%
CLB LUTs	802	0	0	802	0	13920	5.76
LUT as Logic	802	0	0	802	0	13920	5.76
LUT as Memory	0	0	0	0	0	6720	0.00
CLB Registers	10376	0	8	10384	0	27840	37.30
Register as Flip Flop	10376	0	8	10384	0	27840	37.30
Register as Latch	0	0	0	0	0	27840	0.00
CARRY8	0	0	0	0	0	1740	0.00
F7 Muxes	0	0	0	0	0	6960	0.00
F8 Muxes	0	0	0	0	0	3480	0.00
F9 Muxes	0	0	0	0	0	1740	0.00

图 12-44

report_utilization 还提供了选项-spreadsheet_file，用于将报告内容存储在“.xlsx”文件中，从而可以很方便地用 Excel 进行查看。该选项需要与-name 和-spreadsheet_table 联合使用，具体用法如代码 12-39 所示。第 2 行和第 3 行代码会将整个设计的资源利用率导入 util_table.xlsx 文件中，第 4 行和第 5 行代码会将 Block RAM 的资源利用率导入 bram_util_table.xlsx 文件中，第 6 行和第 7 行代码会将 BUFGCTRL 的资源利用率导入 clock_util_table.xlsx 文件中。

代码 12-39

```
1. # design_analysis_ex39.tcl
2. report_utilization -name util -spreadsheet_file \
3.     util_table.xlsx -spreadsheet_table "Hierarchy"
4. report_utilization -name util -spreadsheet_file \
5.     bram_util_table.xlsx -spreadsheet_table "Memory - Block RAM Tile"
6. report_utilization -name util -spreadsheet_file \
7.     clock_util_table.xlsx -spreadsheet_table "Clocking - BUFGCTRL"
```

总结： report_utilization 的选项-spreadsheet_file 用于指定文件名的后缀为“.xlsx”，同时该选项要与-name 同时使用才有效。

12.7 逻辑级数分析

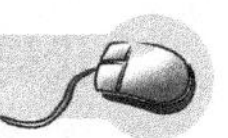

逻辑级数是指时序路径起点单元和终点单元之间的组合逻辑门的个数，这里的组合逻辑门包括查找表、进位链，以及 SLICE 中的 F7MUX/F8MUX/F9MUX。图 12-45 所示时序路径的逻辑级数为 1，图 12-46 所示时序路径的逻辑级数为 2。

显然，逻辑级数越高，造成的门级延迟越大。通常认为一个查找表加一根网线的延迟为 0.5ns，如果时钟周期为 T（T 的单位为 ns），那么该时钟所能承受的逻辑级数为 $T/0.5$，也就是 $2T$。这也是判断逻辑级数过高的标准，即一旦逻辑级数超过 $2T$ 就应引起重视。同时，建议在设计之前要评估设计的逻辑级数，在综合阶段之后就开始分析逻辑级数，因为若要使逻辑级数较高的路径时序收敛，通常的做法是在时序路径中间插入流水寄存器或使用重定时（Retiming）技术，而前者需要在原始代码中完成，后者有一定的局限性。

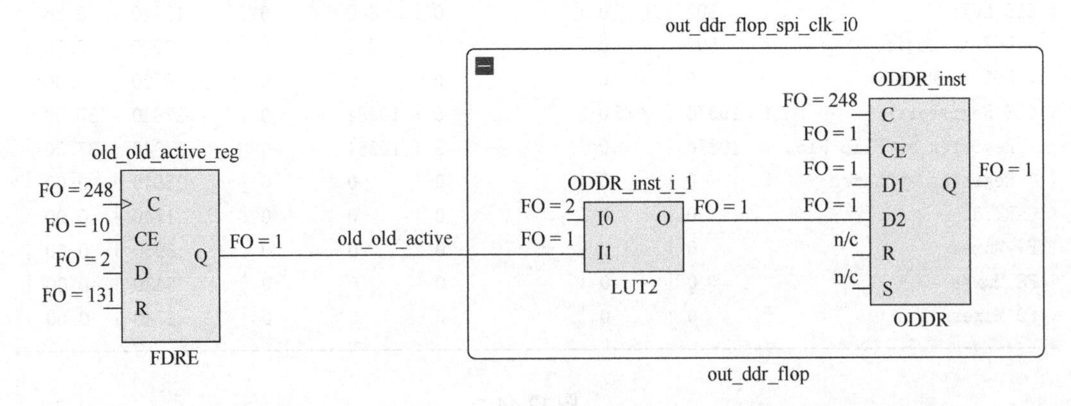

图 12-45

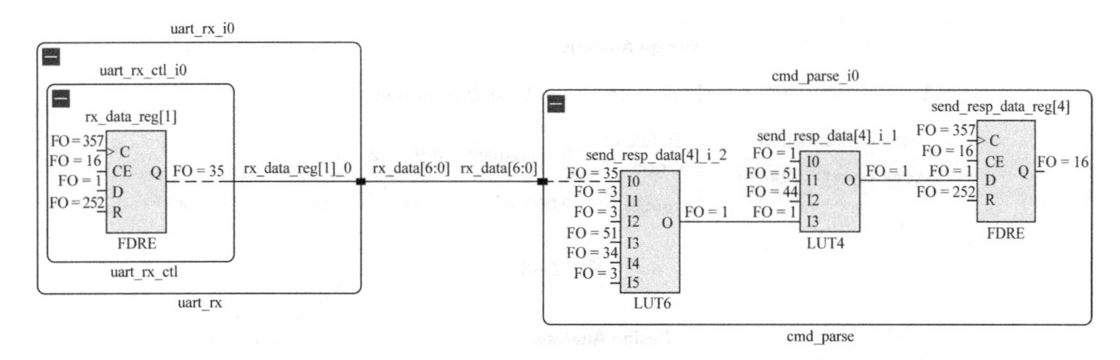

图12-46

命令 report_design_analysis 可用于分析逻辑级数，具体用法如代码 12-40 所示。第 2 行代码使用了两个选项：-logic_level_distribution 和-logic_level_dist_paths（-logic_level_dist_paths 限定了分析路径的个数），最终会生成如图 12-47 所示的界面。在这个界面中，右侧第一行 8~17 等数字为逻辑级数，第二行与之对应的数字表示该逻辑级数下的时序路径个数。第 4 行和第 5 行代码在第 2 行的基础上分别通过-min_level 和-max_level 限定了逻辑级数的最小值和最大值，同时通过选项-end_point_clocks 限定了时钟域。最终生成如图 12-48 所示的界面，可以看到该界面中逻辑级数为 8 和 9 的时序路径已经被合并显示了。第 6 行和第 7 行代码在第 2 行的基础上通过选项-cells 限定了分析的单元。最终生成如图 12-49 所示的界面。需要注意的是，这些路径只要有部分单元在-cells 指定的单元内就会被分析到，并不要求所有单元都在-cells 指定的单元内。report_design_analysis 还提供了-file 选项，将生成报告存储到指定文件中，如第 8～10 行代码所示。

代码 12-40

```
1.  # design_analysis_ex40.tcl
2.  report_design_analysis -logic_level_distribution -logic_level_dist_paths 100 \
3.      -name LogicLevelA
4.  report_design_analysis -logic_level_distribution -logic_level_dist_paths 100 \
5.      -min_level 10 -max_level 20 -end_point_clocks cpuClk -name LogicLevelB
6.  report_design_analysis -logic_level_distribution -logic_level_dist_paths 100 \
7.      -cells [get_cells usbEngine0] -name usbEngine0_LogicLevel
8.  report_design_analysis -logic_level_distribution -logic_level_dist_paths 100 \
9.      -cells [get_cells usbEngine0] -name usbEngine0_LogicLevel \
10.     -file usbEngine0_LogicLevel.rpt
```

Tcl Console | Messages | Design Analysis × | Log | Reports | Design Runs | Timi

General Information
Logic Level Distribution

Logic Level Distribution

End Point Clock	Requirement	8	9	12	13	15	16	17
cpuClk	2.000ns	19	1	21	34	19	2	4

图 12-47

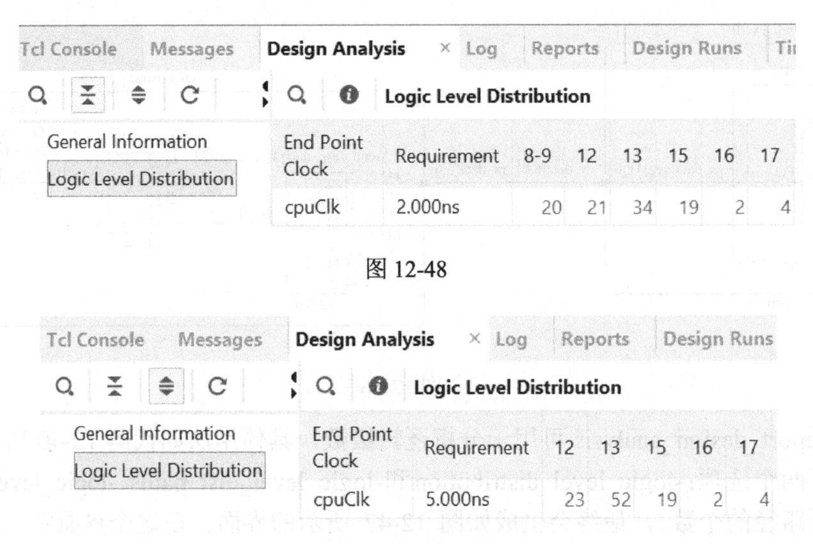

图 12-48

图 12-49

12.8 复杂度与拥塞分析

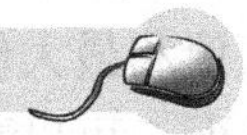

report_design_analysis 可用于分析设计的复杂度，此时需要添加选项-complexity，如代码 12-41 所示。该代码会生成类似于图 12-50 所示的报告。在这个报告中，有三个参数需要格外关注，分别是 Rent、Average Fanout 和 Total Instances。其中，Rent 指数反映了模块的互连度，该指数越高，互连越重。较重的互连意味着设计会消耗大量的全局布线资源，从而导致布线拥塞。

代码 12-41

```
1. # design_analysis_ex41.tcl
2. report_design_analysis -complexity -name cplx
```

Tcl Console | Messages | Log | Reports | Design Runs | Design Analysis | Timing | Power | Methodology | DRC | Package Pins | I/O Ports

General Information
Complexity Characteristics

Complexity Characteristics

Instance	Module	Rent	Average Fanout	Total Instances	Registers	LUT1	LUT2	LUT3	LUT4	LUT5
top	top	0.64	3.29	39558	15664	741	4036	2606	3314	3400
cpuEngine (or1200_top)	or1200_top	0.58	3.29	10654	3740	129	814	750	957	975
fftEngine (fftTop)	fftTop	0.54	2.29	3646	1458	50	1422	86	115	81
mgtEngine (mgtTop)	mgtTop	-^	2.23	1134	642	40	32	169	57	65
usbEngine0 (usbf_top)	usbf_top	0.43	3.19	11543	4642	261	860	780	1090	1102
usbEngine1 (usbf_top_0)	usbf_top_0	0.48	3.19	11525	4642	261	860	782	1090	1109

图 12-50

表 12-4 给出了 Rent 指数分布范围及含义。不难看出，当 Total Instances 超过 15 000 时，如果 Rent 指数大于 0.65，那么该设计在布局布线时将遇到很大困难。

表 12-4

Rent 指数分布范围	含　义
0～0.65	Rent 指数在正常范围内
0.65～0.85	Rent 指数较高，如果 Total Instances 超过 15 000，则要格外关注
大于 0.85	Rent 指数很高，如果 Total Instances 也很高（超过 15 000），则布局布线会失败

表 12-5 给出了 Average Fanout 分布范围及含义。不难看出，当 Average Fanout 大于 4 时，要格外关注。

表 12-5

Average Fanout 分布范围	含　义
小于 4	正常范围
4～5	较高，布局时可能会出现拥塞。如果是 SSI 器件，并且 Total Instances 超过 100 000，则很难将设计放在 1 个 SLR 内或分布到两个 SLR 内
大于 5	很高，布局布线可能会失败

总结： Rent 指数、Average Fanout 和 Total Instances 三者要结合起来分析，不能单独只看某一个指标就判定很难完成布局布线。

哪些因素会导致 Rent 指数过高呢？较高的 LUT6 利用率，以及 Block RAM 和 DSP 利用率（这两类原语应用大量的引脚，会引发较重的互连）都会导致 Rent 指数过高。其中，较高的 LUT6 利用率还会导致 Average Fanout 过高。

当 Rent 指数或 Average Fanout 较高时，可对相关模块使用 OOC 综合方式，以避免工具执行边界优化，从而降低 LUT6 的使用率。还可以使用模块化综合技术，采用模块化综合属性 LUT_COMBINING，阻止 LUT 整合，也能有效降低 LUT6 的使用率。

report_design_analysis 还可用于分析设计的拥塞程度，此时需要添加选项-congestion，如代码 12-42 所示。该代码会生成类似于图 12-51 所示的拥塞报告。

代码 12-42

```
1. # design_analysis_ex42.tcl
2. report_design_analysis -congestion -name cong
```

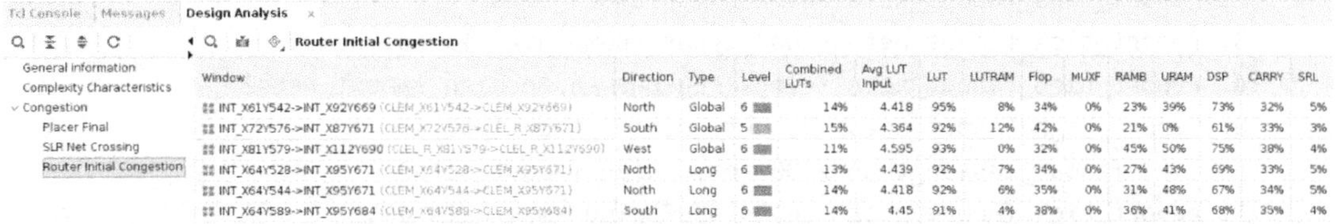

Tcl Console | Messages | Design Analysis

Router Initial Congestion

General Information
Complexity Characteristics
Congestion
Placer Final
SLR Net Crossing
Router Initial Congestion

Window	Direction	Type	Level	Combined LUTs	Avg LUT Input	LUT	LUTRAM	Flop	MUXF	RAMB	URAM	DSP	CARRY	SRL
INT_X61Y542->INT_X92Y669 (CLEM_X61Y542->CLEM_X92Y669)	North	Global	6	14%	4.418	95%	8%	34%	0%	23%	39%	73%	32%	5%
INT_X72Y576->INT_X87Y671 (CLEM_X72Y576->CLEL_R_X87Y671)	South	Global	5	15%	4.364	92%	12%	42%	0%	21%	0%	61%	33%	3%
INT_X81Y579->INT_X112Y690 (CLEL_R_X81Y579->CLEL_R_X112Y690)	West	Global	6	11%	4.595	93%	0%	32%	0%	45%	50%	75%	38%	4%
INT_X64Y528->INT_X95Y671 (CLEM_X64Y528->CLEM_X95Y671)	North	Long	6	13%	4.439	92%	7%	34%	0%	27%	43%	69%	33%	5%
INT_X64Y544->INT_X95Y671 (CLEM_X64Y544->CLEM_X95Y671)	North	Long	6	14%	4.418	92%	6%	35%	0%	31%	48%	67%	34%	5%
INT_X64Y589->INT_X95Y684 (CLEM_X64Y589->CLEM_X95Y684)	South	Long	6	14%	4.45	91%	4%	38%	0%	36%	41%	68%	35%	4%

图 12-51

在这个报告中，要格外关注两个指标 Type 和 Level，前者反映了拥塞类型，后者表征了拥塞程度。通常有三种拥塞类型，如表 12-6 所示。表 12-7 给出了拥塞程度对 QoR 的影响。

表 12-6

拥塞类型	原　因
全局拥塞（Global）	较高的 LUT6 利用率，过多的控制集，不合理的位置约束
长线拥塞（Long）	较高的 Block RAM 或 DSP 利用率，过多的跨 die 网线
短线拥塞（Short）	较高的 MUXF（F7MUX/F8MUX/F9MUX）或进位链利用率

表 12-7

拥塞程度	QoR 影响
小于等于 4	影响不大
5	在布局布线时会遇到一些困难
6	在布局布线时会遇到很多困难，编译时间显著增加
7	布局布线会失败

12.9 扇出分析

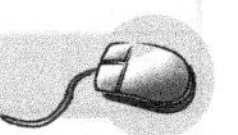

Xilinx 建议在综合之后就要开始对网线的扇出进行分析，此时可用命令 report_high_fanout_nets 实现。该命令的具体用法如代码 12-43 所示。

第 2 行代码使用-name 选项直接生成以-name 后的值命名的图形界面，如图 12-52 所示。在图 12-52 中，Fanout 列显示了对应网线的扇出值；Driver Type 显示了网线的驱动类型。需要注意的是由 LUT 驱动的网线，工具很难对这类网线进行优化。第 3 行代码使用了选项-load_types，用于显示网线的负载类型，如图 12-53 所示。第 4 行代码使用了选项-clock_regions，用于显示负载在每个时钟区域的个数，从而表征了负载在每个时钟区域的分布状况，如图 12-54 所示。第 5 行和第 6 行代码通过选项-fanout_greater_than 和-fanout_lesser_than 限定了扇出值，如图 12-55 所示。第 7 行代码通过选项-cells 限定了待分析网线的范围，只有在指定单元内的网线才会被分析，同时通过选项-max_nets 限定了分析网线的最大个数，如图 12-56 所示。第 10 行代码通过选项-timing 显示了网线所在路径的时序信息，如图 12-57 所示。另外，report_high_fanout_nets 还提供了选项-file，可将生成内容存储到指定文件中。

代码 12-43

```
1. # design_analysis_ex43.tcl
2. report_high_fanout_nets -name high_fanout_nets
3. report_high_fanout_nets -load_types -name high_fanout_nets1
4. report_high_fanout_nets -clock_regions -name high_fanout_nets2
5. report_high_fanout_nets -fanout_greater_than 1000 \
6.     -fanout_lesser_than 2000 -name high_fanout_nets3
7. report_high_fanout_nets -cells cpuEngine -max_nets 4 \
8.     -name high_fanout_nets4
9. report_high_fanout_nets -cells cpuEngine -max_nets 4 \
10.     -timing -name high_fanout_nets5
```

Summary

Net Name	Fanout	Driver Type
reset_reg	2253	FDRE
usbEngine0/usb_dma_wb_in/buffer_fifo/infer_fifo.block_ram_performance.fifo_out[3]	1140	RAMB36E1
usbEngine1/usb_dma_wb_in/buffer_fifo/infer_fifo.block_ram_performance.fifo_out[3]	1140	RAMB36E1
usbEngine0/usb_dma_wb_in/buffer_fifo/infer_fifo.block_ram_performance.fifo_out[2]	1137	RAMB36E1
usbEngine1/usb_dma_wb_in/buffer_fifo/infer_fifo.block_ram_performance.fifo_out[2]	1137	RAMB36E1
usbEngine0/usb_dma_wb_in/buffer_fifo/infer_fifo.block_ram_performance.fifo_out[4]	316	RAMB36E1
usbEngine1/usb_dma_wb_in/buffer_fifo/infer_fifo.block_ram_performance.fifo_out[4]	316	RAMB36E1
cpuEngine/or1200_cpu/or1200_ctrl/alu_op_reg[3]_0[1]	292	FDCE
reset_reg_repN_17	250	FDRE
reset_reg_repN_42	250	FDRE

图 12-52

Fanout Summary

Net Name	Fanout	Driver Type	Set/Reset Slice	Data & Other Slice
reset_reg	2253	FDRE	2235	18
usbEngine0/usb_dma_wb_in/buffer_fifo/infer_fifo.block_ram_performance.fifo_out[3]	1140	RAMB36E1	0	1140
usbEngine1/usb_dma_wb_in/buffer_fifo/infer_fifo.block_ram_performance.fifo_out[3]	1140	RAMB36E1	0	1140
usbEngine0/usb_dma_wb_in/buffer_fifo/infer_fifo.block_ram_performance.fifo_out[2]	1137	RAMB36E1	0	1137
usbEngine1/usb_dma_wb_in/buffer_fifo/infer_fifo.block_ram_performance.fifo_out[2]	1137	RAMB36E1	0	1137
usbEngine0/usb_dma_wb_in/buffer_fifo/infer_fifo.block_ram_performance.fifo_out[4]	316	RAMB36E1	0	316
usbEngine1/usb_dma_wb_in/buffer_fifo/infer_fifo.block_ram_performance.fifo_out[4]	316	RAMB36E1	0	316
cpuEngine/or1200_cpu/or1200_ctrl/alu_op_reg[3]_0[1]	292	FDCE	0	292
reset_reg_repN_17	250	FDRE	250	0
reset_reg_repN_42	250	FDRE	248	0

图 12-53

Clock Regionwise Fanout Summary

Net Name	Fanout	Driver Type	X0Y0	X0Y1	X0Y2	X0Y3
reset_reg	2253	FDRE	0	44	989	0
usbEngine0/usb_dma_wb_in/buffer_fifo/infer_fifo.block_ram_performance.fifo_out[3]	1140	RAMB36E1	34	537	0	0
usbEngine1/usb_dma_wb_in/buffer_fifo/infer_fifo.block_ram_performance.fifo_out[3]	1140	RAMB36E1	0	4	576	0
usbEngine0/usb_dma_wb_in/buffer_fifo/infer_fifo.block_ram_performance.fifo_out[2]	1137	RAMB36E1	34	536	0	0
usbEngine1/usb_dma_wb_in/buffer_fifo/infer_fifo.block_ram_performance.fifo_out[2]	1137	RAMB36E1	0	4	573	0
usbEngine0/usb_dma_wb_in/buffer_fifo/infer_fifo.block_ram_performance.fifo_out[4]	316	RAMB36E1	9	145	0	0
usbEngine1/usb_dma_wb_in/buffer_fifo/infer_fifo.block_ram_performance.fifo_out[4]	316	RAMB36E1	0	0	174	0
cpuEngine/or1200_cpu/or1200_ctrl/alu_op_reg[3]_0[1]	292	FDCE	120	0	0	0
reset_reg_repN_17	250	FDRE	0	245	0	0
reset_reg_repN_42	250	FDRE	250	0	0	0

图 12-54

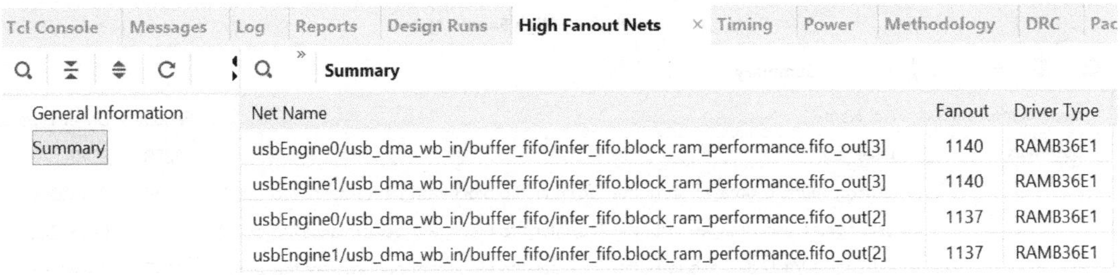

Tcl Console | Messages | Log | Reports | Design Runs | High Fanout Nets × | Timing | Power | Methodology | DRC | Pac

Summary

General Information

Summary

Net Name	Fanout	Driver Type
usbEngine0/usb_dma_wb_in/buffer_fifo/infer_fifo.block_ram_performance.fifo_out[3]	1140	RAMB36E1
usbEngine1/usb_dma_wb_in/buffer_fifo/infer_fifo.block_ram_performance.fifo_out[3]	1140	RAMB36E1
usbEngine0/usb_dma_wb_in/buffer_fifo/infer_fifo.block_ram_performance.fifo_out[2]	1137	RAMB36E1
usbEngine1/usb_dma_wb_in/buffer_fifo/infer_fifo.block_ram_performance.fifo_out[2]	1137	RAMB36E1

图 12-55

Tcl Console | Messages | Log | Reports | Design Runs | High Fanout Nets × | Timing

Summary

General Information

Summary

Net Name	Fanout	Driver Type
cpuEngine/dwb_biu/wb_adr_o_reg[2]_0	80	LUT4
cpuEngine/dwb_biu/wb_adr_o_reg[3]_0	80	LUT4
cpuEngine/cpu_iwb_adr_o/buffer_fifo/dout[28]	72	RAMB36E1
cpuEngine/cpu_iwb_adr_o/buffer_fifo/dout[29]	72	RAMB36E1

图 12-56

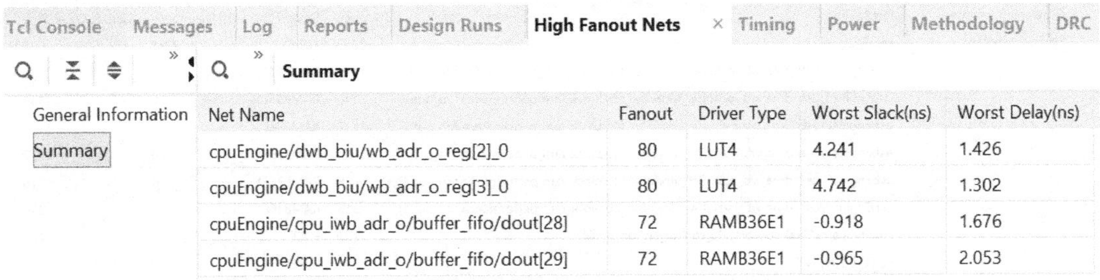

Tcl Console | Messages | Log | Reports | Design Runs | High Fanout Nets × | Timing | Power | Methodology | DRC

Summary

General Information

Summary

Net Name	Fanout	Driver Type	Worst Slack(ns)	Worst Delay(ns)
cpuEngine/dwb_biu/wb_adr_o_reg[2]_0	80	LUT4	4.241	1.426
cpuEngine/dwb_biu/wb_adr_o_reg[3]_0	80	LUT4	4.742	1.302
cpuEngine/cpu_iwb_adr_o/buffer_fifo/dout[28]	72	RAMB36E1	-0.918	1.676
cpuEngine/cpu_iwb_adr_o/buffer_fifo/dout[29]	72	RAMB36E1	-0.965	2.053

图 12-57

在图 12-53 中，网线 reset_reg 的扇出为 2253，其中，有 2235 个负载的引脚为复位/置位信号，有 18 个引脚为数据信号，可借助代码 12-44 找到这 18 个数据信号。

代码 12-44

```
1. # design_analysis_ex44.tcl
2. set net [get_nets reset_reg]
3. set mypin [get_pins -of $net -filter "DIRECTION==IN" -leaf]
4. set target_pin [filter $mypin \
5.     "REF_PIN_NAME != CLR && REF_PIN_NAME != R && \
6.     REF_PIN_NAME != PRE && REF_PIN_NAME != S"]
7. show_objects $target_pin -name data_pin
```

表 12-8 给出了命令 report_high_fanout_nets 的常用选项及其含义。

表 12-8

选　项	含　义
-load_types	显示网线的负载类型

（续表）

选　项	含　义
-clock_regions	显示网线负载在每个时钟区域的分布状况
-cells	对指定模块中的网线进行扇出分析
-timing	显示网线的时序信息
-fanout_greater_than	限定扇出的最小值
-fanout_lesser_than	限定扇出的最大值

12.10 UFDM 分析

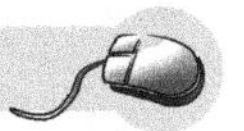

UFDM（UltraFast Desgin Methodology）是 Xilinx 针对 Vivado 提出的一个设计方法学，涵盖了板级规划、代码风格、时序约束、时序收敛等方面的内容，旨在帮助工程师尽可能多地在设计初期发现并解决潜在问题，减少设计迭代次数，加速设计收敛进程。为此，Vivado 提供了专门的 Tcl 命令 report_methodology 用于检查设计是否遵循了该方法学的要求和规则。

总结：Xilinx 建议，在设计的每个阶段（包括 opt_design、place_design、phys_opt_design 和 route_design）都要运行 report_methodology，以发现设计中的潜在问题，并尽快解决。

report_methodology 的用法比较简单，如代码 12-45 所示。对应的图形界面操作方式如图 12-58 所示。单击图 12-58 中左侧的 Report Methodology 选项，会弹出右侧界面，用于选择检查规则。

代码 12-45

```
1. # design_analysis_ex45.tcl
2. report_methodology -name ufdm_1
```

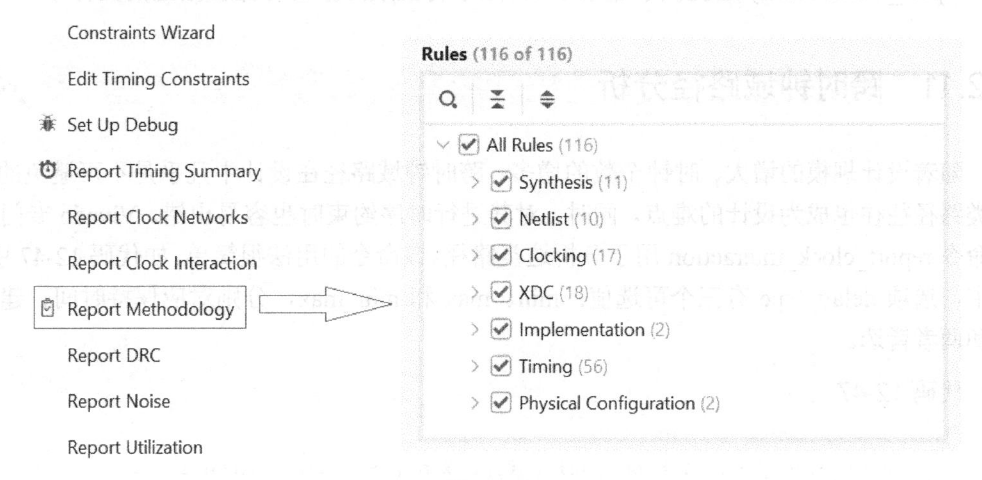

图 12-58

运行代码 12-45，会生成如图 12-59 所示的界面，可以看到设计中包括 4 个关键警告

（Critical Warnings）和 1138 个常规警告（Warnings）。应先努力修复 4 个关键警告。

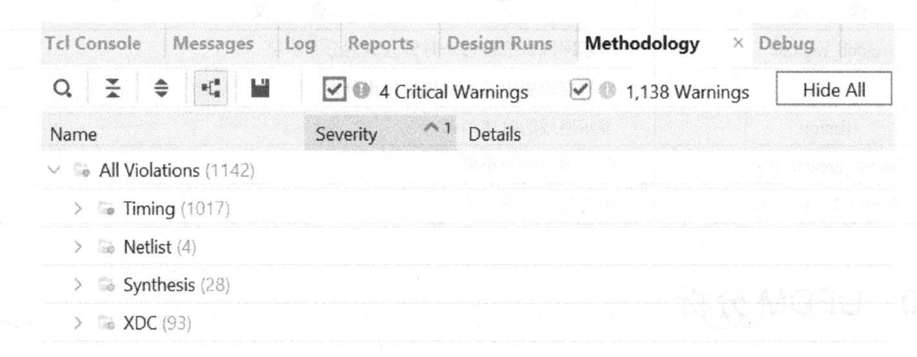

图 12-59

report_methodology 可以发现 HDL 代码中的问题。例如，可使用 DSP48 实现乘法或乘加运算，没有使用乘法器之后的寄存器（MREG）；也可通过如代码 12-46 所示的方式实现。第 2 行代码用于查找设计中的异步复位触发器，第 4 行代码用于查找没有使用 MREG 的 DSP48，第 6 行代码用于查找没有使用 PREG（DSP48 累加器的输出寄存器）的 DSP48。命令 show_objects 可将查找到的对象在-name 指定的窗口中显示。

代码 12-46

```
1. # design_analysis_ex46.tcl
2. set myff [get_cells -hier -filter "REF_NAME == FDCE"]
3. show_objects $myff -name AsynRstFF
4. set mydsp1 [get_cells -hier -filter "REF_NAME =~ DSP48E* && MREG == 0"]
5. show_objects $mydsp1 -name DSP48_mreg_violation
6. set mydsp2 [get_cells -hier -filter "REF_NAME =~ DSP48E* && PREG == 0"]
7. show_objects $mydsp2 -name DSP48_preg_violation
```

report_methodology 还提供了选项-file，用于将生成的报告存储在指定的文件中。

12.11 跨时钟域路径分析

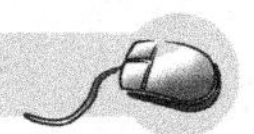

随着设计规模的增大、时钟个数的增多，跨时钟域路径在设计中几乎是不可避免的，而这类路径往往也成为设计的难点，同时，对其进行时序约束时也容易出错。Vivado 专门提供了命令 report_clock_interaction 用于分析这类路径。该命令的用法很简单，如代码 12-47 所示。其中，选项-delay_type 有三个可选值：min、max 和 min_max，分别对应保持时间、建立时间和两者皆选。

代码 12-47

```
1. # design_analysis_ex47.tcl
2. report_clock_interaction -delay_type min_max -name timing_1
```

代码 12-47 可生成如图 12-60 所示的界面。在这个界面中可以看到时钟之间的关系，对应图中最后一列 Inter-Clock Constraints，同时还要关注 Path Req（WNS）列，如果这一列的数值出现小于等于 1ns 的情形，则说明这两个时钟之间的约束不合理。

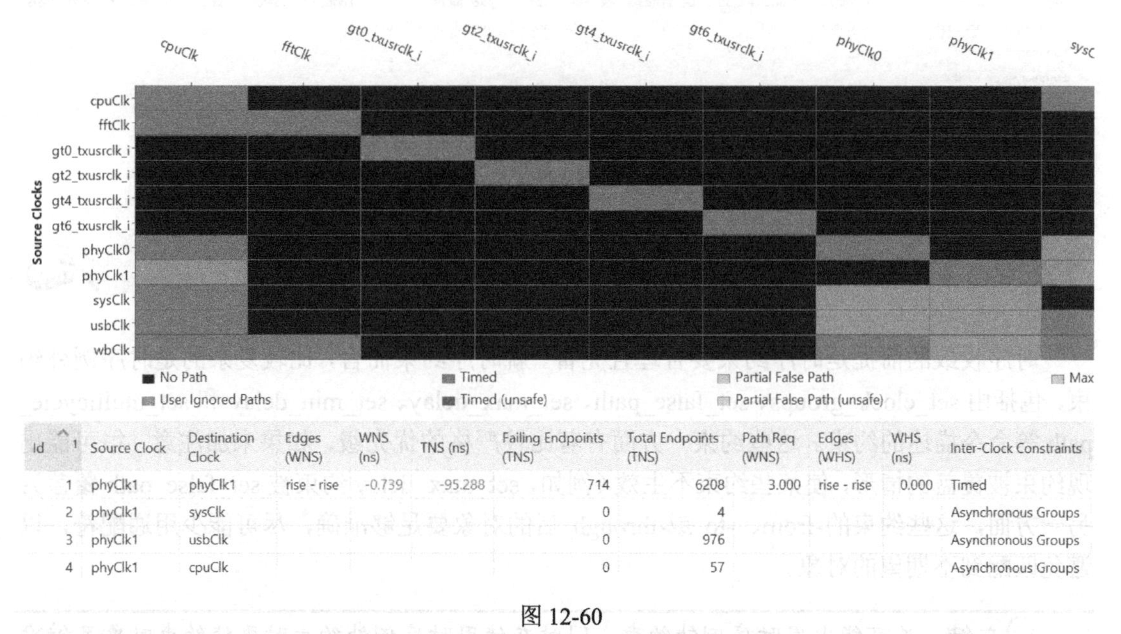

Id	Source Clock	Destination Clock	Edges (WNS)	WNS (ns)	TNS (ns)	Failing Endpoints (TNS)	Total Endpoints (TNS)	Path Req (WNS)	Edges (WHS)	WHS (ns)	Inter-Clock Constraints
1	phyClk1	phyClk1	rise - rise	-0.739	-95.288	714	6208	3.000	rise - rise	0.000	Timed
2	phyClk1	sysClk				0	4				Asynchronous Groups
3	phyClk1	usbClk				0	976				Asynchronous Groups
4	phyClk1	cpuClk				0	57				Asynchronous Groups

图 12-60

在此基础上，Vivado 还提供了命令 report_cdc，该命令不仅能分析跨时钟域路径在 HDL 层面上的问题（例如，跨时钟域路径是从查找表到触发器，而非从触发器到触发器），还能分析跨时钟域路径在约束层面上的问题，其使用方法如代码 12-48 所示。

代码 12-48

```
1. # design_analysis_ex48.tcl
2. report_cdc -name cdc1
3. report_cdc -from phyClk1 -to cpuClk -name cdc2
```

第 2 行代码会生成如图 12-61 所示的界面，尤其要关注图中 Severity 列中值为 Critical 的条目。第 3 行代码通过-from 和-to 两个选项指定了分析路径的源时钟和目的时钟，会生成如图 12-62 所示的界面。

Tcl Console　Messages　Log　Reports　Design Runs　Timing　×　Find Results　Utilization　Methodology　Debug

General Information
Summary (by clock pair)
Summary (by type)
Summary (by waived endpoints)
CDC Details (13389)
phyClk1 to cpuClk (57)
input port clock to gt0_txusrclk_i (2)
input port clock to gt2_txusrclk_i (2)

Summary (by type)

Severity	ID	Count	Description
Critical	CDC-1	5431	1-bit unknown CDC circuitry
Critical	CDC-4	4	Multi-bit unknown CDC circuitry
Critical	CDC-7	8	Asynchronous reset unknown CDC circuitry
Critical	CDC-10	4	Combinational logic detected before a synchronizer
Critical	CDC-13	1114	1-bit CDC path on a non-FD primitive
Warning	CDC-2	2	1-bit synchronized with missing ASYNC_REG property
Warning	CDC-15	6826	Clock enable controlled CDC structure detected

图 12-61

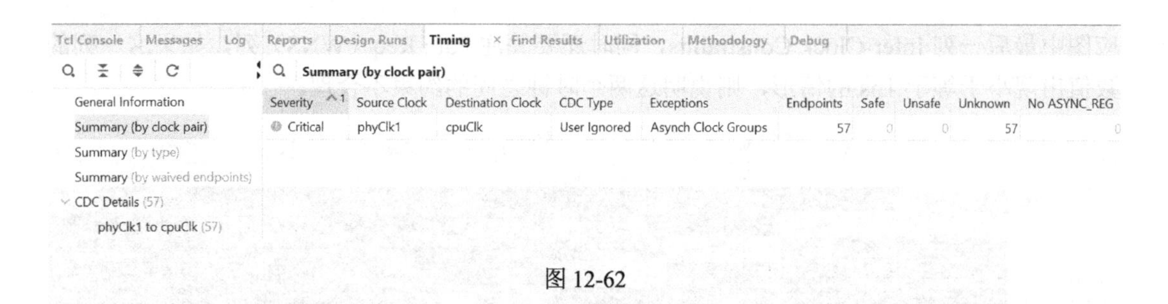

图 12-62

12.12 约束分析

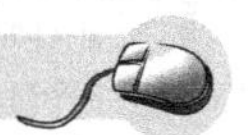

时序收敛的前提是时序约束要合理且完备。就时序约束而言，比较复杂的是时序例外约束，包括由 set_clock_groups、set_false_path、set_max_delay、set_min_delay 和 set_multicycle_path 等命令描述的约束。这些约束一方面有着比较严格的优先级，如果未加注意，很可能出现约束被覆盖的情形，使某些约束不生效（例如，set_max_delay 约束被 set_false_path 覆盖）；另一方面，这些约束的-from、-to 或-through 后的对象要足够准确，尽可能少用通配符，以避免匹配到不期望的对象。

总结： 尽可能少用时序例外约束，同时在使用时序例外约束时要使约束对象足够准确，这样一方面可以避免因为对象不匹配导致过多约束或遗漏约束的情形，另一方面也能有效缩短编译时间。

针对时序例外约束，Vivado 提供了专门的命令 report_exceptions 用于分析这些约束是否存在被覆盖的情形、是否存在约束对象无效的情形、是否存在被合并的情形等。该命令的具体使用方法如代码 12-49 所示。

代码 12-49

```
1. # design_analysis_ex49.tcl
2. report_exceptions -name exceptions_1
3. report_exceptions -coverage -name exceptions_2
4. report_exceptions -from clk_rx_clk_core -to clk_tx_clk_core \
5.     -name exceptions_3
```

第 2 行代码中的脚本会生成如图 12-63 所示的界面。在 Summary 中需要格外关注的是 Ignored Constraints 列和 Ignored Objects 列。例如，在图 12-63 中，False Path 的 Ignored Constraints 为 2，单击该数字，会显示如图 12-64 所示的界面，可以看到在 Status 列显示了该约束被 FP29 完全覆盖。FP29 表示约束在 Timing Constraints Editor 中的位置（不是用户约束文件“.xdc”中的位置）。单击这里的 29，即可打开 Timing Constraints Editor。

第 3 行代码通过选项-coverage 来显示时序例外约束的覆盖率。这里的覆盖率是指时序例外约束生成的有效对象占-from/-to/-through 所定义对象的百分比。此时会生成如图 12-65 所示的界面，可以看到该图与图 12-64 相比多了 4 列。

Summary

General Information
Summary
Exceptions
- False Path (5)
- Clock Groups (0)
- Multicycle Path (6)
- Max Delay (10)
- Max Delay Data Path Only (2)
- Min Delay (0)

Ignored Objects
- False Path (0)
- Multicycle Path (0)
- Max Delay (0)
- Max Delay Data Path Only (0)
- Min Delay (0)

Exception	Valid Constraints	Ignored Constraints	Ignored Objects	Number of Setup Endpoints	Number of Hold Endpoints
False Path	3	2	0	7	7
Clock Groups	0	0	0	0	0
Multicycle Path	6	0	0	64	64
Max Delay	10	0	0	68	0
Max Delay Data Path Only	2	0	0	20	0
Min Delay	0	0	0	0	0

图 12-63

General Information
Summary
Exceptions
- False Path (5)
- Clock Groups (0)
- Multicycle Path (6)

Position	Setup	Hold	From	Through	To	Status
29	false	false	[get_ports rst_pin]			
35	false	false			[get_cells {syn...ges_ff_reg[0]}]	
36	false	false			[get_cells {syn...ges_ff_reg[0]}]	
37	false	false			[get_cells {syn...ges_ff_reg[0]}]	Totally overridden path by FP 29
38	false	false			[get_cells {syn...ges_ff_reg[0]}]	Totally overridden path by FP 29

图 12-64

False Path

General Information
Summary
Exceptions
- False Path (5)
- Clock Groups (0)
- Multicycle Path (6)
- Max Delay (10)

Position	Setup	Hold	From	Through	To	Endpoints	From (%)	Through (%)	To (%)	Status
29	false	false	1 ports			9	100.00			
35	false	false			1 cells	1			33.33	
36	false	false			1 cells	1			33.33	
37	false	false			1 cells	1			33.33	Totally overridden path by FP 29
38	false	false			1 cells	1			33.33	Totally overridden path by FP 29

图 12-65

第 4 行代码通过-from 和-to 选项，限定了 report_exceptions 的分析范围，会生成如图 12-66 所示的界面。在这个界面中只会显示-from 和-to 限定的时序路径中的时序例外约束。

Max Delay

General Information
Summary
Exceptions
- False Path (0)

Position	Setup	Hold	From	Through	To	Status
30	max=5	-	[get_clocks -of...re_i0/clk_rx]]		[get_clocks -of...re_i0/clk_tx]]	Partially overridden path by DPO 33 - FP 36

图 12-66

在图 12-64～图 12-66 中，都可以看到 Setup 和 Hold 列，其中的数值是由相应的约束决定的，具体的对应关系如表 12-9 所示。同时，在 Status 列也会看到一些缩写，其与时序例外约束的对应关系如表 12-10 所示。

表 12-9

缩　写	时序例外约束
cycles=	set_multicycle_path
false	set_false_path
max=	set_max_delay
max_dpo=	set_max_delay -datapath_only
min=	set_min_delay
clock_group=	set_clock_groups

表 12-10

缩　写	时序例外约束
MCP	set_multicycle_path
FP	set_false_path
MXD	set_max_delay
DPO	set_max_delay -datapath_only
MND	set_min_delay
CG	set_clock_groups

report_exceptions 还提供了另外两个选项：-write_valid_exceptions 用于生成设计中有效的时序例外约束，-write_merged_exceptions 用于生成被合并的时序例外约束。这两个选项需要与-file 同时使用，如代码 12-50 所示。

代码 12-50

```
1. # design_analysis_ex50.tcl
2. report_exceptions -write_valid_exceptions -file ./valid_exceptions.rpt
3. report_exceptions -write_merged_exceptions -file ./merged_exceptions.rpt
```

除了 report_exceptions，Vivado 还提供了命令 write_xdc，可对所有约束进行分析，具体用法如代码 12-51 所示。选项-constraints 有 VALID（有效）、INVALID（无效）和 ALL（所有）三个可选值。选项-exclude_physical 的目的是排除物理约束，只保留时序约束。最终该命令会将指定约束导出到指定文件中。例如，第 2 行和第 3 行代码将有效的时序约束导出到文件 valid_timing_constraints.xdc 中，第 4 行和第 5 行代码将无效的时序约束导出到文件 invalid_timing_constraints.xdc 中。

代码 12-51

```
1. # design_analysis_ex51.tcl
2. write_xdc -constraints VALID -exclude_physical \
3.     ./valid_timing_constraints.xdc
4. write_xdc -constraints INVALID -exclude_physical \
5.     ./invalid_timing_constraints.xdc
```

12.13 本章小结

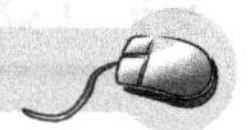

本章小结如表 12-11 所示。

表 12-11

命　令	功　能	示　例
get_cells	获取网表中的单元	代码 12-8，代码 12-9，代码 12-10
get_pins	获取单元的引脚	代码 12-8，代码 12-15，代码 12-16
get_nets	获取网表中的网线	代码 12-8，代码 12-15，代码 12-16
get_ports	获取网表中的端口	代码 12-18
get_clocks	获取网表中的时钟	代码 12-20
report_clocks	生成时钟报告	代码 12-22
report_clock_networks	生成时钟网络报告	代码 12-22
report_clock_utilization	生成时钟资源利用率报告	代码 12-22
report_timing	生成时序报告	代码 12-24
report_timing_summary	生成时序总结报告	代码 12-23
report_qor_assessment	生成设计质量评估报告	无
report_qor_suggestions	生成质量改善建议报告	代码 12-34
report_utilization	生成资源利用率报告	代码 12-38，代码 12-39
report_design_analysis	生成逻辑级数、时序、复杂度或拥塞报告	代码 12-40，代码 12-41，代码 12-42
report_high_fanout_nets	生成高扇出网线分析报告	代码 12-43
report_methodology	生成 UltraFast 设计检查报告	代码 12-45
report_clock_interaction	生成时钟交互报告	代码 12-47
report_cdc	生成跨时钟域路径分析报告	代码 12-48
report_exceptions	生成时序例外约束分析报告	代码 12-49
write_xdc	导出指定约束	代码 12-51

第 13 章

Vivado 设计复用

13.1 增量编译

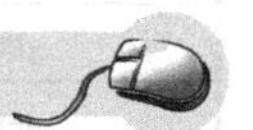

Vivado 提供了增量布局布线功能。该功能的最大好处是尽可能地继承原始网表（也称为参考网表，通常是布线后的网表）中的布局布线信息，以缩短编译时间，具体流程如图 13-1 所示。这个流程包括两部分：原始流程（对应图中左侧部分）和增量流程（对应图中右侧部分）。原始流程要运行至布线并生成网表，该网表将作为增量流程的参考网表。

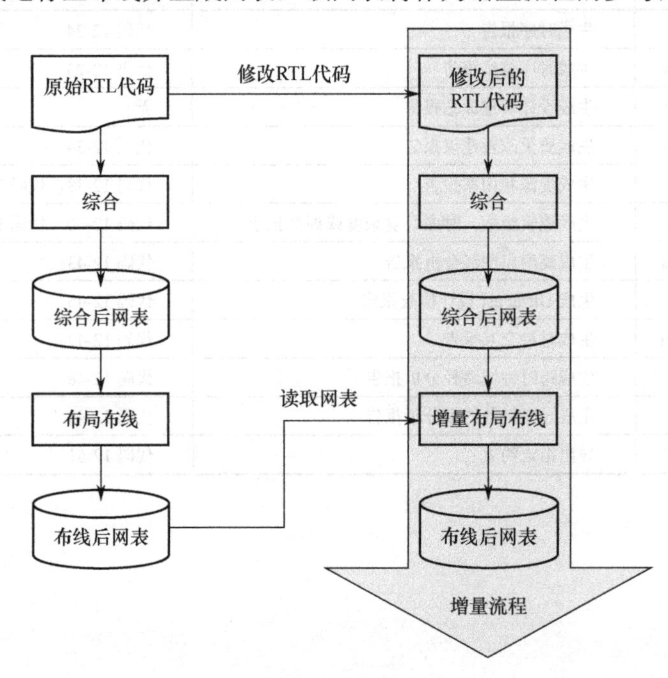

图 13-1

在 Vivado 2020.2 版本中，并不需要建立独立的原始流程和增量流程，只需要在 Design Runs 窗口中选中原始流程 impl_1，单击鼠标右键，在弹出的快捷菜单中选择 Set Incremental Implementation，会弹出如图 13-2 所示的对话框。在这个对话框中需要确定增量编译的 -directive 的值和参考网表文件，此时如果还没有生成“.dcp”文件，也就是原始流程尚未执行，则可选中 Automatically use the checkpoint from the previous run 单选按钮。

一旦开始执行原始流程，Design Runs 选项卡中的 Incremental 列会由 Off 变为 Auto (Skipped)，如图 13-3 所示。

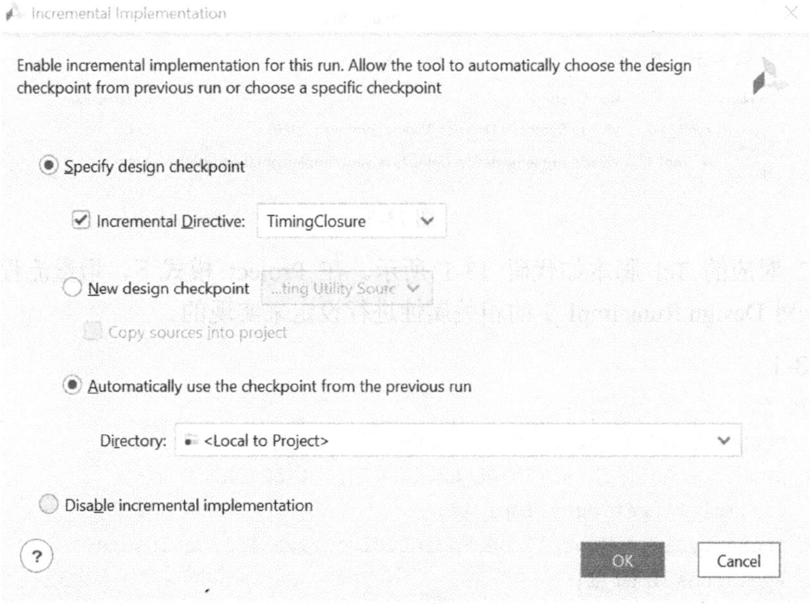

图 13-2

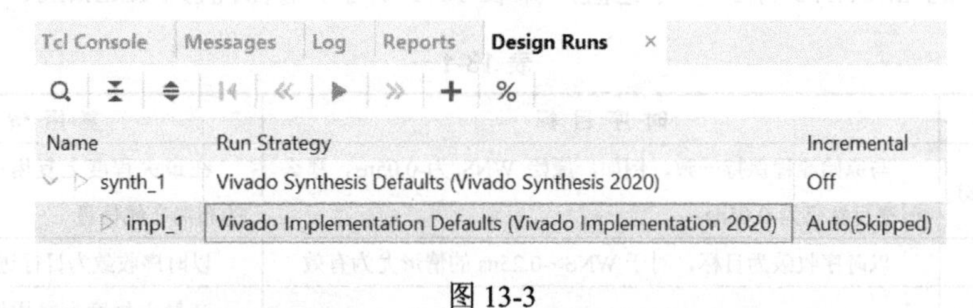

图 13-3

当代码发生改变时，需要重新执行综合和布局布线操作，但由于图 13-2 中已定义了增量流程，故 Vivado 会把原始流程生成的布线后的“.dcp”复制到 Utility Sources 目录下作为参考网表，如图 13-4 所示，同时 Design Runs 选项卡中的 Incremental 列的值也会由 Auto(Skipped)变为 Auto，如图 13-5 所示。

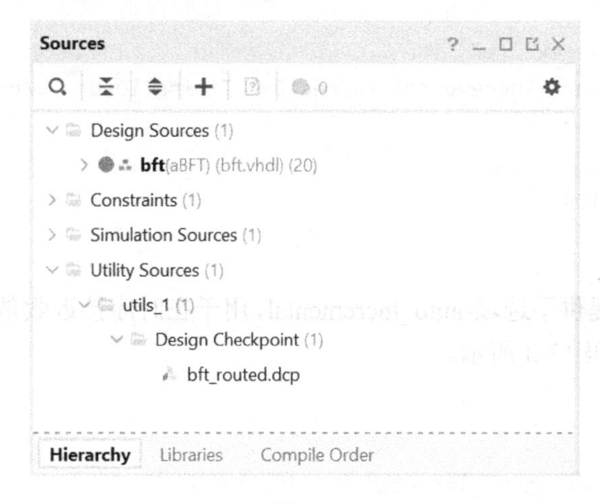

图 13-4

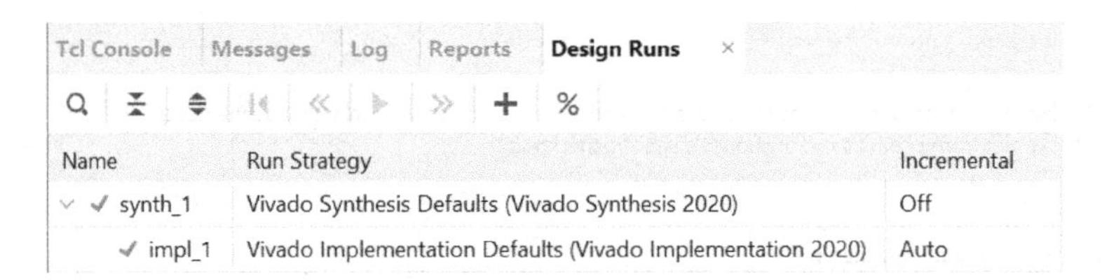

图 13-5

图 13-2 对应的 Tcl 脚本如代码 13-1 所示。在 Project 模式下，增量流程是通过命令 set_property 对 Design Runs impl_1 的相关属性进行设定来实现的。

代码 13-1

```
1. # design_reuse_ex1.tcl
2. set_property AUTO_INCREMENTAL_CHECKPOINT 1 [get_runs impl_1]
3. set_property AUTO_INCREMENTAL_CHECKPOINT.DIRECTORY \
4.     C:/impl_1 [get_runs impl_1]
5. set_property incremental_checkpoint.directive TimingClosure \
6.     [get_runs impl_1]
```

增量流程的-directive 有 3 个可选值，如表 13-1 所示，默认值为 RuntimeOptimized。

表 13-1

-directive 的值	时 序 目 标	复 用 情 况
RuntimeOptimized	与原始流程保持一致，例如，原始 WNS 为-0.05ns，那么时序目标仍为-0.05ns	在最大程度上复用原始布线网表中的布局布线信息
TimingClosure	以时序收敛为目标，对于 WNS>-0.25ns 的情形尤为有效	以时序收敛为目标进行复用
Quick	非时序驱动，适用于 WNS>1ns 的情形	在最大程度上复用原始布线网表中的布局布线信息

在 Non-Project 模式下，可以用代码 13-2 所示方式实现增量流程。这里选项-directive 的值与表 13-1 中所示一致。

代码 13-2

```
1. # design_reuse_ex2.tcl
2. read_checkpoint -incremental -directive TimingClosure ./routed.dcp
3. opt_design
4. place_design
5. phys_opt_design
6. route_design
```

read_checkpoint 提供了选项-auto_incremental，用于在时序接近收敛并且复用率比较高时执行增量流程，如代码 13-3 所示。

代码 13-3

```
1. # design_reuse_ex3.tcl
2. read_checkpoint -auto_incremental ./routed.dcp
```

read_checkpoint 还提供了选项-reuse_objects 和-fix_objects，两者的值都可以是由 get_cells、get_clock_regions 或 get_slrs 所获取的对象，而-fix_objects 的值还可以是 current_design。-reuse_objects 用于指明哪些对象被复用。-fix_objects 用于指明哪些对象的位置和布线信息被固定，这意味着这些对象的 IS_LOC_FIXED 和 IS_ROUTE_FIXED 的值被设定为 1，从而在布局阶段其位置不会被改动。具体使用案例如代码 13-4 和代码 13-5 所示。

代码 13-4

```
1. # design_reuse_ex4.tcl
2. set brams [get_cells -quiet -hierarchical -filter \
3.     { PRIMITIVE_TYPE =~ BLOCKRAM.BRAM.*}]
4. set dsps [get_cells -quiet -hierarchical -filter \
5.     { REF_NAME =~ "DSP48E*"}]
6. read_checkpoint -incremental ./routed.dcp \
7.     -reuse_objects $brams \
8.     -reuse_objects $dsps \
9.     -fix_objects [current_design]
```

代码 13-5

```
1. # design_reuse_ex5.tcl
2. set dsps [get_cells -quiet -hierarchical -filter \
3.     { REF_NAME =~ "DSP48E*"}]
4. read_checkpoint -incremental ./routed.dcp \
5.     -reuse_objects [get_cells cpuEngine] \
6.     -fix_objects $dsps
```

增量流程还可以和“.rqs”文件同时使用。此时，需要选用原始流程布线后的“.dcp”文件作为参考文件，在此参考文件的基础上生成相应的“.rqs”文件，如代码 13-6 所示。

代码 13-6

```
1. # design_reuse_ex6.tcl
2. # Generate RQS suggestions from the reference DCP
3. open_checkpoint reference_routed.dcp
4. report_qor_suggestions -file post_route_rqs.rpt
5. write_qor_suggestions -force ./post_route.rqs
```

在执行增量流程时，需要读入之前生成的“.rqs”文件，紧接着读入参考的“.dcp”文件，如代码 13-7 所示，同时还要求增量流程中 opt_design 的-directive 与原始流程中 opt_design 的-directive 一致。

代码 13-7

```
1. # design_reuse_ex7.tcl
2. open_checkpoint pre_opt.dcp
3. read_qor_suggestions ./post_route.rqs
4. read_checkpoint -incremental -directive TimingClosure ./reference_routed.dcp
5. opt_design -directive Default
```

```
6. place_design
7. phys_opt_design
8. route_design
```

命令 report_incremental_reuse 可用于生成增量流程报告。在这个报告的第二部分，会显示复用总结，可以看到复用率，如图 13-6 所示。第四部分会显示增量流程在编译时间和 WNS 方面与原始流程的比较结果，如图 13-7 所示。

2. Reuse Summary

Type	Matched % (of Initial Total)	Initial Reuse % (of Initial Total)	Current Reuse % (of Total)	Fixed % (of Total)	Total
Cells	100.00	100.00	100.00	1.98	3577
Nets	100.00	90.08	90.02	0.00	5183
Pins	-	86.72	86.68	-	18315
Ports	100.00	100.00	100.00	100.00	71

图 13-6

4. Comparison with Reference Run

	WNS(ns)		Runtime(elapsed)(hh:mm)		Runtime(cpu)(hh:mm)	
Stage	Reference	Incremental	Reference	Incremental	Reference	Incremental
synth_design			< 1 min	< 1 min	< 1 min	< 1 min
opt_design			< 1 min	< 1 min	< 1 min	< 1 min
read_checkpoint				< 1 min		< 1 min
place_design	2.040	1.491	< 1 min	< 1 min	< 1 min	< 1 min
phys_opt_design	2.040	1.491	< 1 min	< 1 min	< 1 min	< 1 min
route_design	1.437	1.491	< 1 min	< 1 min	< 1 min	< 1 min

图 13-7

13.2 复用关键寄存器位置信息

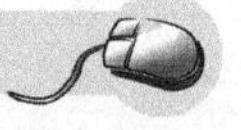

假定设计中有一个关键模块 A，此模块包含一些关键路径，这些路径将成为时序收敛的瓶颈。尽管经过优化或选取某个策略最终实现了时序收敛，但是一旦设计有微小的改动，重新布局布线，这些关键路径可能会再次出现时序违例。增量实现是一个好的可行之策，但如果设计改动较大，该方法就有点鞭长莫及了。另一种方法是把关键路径上的触发器固定下来，也就是继承时序收敛版本中处于关键路径上的触发器的位置，并在新版本中复用该位置。下面介绍一下这种方法。

在讨论这种方法之前，我们先看看 SLICE 中的触发器都有哪些重要的与位置相关的属性（Property）。如图 13-8 所示，这是在 Vivado Device 视图下放大之后看到的 SLICE 中的触发器，注意图中由方框标记的信息。

选中其中一个触发器，在 Property 窗口中可看到如图 13-9 所示的信息。注意图中方框内的信息。可以看到这个触发器属于 BEL（Basic ELement），名字为 SLICE_X39Y99/B5FF。B5FF 正是上图中的一个信息点。同时，不难看出，这个名字包含两部分内容：第一部分是 SLICE 的坐标，第二部分是 BEL 信息。因此，如果需要把一个触发器的位置固定下来，就需要告诉工具这个触发器的 SLICE 坐标及 BEL 信息。

对于布线后的 DCP，可以很方便地获取指定触发器的 SLICE 坐标和 BEL 信息。首先，通过 get_cells 命令找到目标触发器，选中该触发器，可在其属性窗口中查看到 BEL 和 LOC 属性，如图 13-10 所示。

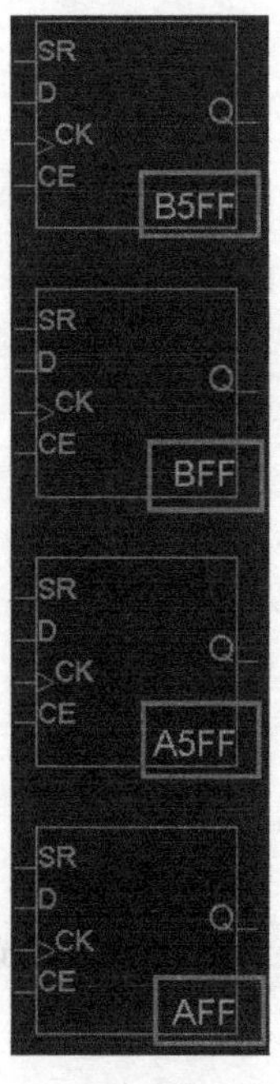

图 13-8

CLASS	bel
IS_RESERVED	
IS_ROUTING	
IS_TEST	
IS_USED	
NAME	SLICE_X39Y99/B5FF

图 13-9

BEL	SLICEL.DFF
CLASS	cell
FILE_NAME	
INIT	1'b0
IS_BEL_FIXED	
IS_BLACKBOX	
IS_DEBUGGABLE	
IS_LOC_FIXED	
IS_MATCHED	
IS_ORIG_CELL	
IS_PRIMITIVE	
IS_REUSED	
IS_SEQUENTIAL	
LINE_NUMBER	
LOC	SLICE_X19Y81

图 13-10

之后通过如代码 13-8 所示的两条命令保存目标触发器的位置信息。由此可见，LOC 确定了触发器所在的 SLICE 的坐标，BEL 确定了触发器在该 SLICE 中的位置。

代码 13-8

```
1. # design_reuse_ex8.tcl
2. set_property BEL SLICEM.AFF [get_cells resp_gen_i0/char_cnt_reg[1]]
3. set_property LOC SLICE_X12Y54 [get_cells resp_gen_i0/char_cnt_reg[1]]
```

也可通过如代码 13-9 所示的两条命令获取 BEL 和 LOC 信息。

代码 13-9

```
1. # design_reuse_ex9.tcl
2. get_property BEL [get_cells resp_gen_i0/char_cnt_reg[1]]
3. get_property LOC [get_cells resp_gen_i0/char_cnt_reg[1]]
```

事实上，整个过程都可借助 Tcl 脚本完成，并将关键寄存器的位置信息存储到指定的“.xdc”文件中，如代码 13-10 所示。第 3 行代码通过命令 get_timing_paths 获取关键路径。第 7 行代码通过 get_cells 获取关键路径上的寄存器。第 11 行和第 12 行代码通过 get_property 获取 BEL 和 LOC 的值。第 15 行和第 16 行代码则是将 BEL 和 LOC 的值写入指定的“.xdc”文件中。

代码 13-10

```
1. # design_reuse_ex10.tcl
2. set max 4
3. set path [get_timing_paths -setup -max $max -nworst 1 -unique_pins]
4. set fn ff_loc.xdc
5. set fid [open $fn w]
6. foreach i_path $path {
7.     set ff [get_cells -of $i_path -filter "REF_NAME =~ FD*E" -quiet]
8.     if {[llength $ff]==0} {
9.         continue
10.    } else {
11.        set bel [get_property BEL $ff]
12.        set loc [get_property LOC $ff]
13.    }
14.    foreach i_ff $ff i_bel $bel i_loc $loc {
15.        puts $fid "set_property BEL $i_bel \[get_cells $i_ff\]"
16.        puts $fid "set_property LOC $i_loc \[get_cells $i_ff\]"
17.    }
18.}
19.close $fid
```

13.3 复用 Block 的位置信息

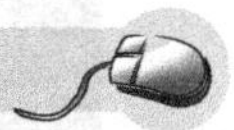

1. 什么是 Block

这里的 Block 是指 Block RAM、DSP48 和 URAM。它们之所以被称为 Block，是因为跟 LUT 或 FF 相比，体积更大，例如，在 UltraScale 芯片中，2 个 RAMB18（也就是 1 个 RAMB36）的高度与 5 个 SLICE 的高度一致；2 个 DSP48 的高度也与 5 个 SLICE 的高度一致。此外，它们的功能更丰富，也更复杂，同时都是以先块再列的形式出现在 FPGA 芯片中。其中，URAM 也就是 UltraRAM，只在 UltraScale+芯片中出现，而 UltraScale 芯片是没有 URAM 的。

2. 什么是位置信息

在 Xilinx FPGA 中，同一类资源都以列形式排列，如 SLICE、Block RAM、DSP48 和 URAM。同时，每一列都会有相应的坐标信息。这里需要注意的是，不同类型的资源对应的坐标是不一样的，换言之，同类资源在同一个坐标体系下进行坐标排布。为便于说明，给出相邻的 Block RAM，如图 13-11 所示。由图中左侧两个方框标记的 Block RAM 位于一个 Block RAM 列上，由右侧两个方框标记的 Block RAM 位于一个 Block RAM 列上。尽管这两列 Block RAM 之间还有其他资源，如 SLICE、DSP48 及 I/O Column，但与 Block RAM 相比，并非同一类型资源。所以，这两列 Block RAM 在同一坐标体系下，于是在 Vivado 下的 Device 视图中可以看到图中所示的坐标信息：同一列中的 Block RAM，其横坐标（X 值）相同，如左侧列 X 均为 7，右侧列 X 均为 8；同一行中的 Block RAM，其纵坐标（Y 值）相同。显然，这和坐标的属性是一致的。这些坐标信息也可以在属性窗口中看到，对应的属性名为 LOC（Location），就是位置信息。

图 13-11

进一步，如果我们只把 Block RAM 列坐标信息提取出来，如图 13-12 所示，则可很明确地看到各个 Block RAM 的坐标信息。这些坐标信息其实是相应 Block RAM 在芯片中的物理位置信息，称之为绝对位置（与之对应的是相对位置）。

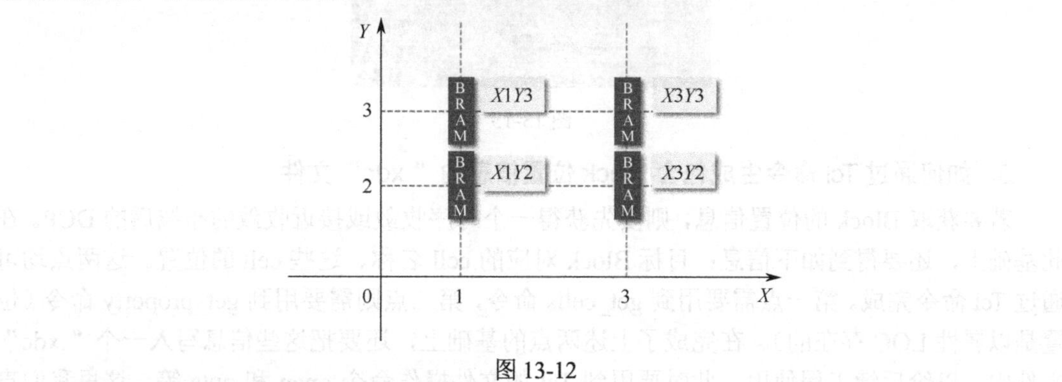

图 13-12

3. 什么情形下可复用 Block 位置信息

当同时满足以下三个条件时，可以考虑将旧版本中布线后的 Block 位置信息提取出来给新版本使用，这些位置信息将会以约束的形式（“.xdc”文件）出现在新版本的 Vivado 工程中。

- 条件 1：虽然设计发生微小改变，但这些改变只跟传统的查找表、触发器有关，与 Block 无关。
- 条件 2：Block 的利用率比较高，建议至少超过了 50%。
- 条件 3：在设计未发生改变之前已经实现了时序收敛或接近收敛。

还有一种情形可复用 Block 位置信息。这种情形需要满足三个条件：

- 条件 1：设计发生微小改变或没有改变。
- 条件 2：Block 的利用率很高。
- 条件 3：通过扫描策略获得了一个时序较好的版本（可能未收敛）。

在满足这三个条件时，可将时序较好版本的 Block 位置复用，并再次进行策略扫描，这很有可能增大时序收敛的概率。换言之，第二种情形实际上用于策略扫描。这种方法被称为

“二次策略扫描”：第一次策略扫描用于找到时序较好的版本；第二次策略扫描则将第一次时序较好版本的 Block 位置复用，并再进行策略扫描。

4．为什么要复用位置信息

这些 Block 都有一个共同的特点，那就是输入/输出的位宽很大。比如，一个 36Kb 的 Block RAM，最大输出位宽为 72 位；DSP48 的输出位宽为 48 位；URAM 的输出位宽为 72 位。除此之外，这些 Block 通常还会有很多控制信号。这些输入/输出组合，使得 Block 会涉及很多走线。图 13-13 显示了一个 18Kb 的 Block RAM 所涉及的走线。因此，通常情况下，一旦这些 Block 的位置被固定下来，那么相关的走线被改动的可能性就很小了。对于一个时序收敛的版本，这些 Block 的位置就是当前的最佳位置。

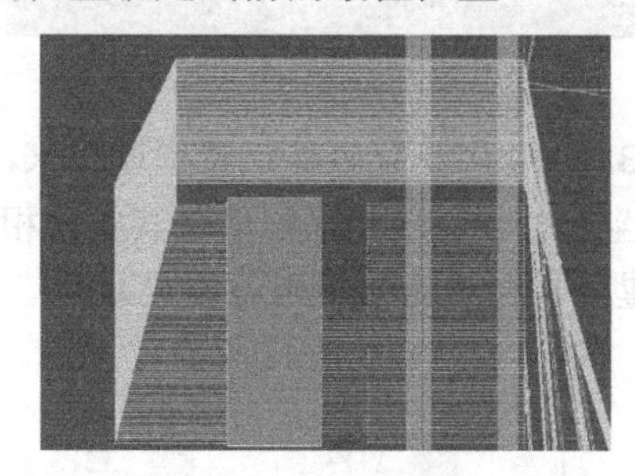

图 13-13

5．如何通过 Tcl 命令生成包含 Block 位置信息的“.xdc”文件

若要获取 Block 的位置信息，则要先获得一个时序收敛或接近收敛的布线后的 DCP。在此基础上，还要得到如下信息：目标 Block 对应的 cell 名称、这些 cell 的位置。这两点均可通过 Tcl 命令完成。第一点需要用到 get_cells 命令，第二点则需要用到 get_property 命令（位置是以属性 LOC 存在的）。在完成了上述两点的基础上，还要把这些信息写入一个“.xdc”文件中，以给后续工程使用。此时要用到 Tcl 的文件操作命令 open 和 puts 等。这里我们直接给出相关的 Tcl 脚本，如代码 13-11 所示。第 2 行代码创建了过程 fix_block，接收两个参数 block 和 fid，前者为 Block RAM、DSP48 或 URAM 的名称，后者为文件描述符。该过程用于获取 block 的位置信息，并将其写入指定的文件中。第 9～11 行代码用于判断是否获取 block 的位置信息，若对应变量为 1，则获取。

代码 13-11

```
1. # design_reuse_ex11.tcl
2. proc fix_block {block fid} {
3.     set loc [get_property LOC [get_cells $block]]
4.     foreach i_block $block i_loc $loc {
5.         puts $fid "set_property LOC $i_loc \[get_cells $i_block]"
6.     }
7. }
8. set fid [open block_loc.xdc w]
9. set fix_bram 1
10.set fix_dsp 1
11.set fix_uram 0
12.
```

```
13.if {$fix_bram==1} {
14.     set brams [get_cells -quiet -hierarchical -filter \
15.         { PRIMITIVE_TYPE =~ BLOCKRAM.BRAM.* || PRIMITIVE_TYPE =~ BMEM.*.* }]
16.     fix_block $brams $fid
17.}
18.
19.if {$fix_dsp==1} {
20.     set dsps [get_cells -quiet -hierarchical -filter { REF_NAME =~ "DSP48E*"}]
21.     fix_block $dsps $fid
22.}
23.
24.if {$fix_uram==1} {
25.     set urams [get_cells -quiet -hierarchical -filter \
26.         { PRIMITIVE_TYPE =~ BLOCKRAM.URAM.*}]
27.     fix_block $urams $fid
28.}
29.
30.close $fid
```

13.4 复用关键路径的布局布线信息

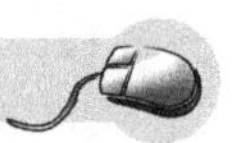

除了复用 Block RAM、UltraRAM、DSP48 和 FF 的位置信息，还可以复用关键路径的布局布线信息。这里的关键路径是指时序较难收敛，但在某次布局布线后时序能够收敛的路径。这类路径往往具有较高的逻辑级数，也就是路径中包含了过多的组合逻辑，通常是 LUT。路径的布局布线信息包括路径中所有逻辑单元的位置信息和逻辑单元之间的走线信息，同时对于 LUT，还要保证与之相连的网线依然是从期望的输入端进入的。

1. 深入了解 LUT

目前，Xilinx FPGA 中的 LUT 都是 6 输入 LUT，但这 6 个输入端口的特性是不同的。这里的特性主要是指从输入到输出的延时。其中，A6 和 A5 是最快的，也就是延时最小的。在 Schematic 视图中看到的 LUT，其输入端口为 I0～I5，如图 13-14 所示（这里只使用了 LUT 的 3 个输入端口，故为 LUT3，只显示 I0～I2）。

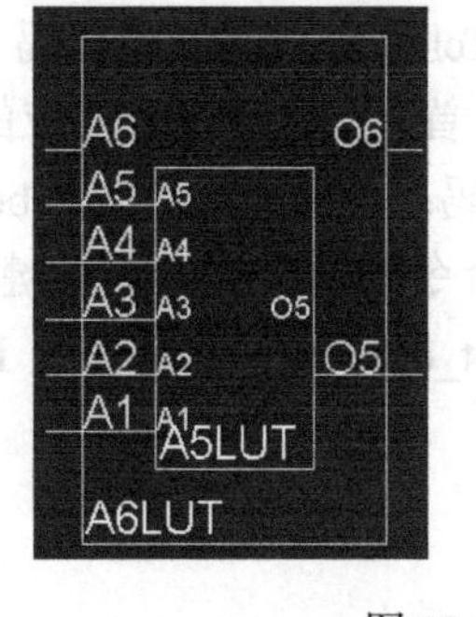

图 13-14

在默认情况下，I0～I5（LUT 输入端口也称为逻辑端口）与 LUT6 的物理端口 A1～A6

的对应关系如表 13-2 所示。同时，Vivado 也提供了一个属性 LOCK_PINS，该属性可指定 LUT 输入端口和物理端口的对应关系。

表 13-2

LUT 输入端	物理端口					
LUT6	I5:A6	I4:A5	I3:A4	I2:A3	I1:A2	I0:A1
LUT5	I5:A6	I4:A5	I3:A4	I2:A3	I1:A2	
LUT2	I1:A6	I0:A5				

总结：LUT 的逻辑端口和物理端口是不同的，同时，对于这 6 个物理端口，A6 和 A5 的延迟（从输入到输出）最小。

对于关键路径，可以借助 LOCK_PINS 属性将 LUT 输入端口映射到延时较小的物理端口上，具体使用方法如代码 13-12 所示。这里将 myLUT2 的 I0 映射到 A5 上，I1 映射到 A6 上。这其实是一种物理约束，如果要撤销此约束，则可通过 reset_property 实现，对应第 5 行代码。

代码 13-12

```
1. # design_reuse_ex12.tcl
2. set myLUT2 [get_cells u0/u1/i_365]
3. set_property LOCK_PINS {I0:A5 I1:A6} $myLUT2
4. get_property LOCK_PINS $myLUT2
5. reset_property LOCK_PINS $myLUT2
```

phys_opt_design 提供了一个选项-critical_pin_opt，该选项的目的是对 LUT 的逻辑端口和物理端口进行重映射，将关键路径的 net 连接到较快的物理端口上，以达到缩小延时、实现时序收敛的目的。但是如果该 LUT 使用了 LOCK_PINS 属性，那么即使使用了 -critical_pin_opt，Vivado 仍然会遵守 LOCK_PINS 指定的映射关系。

2. 关键路径上的几个要素

为便于说明，下面将以如图 13-15 所示的路径为例进行介绍。这条路径包含两个触发器和一个 LUT。同时，还包含两根网线，分别连接第一个触发器和 LUT，以及 LUT 和最后一个触发器（这里不必考虑网线的分段）。还有一个重要信息不能忽略，那就是第一个触发器的输出连接到 LUT 的 I0 端口，而 I0 端口必然对应到 LUT 的物理端口，这个物理端口在 Schematic 视图中是看不到的，但可以通过 Tcl 命令获得，如代码 13-13 所示。

这里我们要用到 Tcl 命令 get_bel_pins：首先，需要获得相应的 LUT，对应第 2 行代码；然后，找到 LUT 的端口 I0，对应第 4 行代码；最后，通过 get_bel_pins 获得其对应的物理端口，对应第 5 行代码，第 6 行代码为该命令的返回值。对关键路径而言，这个信息很重要。如果没有保存这个信息，那么 phys_opt_design 可能会改变 LUT 逻辑端口和物理端口的映射关系。

代码 13-13

```
1. # design_reuse_ex13.tcl
2. set mylut [get_cells \
3.     {lb_ctl_i0/debouncer_i0/meta_harden_signal_in_i0/cnt[17]_i_1}]
```

```
4. set lut_i0 [get_pins -of $mylut -filter "REF_PIN_NAME==I0"]
5. set lut_i0_bel [get_bel_pins -of $lut_i0]
6. => SLICE_X2Y113/B6LUT/A4
```

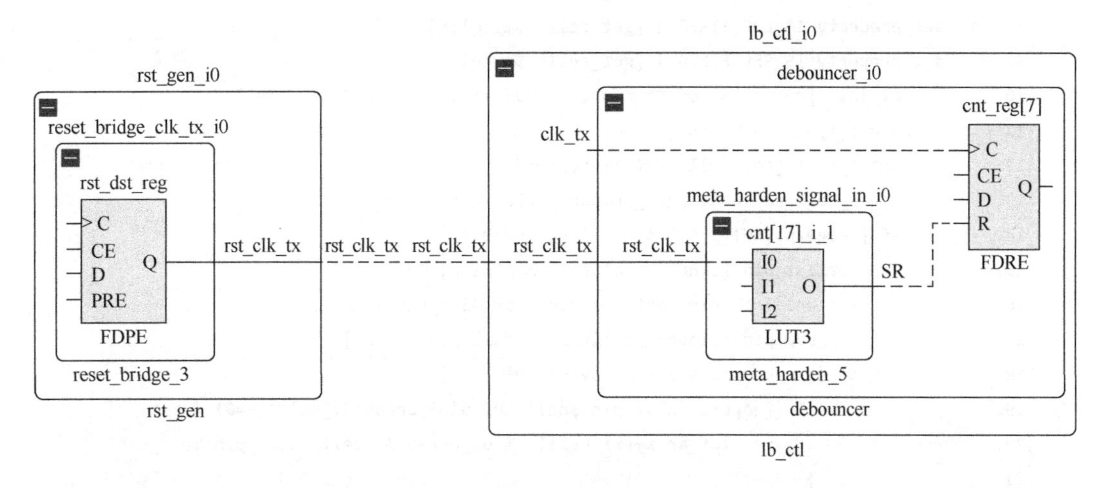

图 13-15

3. 获取关键路径的信息

一旦关键路径获得了时序收敛，就可以将该信息保存下来，以备下次布局布线时使用。具体步骤如图 13-16 所示。该步骤对应的所有操作均可通过 Tcl 脚本完成，如代码 13-14 所示。

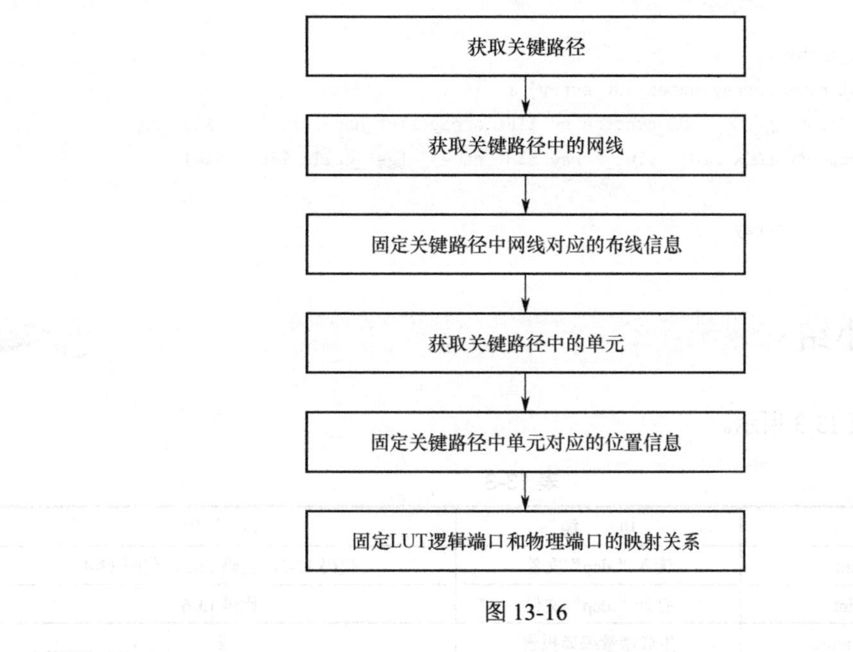

图 13-16

代码 13-14

```
1. # design_reuse_ex14.tcl
2. set mylut [get_cells {lb_ctl_i0/debouncer_i0/meta_harden_signal_in_i0/cnt[17]_i_1}]
3. set mypath  [get_timing_paths -through $mylut -delay_type max -nworst 2]
```

```
4. foreach i_mypath $mypath {
5.     set mynets  [get_nets -of $i_mypath]
6.     set mycells [get_cells -of $i_mypath]
7.     set_property IS_ROUTE_FIXED 1 [get_nets $mynets]
8.     set_property IS_LOC_FIXED 1 [get_cells $mycells]
9.     set_property IS_BEL_FIXED 1 [get_cells $mycells]
10.    set mypins  [get_pins -of $i_mypath -leaf -filter "DIRECTION==IN"]
11.    foreach i_mypins $mypins {
12.        set i_cell [get_cells -of $i_mypins]
13.        set i_cell_ref_name [get_property REF_NAME $i_cell]
14.        if {[regexp {LUT[1-6]} $i_cell_ref_name]} {
15.            set lut_pin [lindex [split $i_mypins /] end]
16.            set bel_full_pin [get_bel_pins -of $i_mypins]
17.            set bel_pin [lindex [split $bel_full_pin /] end]
18.            if {[info exists lut_array($i_cell)]} {
19.                if {[regexp "$lut_pin:$bel_pin" $lut_array($i_cell)]==0} {
20.                    set lut_array($i_cell) "$lut_array($i_cell) $lut_pin:$bel_pin"
21.                }
22.            } else {
23.                set lut_array($i_cell) "$lut_pin:$bel_pin"
24.            }
25.        }
26.    }
27. }
28. parray lut_array
29. foreach lut_name [array names lut_array] {
30.    puts "Creating LOC_PINS constraint $lut_array($lut_name) for LUT $lut_name."
31.    set_property LOCK_PINS "$lut_array($lut_name)" [get_cells $lut_name]
32. }
33. array unset lut_array
```

13.5 本章小结

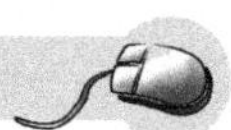

本章小结如表13-3所示。

表13-3

命　令	功　能	示　例
read_checkpoint	读入“.dcp”文件	代码13-2，代码13-3，代码13-4
open_checkpoint	打开“.dcp”文件	代码13-6
repor_increment_reuse	生成增量编译报告	无

第 14 章

其　他

14.1　模块化综合技术

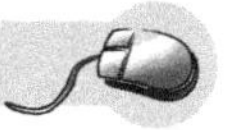

从本质上讲，模块化综合技术是对位于不同层次上的模块设置不同的综合选项或综合策略，使得综合的粒度更细，同时使得综合更具针对性。目前，该技术只能通过约束的形式（“.tcl”或“.xdc”文件）实现。

在综合操作时，Vivado 本身包含一些选项，如图 14-1 所示。这些选项是全局的，换言之，一旦设定，就对工程中的所有模块生效。显然，其面向的对象是工程中的所有模块，这是一种粗粒度的设定方式。

Settings

Synth Design (vivado)	
tcl.pre	
tcl.post	
-flatten_hierarchy	rebuilt
-gated_clock_conversion	off
-bufg	12
-directive	Default
-retiming	☐
-fsm_extraction	auto
-keep_equivalent_registers	☐
-resource_sharing	auto
-control_set_opt_threshold	auto

图 14-1

模块化综合技术面向的对象则是指定层次的模块。为便于说明，这里以图 14-2 为例进行说明。图 14-2 中的顶层模块使用的综合策略为 DEFAULT，模块 u1 将综合选项 RETIMING 设为 1。其余各个模块的综合策略已在图 14-2 中标出。与之对应的约束如代码 14-1 所示。不难看出，模块化综合是通过命令 set_property 实现的，其后的属性名以“BLOCK_SYNTH.”开头，之后可添加支持的综合选项或 STRATEGY。若属性名为 BLOCK_SYNTH.STRATEGY，则表明此时是对指定模块设定综合策略。目前，可支持的模块化综合策略有 4 种，对应第 3～6 行代码的属性值。模块 u1 的综合策略没有重新设定，其将继承顶层的综合策略，也就是 DEFAULT。其余模块的 RETIMING 值则由其综合策略决定。

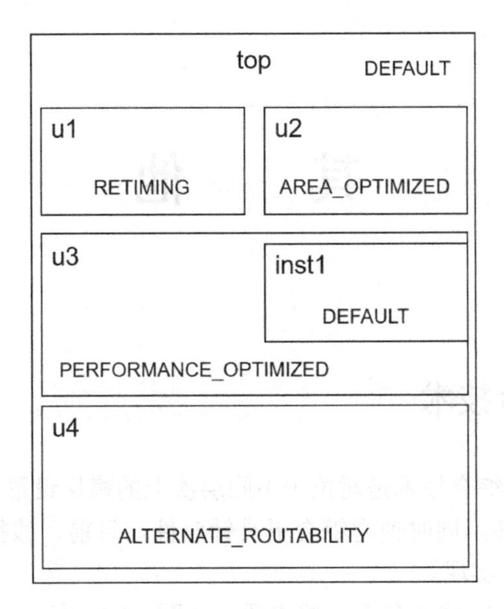

图 14-2

代码 14-1

```
1. # others_ex1.tcl
2. set_property BLOCK_SYNTH.RETIMING 1 [get_cells u1]
3. set_property BLOCK_SYNTH.STRATEGY {AREA_OPTIMIZED} [get_cells u2]
4. set_property BLOCK_SYNTH.STRATEGY {PERFORMANCE_OPTIMIZED} [get_cells u3]
5. set_property BLOCK_SYNTH.STRATEGY {DEFAULT} [get_cells u3/inst1]
6. set_property BLOCK_SYNTH.STRATEGY {ALTERNATE_ROUTABILITY} [get_cells u4]
```

总结：BLOCK_SYNTH 属性会导致层次固化。

可以对同一模块施加多个综合属性，如代码 14-2 所示。这里给模块 mod_inst 施加的综合策略为 ALTERNATE_ROUTABILITY，该策略对应的综合选项 KEEP_EQUIVALENT_REGISTER 为 0，FSM_EXTRACTION 为 AUTO，可通过第 3 行和第 4 行代码将其重新设定，从而构成一个新的综合设置组合。

代码 14-2

```
1. # others_ex2.tcl
2. set_property BLOCK_SYNTH.STRATEGY {ALTERNATE_ROUTABILITY} [get_cells mod_inst]
3. set_property BLOCK_SYNTH.KEEP_EQUIVALENT_REGISTER 1 [get_cells mod_inst]
4. set_property BLOCK_SYNTH.FSM_EXTRACTION {OFF} [get_cells mod_inst]
```

模块化综合技术是嵌套的，即对当前模块施加的综合选项也会同时作用于其下的子模块，除非该选项在子模块层级被重新设定。为便于说明，假设设计顶层为 top，其下有子层 middle，middle 下又有子层 bottom，对这些模块采用模块化综合技术，如代码 14-3 所示，最终的效果如图 14-3 所示。

代码 14-3

```
1. # others_ex3.tcl
2. set_property BLOCK_SYNTH.RETIMING 1 [get_cells middle]
3. set_property BLOCK_SYNTH.STRATEGY {AREA_OPTIMIZED} [get_cells middle]
4. set_property BLOCK_SYNTH.RETIMING 0 [get_cells middle/bottom]
```

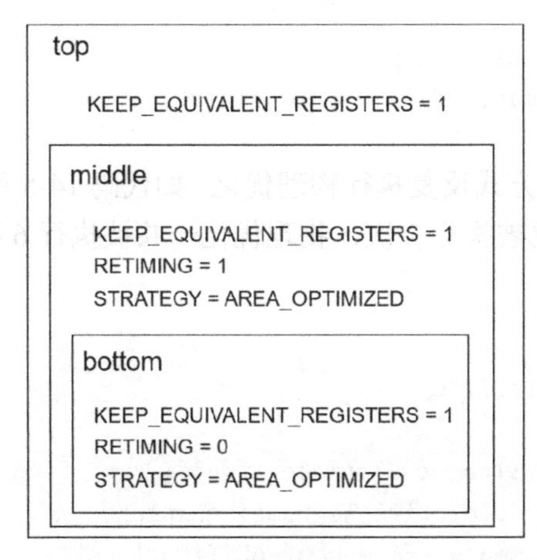

图 14-3

总结：模块化综合技术是嵌套的。这意味着模块化综合选项或策略不仅作用于当前模块，也对当前模块下的子模块有效。

14.2 反复执行物理优化

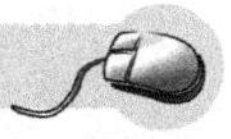

Vivado 在实现阶段有两处物理优化：一处是布局后的物理优化；另一处是布线后的物理优化。其中，布局后的物理优化是默认执行的，本节提到的正是此种物理优化，此种物理优化可被反复执行，作为时序收敛的一种方法。

总结：在使用此方法之前要做到：已经尝试了不同的布局策略，修复了关键警告（Critical Warnings），优化了时序约束，使其完备且合理，同时要求 WNS 大于-1ns，TNS 大于-10 000ns。此方法对于以下三种情形的时序违例较为有效：（1）因高扇出网线引起的时序违例；（2）网线的负载相距较远；（3）Block RAM、DSP48 或 SRL 输出延迟过大。

Vivado 对物理优化的执行次数不加限制，其目标有两个：首要目标是改善 WNS；次要目标是改善 TNS。代码 14-4 是一个简单的案例，第 4 行代码的物理优化的目标是通过选项-force_replication_on_nets 降低高扇出。其中，变量 my_hifan_nets 是通过命令 get_nets 获得的高扇出网线列表。第 7 行代码是第二次执行物理优化，选用的-directive 值为 AggressiveExplore。

代码 14-4

```
1. # others_ex4.tcl
2. open_checkpoint place.dcp
```

```
3.
4. phys_opt_design –force_replication_on_nets $my_hifan_nets
5. report_timing_summary -file popt1.rpt
6.
7. phys_opt_design -directive AggressiveExplore
8. report_timing_summary -file popt2.rpt
9.
10.route_design -directive Explore
11.report_timing_summary -file routed_timing.rpt
```

也可以通过 for 循环的方式反复执行物理优化，如代码 14-5 所示。这里的循环边界为 2，即循环体中的每个物理优化被执行 2 次，物理优化一共被执行 6 次。

代码 14-5

```
1. # others_ex5.tcl
2. open_checkpoint place.dcp
3.
4. for {set iter 0} {$iter < 2} {incr iter} {
5.   phys_opt_design -directive AggressiveExplore
6.   report_timing_summary -file popt_AE${iter}.rpt
7.
8.   phys_opt_design -directive AggressiveFanoutOpt
9.   report_timing_summary -file popt_AFO${iter}.rpt
10.
11.  phys_opt_design -directive AlternateReplication
12.  report_timing_summary -file popt_AR${iter}.rpt
13.}
14.
15.route_design -directive Explore
16.report_timing_summary -file routed_timing.rpt
```

多次物理优化还可以和过约束结合起来使用。这里的过约束是通过 set_clock_uncertainty 实现的，需要在物理优化之前设定，同时在布线之前恢复，如代码 14-6 所示。

代码 14-6

```
1. # others_ex6.tcl
2. open_checkpoint place.dcp
3.
4. ### Set User Clock Uncertainty of 200ps
5. set_clock_uncertainty -setup 0.200 [get_clocks clk300]
6.
7. for {set iter 0} {$iter < 2} {incr iter} {
8.   phys_opt_design -directive AggressiveExplore
9.   phys_opt_design -directive AggressiveFanoutOpt
10.  phys_opt_design -directive AlternateReplication
11.}
```

```
12.
13.### Reset User Clock Uncertainty ###
14.set_clock_uncertainty -setup 0.000 [get_clocks clk300]
15.report_timing_summary -file physopt_timing.rpt
16.
17.route_design -directive Explore
18.report_timing_summary -file routed_timing.rpt
```

14.3 合理使用过约束

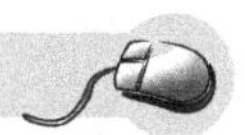

1. 什么是过约束

从字面的意思来看，所谓过约束是指约束过紧了。这个“过”体现在建立时间需求（Setup Requirement）变小了。对于单周期路径，这个值通常与时钟周期一致，但在过约束情况下，等效于这个值变小了，也就是时钟频率变大了。

2. 什么情况下可使用过约束

过约束作为时序收敛的一种方法，并不是随意使用的，一定有一些限制条件。如果设计在布线（route_design）之后没有收敛（只针对建立时间），也就是在时序报告中可以看到WNS 为负值，但接近 0（这是一个很重要的条件），则通常是因为在布局（place_design）之后，时序余量（Timing Margin）已经很小了。一种可行的方法就是增加在布局及布局之后的物理优化（phys_opt_design）阶段的时序预算（Timing Budget），从而改善时序余量。这种方法就是过约束。

3. 过约束怎么做

命令 create_clock 创建了时钟周期约束，但过约束并不是简单地把其定义的时钟周期改小，而是通过命令 set_clock_uncertainty 来实现。Clock Uncertainty（时钟的不确定性）是由时钟本身的不完美导致的。例如，对于 100MHz 时钟，上升沿本应在 0ns、10ns、20ns；实际上却在 0ns、10.01ns、19.99ns，这个差距就是时钟的不确定性。时钟不确定性受到了多个因素的影响，其中一个因素是时钟抖动（Clock Jitter）。改变了 Clock Uncertainty，也就等效于改变了建立时间需求。

同时，通过改变 Clock Uncertainty 的方式实现过约束还有如下好处。

- 它只是在原有工具计算出来的 Clock Uncertainty 基础上增加了用户定义的数值。
- 很容易通过修改set_clock_uncertainty设置的数值,使得设计恢复到原有的Clock Uncertainty。

在使用 set_clock_uncertainty 时，需要注意：

- 只应用于某个时钟下的路径或某些跨时钟域路径的建立时间出现违例的场合。
- 要使用选项-setup 保证 set_clock_uncertainty 只过约束了路径的建立时间，否则保持时间也会被过约束。
- 在布局之前设置 Clock Uncertainty，在布线之前将其设置为 0。

- 用户设置的 Clock Uncertainty 值不能超过 0.5。

【案例 1】在某个设计中，625MHz 时钟出现建立时间违例。

在 Project 模式下，设置 Clock Uncertainty，将其写入 pre_place.tcl 文件中，如代码 14-7 所示，可在 Implementation Setting 中浏览到该文件，如图 14-4 所示的方框位置。

代码 14-7

```
1. # pre_place.tcl
2. set_clock_uncertainty -setup 0.1 [get_clocks clk625]
```

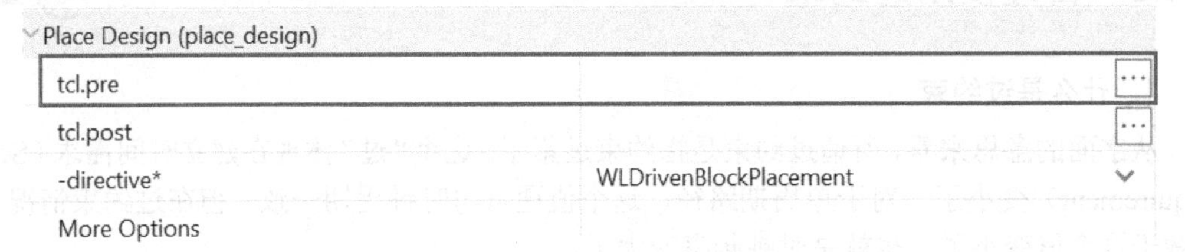

图 14-4

先恢复 Clock Uncertainty，如代码 14-8 所示，将其写入 pre_route.tcl 文件中，然后在 Implementation Setting 中浏览到该文件，如图 14-5 所示的方框位置。

代码 14-8

```
1. # pre_route.tcl
2. set_clock_uncertainty -setup 0 [get_clocks clk625]
```

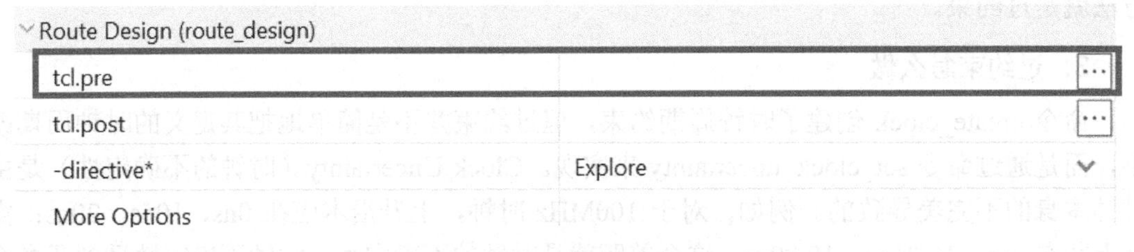

图 14-5

在 Non-Project 模式下，可采用如代码 14-9 所示的方式实现过约束。

代码 14-9

```
1. # others_ex7.tcl
2. set_clock_uncertainty -setup 0.1 [get_clocks clk625]
3. place_design
4. phys_opt_design
5. set_clock_uncertainty -setup 0 [get_clocks clk625]
6. route_design
```

【案例 2】在某个设计中，从 clk0 到 clk1 的跨时钟域路径 WNS 为-0.2，clk2 到 clk3 的跨时钟域路径 WNS 为-0.3，相应的 Clock Uncertainty 如代码 14-10 所示。这两条命令应在 place_design 之前执行，具体方法与案例 1 一致。

代码 14-10

```
1. # others_ex8.tcl
2. set_clock_uncertainty -from clk0 -to clk1 0.3 -setup
3. set_clock_uncertainty -from clk2 -to clk4 0.4 -setup
```

在 route_design 之前要恢复 Clock Uncertainty，如代码 14-11 所示。

代码 14-11

```
1. # others_ex9.tcl
2. set_clock_uncertainty -from clk0 -to clk1 0 -setup
3. set_clock_uncertainty -from clk2 -to clk4 0 -setup
```

总结：过约束是通过 set_clock_uncertainty 实现的。在布局之前重新设置用户定义的 Clock Uncertainty，并在布线之前将其重设为 0。

14.4 使用 IOB 寄存器

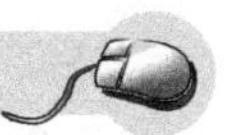

对于与输入或输出端口相连的寄存器，可通过设置属性 IOB 为 TRUE 的方式将其在布局时放置在 IOB 内。尽管这类寄存器不需要特别的 HDL 描述，但放置在 IOB 内是有一些限制条件的。

对于输入端口，若其同时连接到多个寄存器，那么只能将其中之一放置在 IOB 内。对于输出端口，若与之连接的寄存器扇出大于 1（这意味着该寄存器的输出还会连接到其他逻辑单元，而不仅仅是 OBUF），那么该寄存器无法被放置在 IOB 内。若与输入或输出端口连接的寄存器使用了 KEEP 或 DONT_TOUCH 等属性，那么这类寄存器也是无法被放置在 IOB 内的。

在 ISE（Xilinx FPGA 前一代开发工具）中，可以将所有与输入或输出相连的寄存器放置在 IOB 内，而在 Vivado 中，可以更精细地进行设置，即将指定的某个寄存器放置在 IOB 内。具体应用案例如代码 14-12 所示。第 2 行代码中的命令 all_inputs 用于获取所有的输入端口，命令 all_fanout 通过其后的三个选项获取时序单元的扇出。第 3 行代码通过命令 filter 筛选出其中的寄存器。第 5 行代码中的命令 all_outputs 用于获取所有的输出端口，命令 all_fanin 通过其后的三个选项获取时序单元的扇入。IOB 的值为 TRUE（可全部大写，如第 7 行代码所示，也可全部小写，如第 8 行代码所示）。同时，第 8 行代码也表明可以只将某个指定的寄存器放置在 IOB 内。

代码 14-12

```
1. # others_ex10.tcl
2. set fanout [all_fanout [all_inputs] -endpoints_only -flat -only_cells]
3. set ireg [filter $fanout "REF_NAME =~ FD*E"]
4. set_property IOB TRUE [get_cells $ireg]
5. set fanin [all_fanin [all_outputs] -startpoints_only -flat -only_cells]
```

```
6. set oreg [filter $fanin "REF_NAME =~ FD*E"]
7. set_property IOB TRUE [get_cells $oreg]
8. set_property IOB true [get_cells AA_reg]
```

总结：尽管可以通过对端口指定IOB属性为TRUE的方式将相应的寄存器放置在IOB内（端口可通过get_ports、all_inputs、all_outputs获取），但是Xilinx还是建议找到相应的寄存器，通过设置寄存器属性IOB为TRUE的方式将其放置在IOB内。

如果要对设计进行分析，如检查是否使用了IOB寄存器，则只需打开“.dcp”文件，执行命令report_datasheet，就会生成如图14-6所示的界面，选中Input Ports Setup/Hold选项可查看输入寄存器是否在IOB内，凡是IO Reg Type列的值为FD*E(IO)(FD*E可以是FDRE、FDCE、FDSE或FDPE)，即表明该寄存器为IOB内的寄存器。选中图中的Output Ports Clock-to-out选项，可查看输出寄存器是否在IOB内。

General Information
Input Ports Setup/Hold
Output Ports Clock-to-out
Setup between Clocks
Max/Min Delays for Output Buses
Clocked by clk_pin_p
led_pins

Input Ports Setup/Hold

Reference Clock	Input Port	IO Reg Type	Delay Type	Setup to Clk	Setup Edge	Setup Process Corner
clk_pin_p	rst_pin	FDPE		5.036	Rise	SLOW
clk_pin_p	rxd_pin	FDRE (IO)		3.004	Rise	SLOW
clk_pin_p	rst_pin	FDPE		5.343	Rise	SLOW
clk_pin_p	lb_sel_pin	FDRE (IO)		2.983	Rise	SLOW
clk_pin_p	rst_pin	FDPE		5.559	Rise	SLOW

图 14-6

14.5 编辑网表

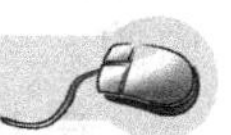

1. 断开网线或连接网线

在ECO（Engineering Change Order）流程中，经常会碰到对网表进行编辑的情况。例如，在调试阶段需要使某个寄存器的输出恒为0，而当前寄存器的复位端恒接低电平，时钟使能端恒接高电平。如果通过修改代码的方式实现，则该寄存器很有可能被优化掉，即使添加了DONT_TOUCH属性使得该寄存器未被优化，但仍需要重新综合、布局布线，非常耗时。一种可行的方式是直接编辑布线后的网表，只需要4步即可实现该功能。

❶ 打开布线后的“.dcp”，找到该寄存器。
❷ 将该寄存器的复位端与地断开。
❸ 找到该寄存器的时钟使能端口，并获取与之相连的网线。
❹ 将复位端与该网线相连。

这4步可全部通过Tcl脚本完成，如代码14-13所示。第2步对应第6行代码，第4步对应第14行代码。还需要注意，如果某些网线被设置了DONT_TOUCH属性，则可先将其值改为FALSE，再对其进行编辑，在编辑完成后，将其值复原为TRUE。

代码 14-13

```
1. # others_ex11.tcl
2. set mycell [get_cells u_pr_top/tx_reg]
3. set myrpin [get_pins -of $mycell -filter "REF_PIN_NAME==R"]
4. set myrnet [get_nets -of $myrpin]
5. set_property DONT_TOUCH FALSE $myrnet
6. disconnect_net -objects $myrpin
7. puts "$myrpin"
8. puts "This pin is successfully disconnected"
9. set_property DONT_TOUCH TRUE $myrnet
10.puts "$myrnet is successfully recovered"
11.set mycepin [get_pins -of $mycell -filter "REF_PIN_NAME==CE"]
12.set mycenet [get_nets -of $mycepin]
13.set_property DONT_TOUCH FALSE $mycenet
14.connect_net -hier -net $mycenet -objects $myrpin
```

2. 对高扇出网线插入 BUFG

Vivado 对高扇出网线的优化力度很大，从 opt_design 到 place_design，再到 phys_opt_design，都有相关选项对高扇出网线进行优化。其中，优化方法之一就是在高扇出网线上插入 BUFG，将其引入全局时钟网络。这在 opt_design 和 place_design 阶段都可由工具自动完成。同时，Vivado 也提供了相应的 Tcl 命令来实现该功能，如代码 14-14 所示。第 3 行代码中的选项-net 用于指定待插入 BUFG 的网线。该命令可在任何阶段生成的“.dcp”中执行。

代码 14-14

```
1. # others_ex12.tcl
2. set mynet [get_nets rst_gen_i0/rst_clk_rx]
3. ::xilinx::designutils::insert_buffer -net $mynet
```

如果要求工具在综合阶段对指定网线插入 BUFG，则有两种方法：一种是在原始 HDL 代码中调用原语实例化 BUFG；另一种是使用属性 CLOCK_BUFFER_TYPE。前者较为繁琐，并且不便于代码维护；后者简单易行，具体方式如代码 14-15 所示。

代码 14-15

```
1. # others_ex13.tcl
2. set mynet [get_nets rst_gen_i0/rst_clk_rx]
3. set_property CLOCK_BUFFER_TYPE BUFG $mynet
```

3. 将待测信号直接连接到 FPGA 引脚上

通常考虑到示波器观测，会在 PCB 上留有一些焊孔，但这些焊孔的数目有限。例如，在定位到 A 信号时发现需要继续向前追踪 B 信号，而 B 信号对应的网线又没有连接到焊孔对应的 FPGA 引脚上。在 HDL 代码中修改这一设置会很耗时，还有可能导致问题无法复现（因为需要重新布局布线）。一种可行的方法是通过 ECO 的方式将其连接到 FPGA 引脚上。此时，只需要用到 Tcl 命令 xilinx::debugutils::add_probe 即可实现，简单快捷，如代码 14-16

所示。选项-net 用于指定需要连接到 FPGA 引脚上的网线，-port 用于给该网线分配一个端口名，-iostandard 用于指定电平标准，-loc 用于指定 FPGA 引脚位置。

代码 14-16

```
1. # others_ex14.tcl
2. ::xilinx::debugutils::add_probe -net cpuEngine/or1200_cpu/p_0_in[10] \
3.     -port myprobe -iostandard HSTL -loc W26
```

14.6 修改初始值

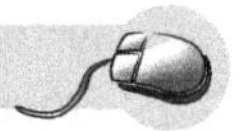

1. 更改触发器的初始值

在默认情况下，触发器 FDPE 和 FDSE 的初始值为 1'b1，而 FDCE 和 FDRE 的初始值为 1'b0。初始值作为触发器的一个属性在属性窗口中是可以观察到的，同时也可以通过命令 report_property 或 get_property 查看，如图 14-7 所示。通过图 14-7 可以看到，INIT 的 Read-only 列的值为 false，这表明该属性是可读、可写的。

Property	Type	Read-only	Value
BEL	string	false	SLICEL.AFF
CLASS	string	true	cell
FILE_NAME	string	true	C:/SDemo2019/Vivado/tcl_ctrl/wavegen_prj/Sources/hdl/dac_spi.v
INIT	binary	false	1'b0
IS_BEL_FIXED	bool	false	0
IS_BLACKBOX	bool	true	0

图 14-7

对于可读、可写的属性，可通过 set_property 更改其属性值。触发器的初始值可通过如代码 14-17 所示的脚本更改。

代码 14-17

```
1. # others_ex15.tcl
2. set_property INIT 1 [get_cells dac_spi_i0/active_reg]
```

2. 更改 RAM/ROM 的初始值

各种类型的 Memory 在 FPGA 设计中被广泛使用，例如，单端口 RAM、简单双端口 RAM、真双端口 RAM、单端口 ROM 及双端口 ROM。这些 RAM 或 ROM 都可通过 coe 文件的形式定义其初始值。但在实际应用中可能会出现这样一种情形：设计的其他部分未做任何改动，只是更新 RAM 初始值。此时该如何操作更为方便呢？

如果采用传统方式（先定义好 coe 文件，然后重新生成 IP），则必须重新执行整个设计流程，包括综合、布局布线，编译时间可想而知。能否通过 ECO 的方式实现呢？就像更改触发器初始值或查找表的真值表内容一样？答案是肯定的。这样做的好处也是显而易见的：不需重新布局布线，只需更改 RAM 的相关属性，再次生成“.dcp”（这个不是必须的），最后生成“.bit”或“.bin”文件即可，从而最大程度地继承原有设计，最大程度地缩短编译时间。采用此方法的前提是 RAM 的规格要保持不变，这里的规格包括数据位宽和 RAM 深度。

下面以 Block RAM 为例进行说明，操作步骤如下。

❶ 先看看有哪些属性与初始值密切相关，如图 14-8 所示。基本上凡是以 INIT 开头的属性都与初始值相关。更新初始值的本质就是重新设定这些初始值。这些初始值是在 IP 生成阶段根据 coe 文件内容设定的。

INITP_00	256'h0000000000000000000000000000000000000000000000000000000000000000
INITP_01	256'h0000000000000000000000000000000000000000000000000000000000000000
INITP_02	256'h0000000000000000000000000000000000000000000000000000000000000000
INITP_03	256'h0000000000000000000000000000000000000000000000000000000000000000
INITP_04	256'h0000000000000000000000000000000000000000000000000000000000000000
INITP_05	256'h0000000000000000000000000000000000000000000000000000000000000000
INITP_06	256'h0000000000000000000000000000000000000000000000000000000000000000
INITP_07	256'h0000000000000000000000000000000000000000000000000000000000000000
INIT_0A	256'h0000000000000000000000000000000000000000000000000000000000000000
INIT_0B	256'h0000000000000000000000000000000000000000000000000000000000000000
INIT_0C	256'h0000000000000000000000000000000000000000000000000000000000000000
INIT_0D	256'h0000000000000000000000000000000000000000000000000000000000000000
INIT_0E	256'h0000000000000000000000000000000000000000000000000000000000000000
INIT_0F	256'h0000000000000000000000000000000000000000000000000000000000000000

图 14-8

❷ 根据更新后的 coe 文件生成一个同规格的 IP，并对该 IP 执行 OOC 综合操作。

❸ 打开之前生成的“.dcp”文件，找到相应的 Block RAM，获取这些属性对应的属性值。

❹ 打开包含原有 IP 的布线后的“.dcp”文件，找到其中对应的 Block RAM，重新设定初始值。

上述这些操作都可借助 Tcl 脚本完成，如代码 14-18 所示。这段代码需要打开第 2 步生成的“.dcp”并执行。其中，第 4 行代码的目的是获取新 IP 对应的 Block RAM。第 5 行代码为原始 IP 对应的 Block RAM 的名字。第 7 行代码可获取 Block RAM 的所有属性。第 8 行代码用于过滤出以 INIT 开头的属性。第 10～15 行代码则是将相关属性写入一个名为 init.tcl 的文件中。

代码 14-18

```
1. # others_ex16.tcl
2. set fn "init.tcl"
3. set fid [open $fn w]
4. set new_bram [get_cells -hier -filter "REF_NAME==RAMB18E2"]
5. set old_bram {sp_1kx16/WIDE_PRIM18.ram}
6. set x [list_property $new_bram]
```

```
7. set xinit [lsearch -glob -all -inline $x {INIT*}]
8.
9. foreach i_xinit $xinit {
10.    set val [get_property $i_xinit $new_bram]
11.    if {[llength $val]} {
12.        puts $fid "set_property -name $i_xinit -value $val \
13.            -objects \[get_cells $old_bram\]"
14.    }
15.}
16.close $fid
```

这里使用了命令 set_property 的另一种方式，即通过选项-name 指定属性名，-value 指定属性值，-objects 指定属性对应的对象。

在生成 init.tcl 之后，打开包含原有 IP 的布线后的".dcp"文件，执行命令 source init.tcl，即可完成对属性的更新。

在这个案例中，我们假定设计中只包含一个 18Kb 的 Block RAM。但在实际应用中，可能会包含多个 Block RAM，此时要将第 4 行和第 5 行代码一一对应，依次找到新生成的每个 Block RAM 的属性值，并将该属性值赋给对应的原始 Block RAM。

14.7 本章小结

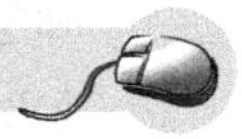

本章小结如表 14-1 所示。

表 14-1

命　令	功　能	示　例
set_property	设置指定对象的给定属性	代码 14-1，代码 14-2，代码 14-3
phys_opt_design	物理优化	代码 14-5
set_clock_uncertainty	设置时钟的不确定性	代码 14-6～代码 14-11
all_fanout	获取指定对象的所有扇出	代码 14-12
all_fanin	获取指定对象的所有扇入	代码 14-12
disconnect_net	将指定引脚与相关的网线断开	代码 14-13
connect_net	将指定引脚与网线相连	代码 14-13
insert_buffer	在指定网线上插入 BUFG	代码 14-14
add_probe	将指定网线连接到指定的 PFGA 引脚上	代码 14-16